机构学史

◎张　策　刘建琴　著

清华大学出版社

北京

内 容 简 介

机器是由机构组成的。在古代的数千年中,人类创造和使用了许多机器和机构,但没有产生机构学理论。近代的机构学理论是在文艺复兴以后,特别是在两次工业革命中诞生的。第二次世界大战以后,现代机构学蓬勃发展。本书简述了几千年来古代机构的发明历史,较详细地介绍了近代机构学和现代机构学诞生和发展的历史,以及机构学的各分支领域在近代和现代发展进步的历史。本书内容对中国现代机构学的发展略有偏重。本书采用科技史的"外史写法",即在社会的政治与经济的发展,以及基础科学和相关科技领域发展的大环境下,来描述一门学科的发展史。本书注重描述机构学发展的历史脉络,试图揭示一些历史事件之间的联系,对近代机构学的诞生,提出了新的观点。

本书适合对机构结构设计、运动学和动力学历史发展、重要影响因素,以及机构学在机械工程中的应用感兴趣的各类读者,也可供机构学领域的研究者、教师和研究生参考。

图书在版编目(CIP)数据

机构学史 / 张策,刘建琴著. -- 北京 : 清华大学出版社,2025. 6 (2025. 11重印).
ISBN 978-7-302-69455-7

Ⅰ. TH112-092

中国国家版本馆 CIP 数据核字第 20259TZ708 号

责任编辑:冯　昕　龚文方
封面设计:刘艳芝
责任校对:薄军霞
责任印制:杨　艳

出版发行:清华大学出版社
　　　　　网　　　址:https://www.tup.com.cn,https://www.wqxuetang.com
　　　　　地　　　址:北京清华大学学研大厦 A 座　　　邮　　编:100084
　　　　　社 总 机:010-83470000　　　　　　　　　　邮　　购:010-62786544
　　　　　投稿与读者服务:010-62776969,c-service@tup.tsinghua.edu.cn
　　　　　质量反馈:010-62772015,zhiliang@tup.tsinghua.edu.cn
印 装 者:三河市铭诚印务有限公司
经　　销:全国新华书店
开　　本:170mm×230mm　印　张:18.5　　　字　　数:347 千字
版　　次:2025 年 7 月第 1 版　　　　　　　印　　次:2025 年 11 月第 2 次印刷
定　　价:108.00 元

产品编号:102710-01

前言

一

笔者毕生从事机械原理与机械设计类课程的教学和机构学与机械动力学领域的研究工作。2006年退休后转向机械工程领域发展历史的著述,先后出版了《机械动力学史》[ZC2]和《机械工程史》[ZC1,ZC8]。现在撰写完毕的《机构学史》,是笔者的最后一部著作。

本书简要地描述了几千年来古代机构的发明历史,并较详细地介绍了近代机构学和现代机构学诞生和发展的历史,以及机构学的各分支领域在近代和现代发展进步的历史。

在古代,人类创造和使用了许多机构,但没有产生机构学理论,这可以从一些机械史类的书籍中得到了解。同时,作为一门重要学科的"机构学"的全部历史,笔者也仅见到数篇文章加以描述[AI2,AJ,KT],其中最长的一篇文章[KT]也仅有20页,限于文章的篇幅,这种描述当然是粗略的。

美国机构学家 A. Erdman 撰写的《四十年来现代运动学的发展》一书[EA2]是有代表性的、篇幅较长的一部著作,但它只描述了现代机构学从20世纪50—90年代初的发展;虽然也涉及古代和近代的一些问题,但描述甚为简单。显然,应该有专门论述世界机构学的形成和发展历史的专著,才能把学科发展的背景、史实、人物、代表性的学说和论著、研究范围的扩展和变化等基本问题讲清楚。但是,几十年来一直在机构学领域工作的笔者,却始终没有见到这样的专著。也就是说,迄今为止,还没有一本针对整个机构学史进行全面、细致地阐述和研究的史书。

依笔者之所见,国内外在机构学史方面开展的研究中存在着如下一些缺陷和不足。

(1)关于近代机构学,目前对其发展史的论述尚少,而且不够细致、存在偏差。第一,在现有文献中介绍了一些近代机构学的孤立的史实,但缺少对史实之间逻辑联系的描述;第二,关于机构学在近代诞生和发展的历史脉络的研究中,对于机构学的称谓,是 theory of mechanism and machine(TMM),还是 kinematics,在现有的文章中也还存在着分歧[EA2,AI2,AJ,KT]；第三,还存在着由于政治因素导致的彼此的偏见(这种情况并不是太多,主要存在于苏俄和西方之间)。笔者已经注意到这些问题,并通过研究形成了自己的独立见解,在本书中提出了鲜明而清晰的论点。

(2) 关于现代机构学,虽然个别文献(如[EA2])对 20 世纪 50—90 年代初机构学的发展作了较为详细的介绍,但是对中国学者的贡献只是星星点点地提及一些。这也难怪,中国的现代机构学研究在 20 世纪 80 年代才刚刚崛起。但是,中国很快就形成了世界上最大的机构学研究队伍,涌现出以黄真、杨廷力、戴建生等为代表的一批已站到世界机构学顶级位置的高水平学者。现在,中国已成为和美国、欧洲形成鼎足之势的机构学研究大国[DJ2]。文献[ZH,ZH8,LR]对中国机构学的进步作了较全面的介绍,但对全球机构学的论述尚显不足。总的来说,目前对现代机构学的发展作出了完整论述的文献尚少。

(3) 现在几乎所有涉及机构学史的文献(无论是近代的,还是现代的),对推动机构学发展的社会、政治、经济和科技背景缺少足够的描述。对于机构学这样一个与机械工程的发展紧密联系的学科,应该用唯物史观去指导其发展历史的研究。

本书沿用笔者始终采用的科技史的"外史写法"[LB],即在社会的政治与经济的发展,以及基础科学和相关科技领域发展的大环境下,来描述一门学科的发展史(见第 1 章)。

本书注重描述机构学发展的历史脉络,试图揭示一些历史事件之间的联系。本书对近代机构学的诞生,提出了一个新的观点:近代机构学的诞生,从安培(A-M Ampère)的命名(kinematics)开始(1834),到雷罗(F. Reuleaux)建立机构结构学的基本概念(1875),是一个持续了 40 余年的历史过程。本书对国际机构学界多认为"安培的命名标志着机构学的诞生"的意见提出了异议(详见第 4 章、第 5 章)。

二

此书撰写中最费周折,而完成后笔者的自我满意度又偏低的部分是第 9 章,即有关现代机构学在中国的起步和发展的一章。写作之初,脑子里就有这样一个念头:"虽说是写世界的机构学史,但毕竟是中国人在写,所以中国的部分当然要加强些。"但加强到什么程度? 怎么掌握这个分寸? 笔者预先缺少一个明确的、可执行的界定,结果越写越多。又担心,写得多了如何掌握平衡? 把不太重要的写了,比较重要的遗漏了怎么办?

于是,商量出了现在用的办法:选出 11 个在机构学领域贡献较多的学校和团队。重点把这几所学校的机构学研究历史写出来,这样,中国机构学发展中最重要的事件应当不会有太多的遗漏。但这样一来,在现代机构学的部分,中国的分量就显得太过偏重了。也曾想给这本书加个副标题,想了想,不好加,算了,就这样吧。

这些学校和团队机构学研究简介的篇幅一般在 1400～2000 字,载于 9.4 节中,主要撰稿人如下:(依校名和团队名的汉语拼音顺序排列):

(1) 北京工业大学机构学研究简介　　（余跃庆撰稿）

(2) 北京航空航天大学机构学研究简介（于靖军撰稿,丁希仑审定）

(3) 大连理工大学机构学研究简介　　（王德伦撰稿）

(4) 哈尔滨工业大学机构学研究简介　（郭宏伟撰稿）

(5) 华南理工大学机构学研究简介　　（张宪民撰稿）

(6) 南方科技大学机构学研究简介　　（戴建生撰稿）

(7) 清华大学机构学研究简介　　　　（谢富贵撰稿,刘辛军审定）

(8) 上海交通大学机构学研究简介　　（郭为忠撰稿,邹慧君审定）

(9) 天津大学机构学研究简介　　　　（陈焱、刘海涛、孙涛、戴建生等撰初稿,黄田、张策补充审定）

(10) 燕山大学机构学研究简介　　　　（黄真撰稿）

(11) 杨廷力团队机构学研究简介　　　（杨廷力、沈惠平撰稿）

此外,关于 IFToMM(国际机器与机构理论联合会)技术标准化委员会的部分(7.2.3 节)由福州大学张俊教授撰写,关于 IFToMM 中国委员会简介的部分(9.2.4 节)由天津大学吴芝亮副教授撰写,11.2.3 节折纸机构的部分特请天津大学陈焱教授撰写。

应该说明,以上参与了部分章节撰写的同志并未参与全书总体方案的研究,而笔者却参与了他们所撰写的内容的修改,故全书整体内容的疏漏与存在的缺陷的责任均由笔者承担。

三

本书最后附有人名表和术语的汉英对照和索引。人名表列有出现在正文中的人物,以机构学领域的人物为主,也包括一些相关领域(但不包括政界)的人物。术语的汉英对照和索引给出了出现在各章中的技术术语和其他相关词汇。

作为一本科技史书,本书对参考文献比较重视。为了便于编辑和查找,本书采用了一种新的编辑文献号的方法,详见参考文献中的说明。

笔者的毕生事业可使笔者算作机构学的圈内人。但是,机构学的范围较大,笔者真正从事的研究工作只不过局限于一个不大的领域。关于整个机构学范围的知识都是学习得来的,甚至很多都是在写书过程中学习而得来的。因此,在史实和观点上肯定存在着一些谬误之处,恳请各位读者不吝指出。

四

本书的撰写得到了国家自然科学基金委员会的项目和资金支持,这也极大地增强了笔者的信心,在此,首先向国家自然科学基金委员会和有关的同志们表示衷心的感谢!

本书的撰写也得到了国内很多同仁的帮助。

笔者在构思和撰写的全过程中,曾不止十数次地与杨廷力教授进行讨论。从全书的整体布局到大多数章节的内容,再到一些具体技术问题的提法与描述,杨廷力教授都提出了很多宝贵的意见。

戴建生教授多年来提供给笔者很多关于机构学发展,特别是关于旋量理论的资料。这次他知道我在撰写此书,又提供给我多份在国内难以找到的资料,并对本书的内容提出了一些修改建议。

天津大学机械工程学院刘建琴副教授是笔者撰写此书的合作者和助手,她与笔者一同申请了国家自然科学基金,帮助笔者撰写文章、撰写部分章节、研讨一些章节、审阅文稿并提出修改建议、查询资料,做了大量工作。

参与撰写11个学校和团队机构学研究的同志,国内机构学界的其他同仁,特别是余跃庆、于靖军、廖启征、王德伦、邓宗全、张宪民、刘辛军、邹慧君、郭为忠、黄田、陈永、黄真、李秦川、沈惠平、杭鲁斌等各位教授都对笔者提供了很多帮助,提出了宝贵的意见。邹慧君先生还曾多次向笔者介绍中国机构学的发展,包括很多细节。

此外,北京大学力学系教授武际可先生,天津大学机械工程学院力学系姜楠教授、刘习军教授,在笔者遇到力学问题时多次提供了帮助。武际可教授早在笔者的另一本著作《机械动力学史》的撰写中就曾给予指点。

IFToMM中国委员会前任秘书长项忠霞、现任秘书长吴芝亮在核实IFToMM组织状况以及IFToMM中国委员会的历史方面给予笔者很大帮助。

硕士生刘明军等也帮助寻找了资料。

天津大学图书馆的同志们在提供图书和文献传递方面总是给予笔者及时的帮助。

笔者对于上述同志给予的帮助表示衷心的感谢!

笔者还要感谢曾指导过的几位博士生,现任天津大学等校的教授和副教授,感谢他们在我的家庭遭遇重大变故的时刻给予我和我妻子的巨大帮助和安慰。他们是宋轶民、冯志友、王喆、杨玉虎、孙月海、刘建琴、王世宇、常宗渝和张俊等。他们在文献资料搜集方面也给予了我许多支持。

清华大学出版社接受此书的出版,副社长庄红权同志给予了大力支持,编辑龚文方同志极其认真地阅读修改了稿件,对此,笔者表示十分感谢!

对所有给予过我指导和帮助的诸位同仁表示衷心的感谢!

感谢我挚爱的夫人冯丽娜女士数十年来对我的事业给予的充分理解和极大支持!

张 策

2024 年 3 月

目录

第1章

绪 论

本书介绍机构和机构学自古至今的发展历史。此为绪论,主要介绍几个问题:

(1) 机构与机器,介绍定义和这些定义从近代到现代的演变;

(2) 机构学史简介,介绍了解机构学发展史的目的,简介机构和机构学的发展历史,以及推动和影响机构学发展的各种因素;

(3) 本书的写作特点。

1.1 机构与机器

人类创造、应用机构已有数千年的历史。但是在古代,并没有形成关于机构的理论。机构学是从文艺复兴时期开始酝酿,从 19 世纪初叶开始才逐渐形成为一门学科的。逐渐地,在专著和教科书中就出现了比较规范化的机构和机器的定义,而这个定义从近代到现代又有所变化。

1.1.1 近代机构学中关于机构和机器的定义

近代最有影响力的机构学学派——德国学派的创始人雷罗(F. Reuleaux,1829—1905),在 1875—1876 年间出版的《理论运动学》[RF] 被认为是机构学的开山之作。他在该书中给出了机器的定义根据英文书籍[EH]译出:

"机器是一个刚体的组合体,它们被这样地相互连接,使其中一个或多个物体被施加以力或运动时,其中一些物体被导致执行期望的工作,并伴随着期望的运动。"

大体同时兴起的是俄国学派。到苏联时期,机械原理学科的领军人物是阿尔托包列夫斯基(I. Artobolevsky)。他的教科书在苏联高校中被长期使用。他给出的机构和机器的定义是：

"机构是一个具有一固定杆的人造运动链，它被用来完成符合于一定目的的运动。供完成生产过程或能量变换过程所需要的有效功所用的机构或复合机构称为机器"[AI]。

应该说，相对于雷罗的定义来说，阿尔托包列夫斯基有继承，也有发展。所谓发展，就是明确地区分了机构和机器。另外，用"人造运动链"代替了"刚体"，当然就更准确些。

在许多英文教材中也有与上述大体类似的定义[MH,WC]。

由于历史的原因，苏联教科书对中国的高等教育有长期的、深刻的影响。从20世纪50年代至今，从早期的两本代表性的机械原理教材（分别为黄锡恺主编[HX]和孙桓主编[SH]）到"文化大革命"（以下简称"文革"）后出现的多种版本的教材，大体都沿用了苏联学派的定义。虽然在文字上或许偶有变化，但对机构和机器都给出了清晰的定义加以区分。此外，中国人又加了一句话："机械是机器和机构的总称。"[HX]这可能是为了将"机构和机器"翻译得更简练些。在阿尔托包列夫斯基的俄文教材和各本英文书籍中，都没有见到这个"总称"之说。英文中的"machinery"并没有被解释为是"machine"和"mechanism"的总称。

1.1.2　关于机器的组成

前文所述是机构和机器的定义，那么机器是如何组成的呢？

1. 马克思的机器组成说

卡尔·马克思（Karl Marx）经过长达20年的酝酿、构思和撰写，在1867年完成了大作《资本论》[MK]。在该书的开始部分，马克思给出了第一个关于机器组成的说明：

"所有发达的机器都由本质上不同的部分组成：发动机、传动机构、工具机或工作机。"

这句话可被称为"马克思的机器组成说"，它流传很广，包括在中国。图1.1是对这段文字的图解[YT1]。

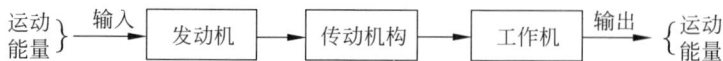

运动
能量}输入→发动机→传动机构→工作机输出→{运动能量

图1.1　传统机器的组成

马克思的这一结论是如何得来的？从青年时期开始，到 1867 年出版《资本论》时（49 岁），马克思观察、了解了第一次工业革命的全过程。

（1）发动机：当时的发动机主要是蒸汽机。水力有一些应用，但电动机、内燃机都还没发明出来。

（2）传动机构：马克思在文中提及，"传动机构由飞轮、转轴、齿轮、蜗轮、杆、绳索、皮带、联结装置以及各种各样的附件组成"。看来，当时只有 4 类机械传动，分别为齿轮传动、蜗轮传动、平皮带传动和绳索传动（链传动虽然在 1770 年已被发明，但直到 1880 年以后才得到广泛使用）。显然，传动机构的作用只是改变发动机输出的转速，一般是降速。

（3）工作机：这一时期正是各种通用机床、压力加工设备（水压机、蒸汽锤）、多种纺织机和缝纫机、数种矿山和工程机械（颚式破碎机、挖掘机）、多种泵、收割机、印刷机、蒸汽机车等机器开始大量被发明、被使用的历史过程。

应该注意到，机床中齿轮传动的作用不仅是增减速，更要变速。变速，即改变切削速度和进给速度，是机械加工对机床的基本要求之一。因此，将机床中的齿轮变速机构（床头箱、进给箱）划入工作机的组成部分是更为合理的。

2. 马克思的机器组成说被突破

已故的吴雅老师曾写道："这一观点（马克思的机器组成说）至 19 世纪后期斯潘塞研制成功了第一台自动车床为止，都是正确的。"[WY] 我们同意吴雅老师的看法[ZC10]。

为了适应大批量加工螺纹紧固件的需要，1873 年，美国发明家斯潘塞（C. Spencer）发明了全自动转塔车床，其中包含了凸轮控制系统，即用安装在所谓"分配轴"上的多个凸轮来控制横向刀架和纵向刀架等部件的运动（如图 1.2 中的最下面的轴即为分配轴）。斯潘塞称这个分配轴为这台机床的"大脑"。虽然这还只是一个机械式的控制系统，但已经开始突破马克思的机器组成说。

在 20 世纪下半叶机电一体化的概念出现之前，曾经有过一段单纯依靠机械手段来实现机器自动控制的阶段，而凸轮则是机械式自动化的核心构件。这一"机械式自动化阶段"持续的时间可不短，约有多半个世纪。像卷烟机、包装机械中也有这类机械式自动化装置。20 世纪上半叶，液压控制也在某些机器（例如磨床）中得到广泛应用。

新出现的自动化机器用马克思的机器组成说已经解释不清楚了。但是今天，我们如果不将马克思的这一论点绝对化，而只将马克思的机器组成说看作是马克思根据他所生活的时代给出的"传统机器组成说"，那么这个定义是永远不过时的。

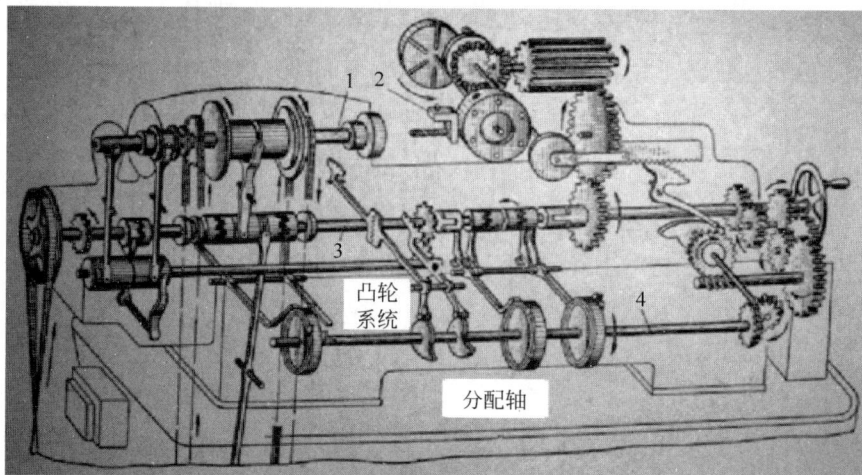

图 1.2　A20 型单轴六角自动车床中的分配轴和凸轮系统

3. 现代机械系统的出现

新的现代机械系统的组成概念是在第三次科技革命中形成的。

一个世纪以来,在电子技术等方面出现了一个持续的、巨大的链条——技术进步的链条。这个链条有 5 个分支:现代电子技术,电子计算机,现代控制理论,现代信号分析,传感器技术。后来,这 5 个分支就陆续地渗入机械工程中,在 20 世纪 80 年代,最终形成了一个新的学科——机械电子工程(mechatronic engineering)。它使机械系统产生了革命性的变化,出现现代机械系统,数控机床和机器人就是其典型代表。

机器人出现以后,出现了"传统机器的机器人化"的趋势[ZC10]。最典型的是工程机械的机器人化,出现了隧道凿岩、挖掘和码垛等机器人。这是一个非常重要的发展趋势,它逐步扩大了现代机械系统的空间,压缩了传统机器的空间,代表了传统机器改造的一个重要方向。

4. 现代机械系统的组成说

现代机械系统的实践走在其理论的前面:在一些现代机械系统出现很长时间以后,人们才归纳出"现代机械系统组成"的概念。

文献[YT1]首次给出了现代机械系统的组成说,并用结构图解释了传统机器与现代机械系统的区别。但是该文献的主题并不在于专门讨论此问题。在这里,我们对其给予进一步的细致讨论,并给出做了稍许修改的现代机械系统组成结构图,如图 1.3 所示[ZC10]。

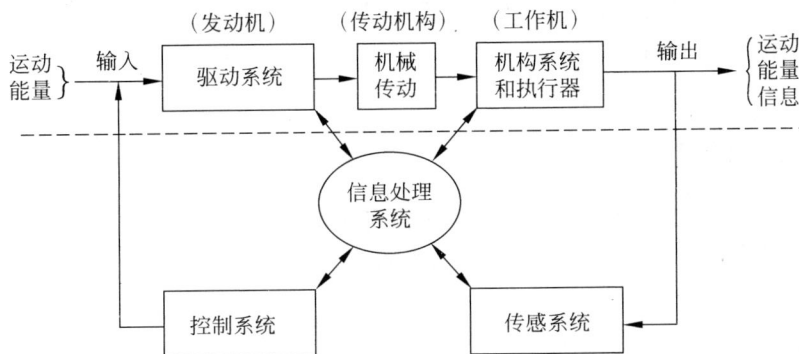

图 1.3 现代机械系统的组成

图 1.3 中,现代机械系统的 6 个组成部分是按照不同功能进行区分的,完全不代表机械的外观形态。例如,对机器人来说,其机械传动系统常常是谐波减速器;由于伺服电机都是可调速的,因此将图 1.1 中的发动机改成了驱动系统。机构系统和执行器对应于图 1.1 中的工作机。对机器人来说,机构系统就是一个串联或并联的连杆机构,而执行器就是输出端的焊枪、夹持器等。对颚式破碎机(图 1.4)来说,机构系统就是一个连杆机构,执行器是安装在连杆(图 1.4(a))或大摇杆(图 1.4(b))上的颚板。执行器的设计属于专业机械领域,不属于机构学的范畴。

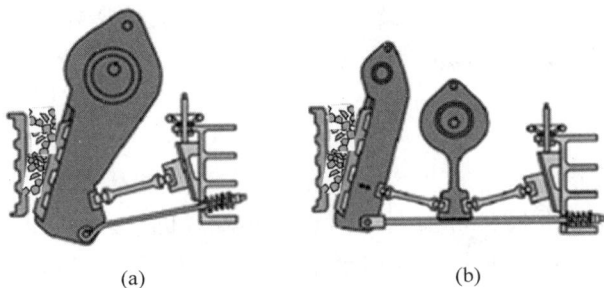

(a)　　　　　　　　　(b)

图 1.4 两种颚式破碎机
(a) 复摆式;(b) 简摆式

图 1.3 既能说明现代机械系统,也能覆盖传统机器,可以清楚地看出传统机器的一个现代化改造的方向。图中虚线的上方,以及括弧中的文字,即为图 1.1。虚线下方的部分则为由机械电子工程所带来的传感、控制和信息处理系统。传统机器要改造为现代机械系统的途径之一,就是要增加虚线下面的几个系统。

当然,从传统机器发展为现代机械系统,要从高速化、重载化、轻量化、精密化、自动化等几个方面去提高。自动化只是其中的一个重要方面,但它是导致机械系统组成变化的主要因素。

1.2　机构学史简介

本节介绍 3 个问题:①简述机构和机构学的发展简史;②介绍和机构学的发展相联系的几个重要关系,或推动和影响机构学发展的因素;③学习和了解机构学史的目的。

1.2.1　机构和机构学的发展简史

1. 古代机构

本书中所称的古代,指从青铜时代开始直到文艺复兴运动(公元 14—17 世纪)开始之前的 6000 余年。在古代,出现了不少的机构和机器,也有少量的对一些机构和机器的描述性甚至分析性的文字,但没有形成理论。或者说,在古代,有机构的发明和使用,但没有机构学。

古代的机械文明主要集中在 3 个地区:中国、以埃及和两河流域为中心的阿拉伯地区、以希腊和罗马为中心的南欧地区。第 2 章中会对下述内容进行介绍:这 3 个地区的兴衰简史、机构与机器发展的不同特征、对力学和机械领域作出贡献的代表人物和相关著作,以及对各种古代机器和机构的简单介绍。

2. 近代机构学

本书中,近代指从文艺复兴运动开始至第二次世界大战(以下简称"二战")结束这一段历史时期,近代又可被划分为近代早期(文艺复兴至第一次工业革命前夜)、近代中期(第一次工业革命开始至第二次工业革命前夜)和近代晚期(第二次工业革命开始至"二战"结束)。

1) 近代早期

文艺复兴本质上是一场思想解放运动。古代的机械发明发展到了近代,遇到了文艺复兴时期的达·芬奇(Leonardo da Vinci,1452—1519),达到了一个高峰。达·芬奇在人类历史上第一次发出呼唤:建立机构学的理论! 从此,开始了机构学诞生之前的酝酿期。这个酝酿期延续了二三百年:牛顿(I. Newton,1642—1727)的经典力学为机构学的发展提供了力学基础;欧拉(L. Euler,1707—1783)等的研究奠定了机构运动学的理论基础。

2）近代中期

18 世纪 60 年代第一次工业革命的爆发促进了机器的大量发明。19 世纪初叶，法国理论运动学学派兴起，教育家蒙日（G. Monge，1746—1818）把机构的知识引入了大学课堂。这两件事导致著名物理学家安培（A-M Ampère，1775—1836）在法国科学院发表文章呼吁[AA]，给了这个新学科一个命名——kinematics。这一命名被很多学者看作是对机构学的命名和机构学诞生的标志。但笔者认为，在这一时期完整的机构学还远没有形成，这一命名只是对机构运动学的命名，而且它当时还被归属于力学的门下。机构的结构、机构的组成这样一些机构学特有的问题还没有被揭示出来。因此笔者认为，安培的命名可以被看作是机构学走向一个独立学科过程的开始，开启了机构学的诞生期。

1841 年，英国科学家威利斯（R. Willis，1800—1875）发出呼唤[WR]：建立机构结构学！同时，在 19 世纪中叶，机器动力学也得到了一定的发展。

3）近代晚期

19 世纪 60 年代，进入了第二次工业革命时期。在此期间，逐步形成了两个机构学学派：以雷罗为代表的德国学派和以契贝雪夫（P. Chebyshev，1821—1894）为代表的俄国学派。雷罗的贡献是提出了运动副和运动链的概念，初步建立了机构结构学[RF]。而俄罗斯的青年机构学家阿苏尔（L. Assur，1878—1920）则提出了机构学史上第一个机构的结构组成理论[AL]。

机构结构学的建立，使得近代机构学形成了包含结构学、运动学和动力学的完整体系。这才使机构学从力学中分离出来，成为机械工程门下的一个独立学科。这是机构学学科建立过程的完成期。

关于近代机构学的 3 个分支领域——机构结构学、机构运动学和机构动力学的发展，会在第 3～5 章中提及一些，但主要在第 6 章中介绍。

3. 现代机构学

从 20 世纪 50 年代中期开始，机构学进入了现代机构学的发展阶段。

现代机构学发展的大背景是第三次科技革命的兴起。在 19 世纪末发生的新物理学革命为未来的技术革命奠定了全新的科学基础；20 世纪 40 年代末期的新的哲学思想为这场科技革命提供了先进的世界观和方法论。"二战"后，世界形成了较长时期的和平局面，这也有利于经济和科技的发展。

第三次科技革命以信息革命为统领，涉及原子能技术、航天技术、新能源技术、新材料技术、生物技术和海洋技术等诸多领域。

电子技术、计算机技术、控制技术、信息技术和传感器技术等领域各自都有一个为时不短的进步过程，最后汇聚成了新学科——机械电子工程。这个新学科的出现极大地改变了机械工程的面貌。没有机械电子工程，就没有机器人，现代机构学就绝不是现在这个样子。

除此以外，以下几项技术进步对机械工程也有巨大的影响。

（1）在数学和力学领域，出现了多体动力学、数学规划法，数值计算方法、振动理论取得了很大的进步。在人工智能领域，出现了符号运算、专家系统和人工神经网络。所有这些都先后应用于机械设计和机构学。

（2）网络技术把世界连成一体，使资本、技术、知识和信息在全球极其迅速地流通和交流。网络协同设计和网络协同制造得到了发展。

（3）各种新型材料和新型能源的出现，给机械设计带来了新的选择可能和新的问题。

（4）随着航天技术的发展，要求发展新型航天器；随着海洋技术、新型能源的发展，需要相关的机器人装备。这些领域对机器人机构学、机构动力学的发展有巨大的推动作用。

电子计算机和机器人的出现和发展是影响现代机构学发展的最重要的因素。

机器人的兴起极大地冲击了机构学领域。机器人学和机构学交叉并融为一体，形成了机器人机构学。几十年来，这个交叉领域一直在扩大。它使机构学研究的课题成倍地增多、难度也大为增加。机器人是将机构学从传统推向现代的最重要的力量。

机械设计技术和制造技术日益表现出高端化、综合化的趋向，对理论指导的需求远比前两次工业革命时期更为强烈。在和平的环境中，高等教育、科学研究发展迅速。世界上出现了更多的研究型大学，实现了教育与科学研究的紧密结合。尤其是培养了大量博士生，他们是从事机械理论研究的生力军。

20世纪50年代中期，美国学者弗洛丹斯坦（F. Freudenstein，1926—2006）在平面连杆机构综合中做出了两点创新：①用解析方法建立模型；②在计算机上进行求解。他的工作在美国机构学的发展中掀起了进步的大波，解析方法和计算机求解立即渗透到机构分析与综合的各个方面，一时形成了"美国学派"。美国开创了现代机构学，并始终是现代机构学的研究中心和主导力量。

与此同时，欧洲，特别是英、法、德、意等国，依然站在机构学发展的前沿。

改革开放以后，中国机构学在20世纪80年代崛起，只用了20～30年的时间便冲到了世界机构学的前沿，与美国和欧洲形成鼎足之势。

现代机构学在结构学、运动学、动力学等各个领域都得到了极大的发展，远非昔日的近代机构学可比。

第7章介绍现代机构学诞生和发展的背景、现代机构学的特点，以及机构学的国际组织——国际机器与机构理论联合会（IFToMM）；第8章介绍现代机构学在美国和欧洲的发展；第 9 章介绍现代机构学在中国的发展。关于现代机构学的各个分支领域，以及现代机构学时期相关的数学和力学的发展，会在第 7～9 章中提及一些，但主要在第 10 章和第 11 章中介绍。第 12 章简介现代机构学在未来可能的发展趋势。

1.2.2　推动和影响机构学发展的重要因素

研究任何学科的历史发展，都要了解推动和影响该学科发展的重要因素。研究机构学的历史，要了解以下 4 个重要的因素。

1．机构学发展背后的 4 大推动力

机构在应用中和机器是分不开的。机器理论和机构学的背后有 4 大推动力，它们是经济发展、国防建设、科学探索和人民生活。例如，机器人在这 4 个领域都有应用。

当然，对许多机构学家来说，对机构的研究是出自兴趣——巨大的兴趣，毕生的兴趣。但是，机构学研究不仅是一种个人行为，更是一种社会行为。不能排斥暂时没有，甚至在一段历史时期中都没能找到实际应用场合的纯理论研究，但终归要有实际应用作为依托，机构学才能进一步发展下去。

2．机构学的发展受到时代背景的影响

时代背景会对科学和技术的发展产生很大影响，积极的或消极的，举数例如下。
- 希腊古代特殊的社会和文化环境导致了科学发展的萌芽。
- 欧洲的中世纪大大地延缓了科学和技术的发展，因此被称为"黑暗的中世纪"。
- 第一次工业革命中，机构运动学诞生；第二次工业革命期间，两个重要的机构学学派出现，近代机构学形成完整的体系；第三次科技革命中，现代机构学出现并获得快速发展。
- 中国的汉、宋两朝经济繁荣，机器的发明就比较多；明清时代的闭关锁国阻断了中国曾经很繁荣的机械发明。
- "文革"使中国百业萧条；改革开放把中国机构学推到世界前列。

3．机构学的发展与自然科学基础的关系

机构学最重要的自然科学基础是数学和力学。
近代机构学的数学基础主要是几何、代数、微积分和微分方程。但到了现代机

构学阶段,又纳入了一个庞大的数学知识群,包括四元数、矩阵论、图论、旋量理论和有限元方法等,其中有多项并不是数学家专门为机构学而研究的,有的甚至是沉寂了百余年的创造,此时找到了应用场合,如旋量理论。据统计,国家自然科学基金委员会在 1986—2011 年这 1/4 世纪中,资助机构学的各种项目约 400 项,其中涉及运用现代数学工具解决机构学问题的项目就有 50 多项[WG]。美国科学基金资助的计算运动学的项目数占了机构学总项目数的 1/3!

力学理论不仅是牛顿公式,不要忘记欧拉、拉格朗日和维登堡,没有这几个人物建立的理论,根本撑不起现代机构学的理论大厦。注意,这 3 个人物的理论都是"应运而生"的:欧拉适时地从质点转向了刚体,建立了刚体动力学;拉格朗日方程似乎就是为约束系统的出现而推出的;维登堡的多体动力学绝好地适应了航天器、机器人和车辆动力学的发展。

4. 机构学的发展与相关科技领域的关系

除了自然科学基础外,相关科技领域也给机构学带来了强大的、不可或缺的影响,尤其是在现代机构学的发展过程中。没有计算机的出现,就不可能有现代机构学。数值计算、仿真分析、图形表达,甚至公式推导、专家系统,以及功能极为强大的商用有限元和多体动力学的分析软件,计算机无处不在! 众所周知,中青年一代使用计算机的水平要高于老一辈,可以设想,年轻一代的水平还会更高。

没有控制理论的进步,就不会有现代的机器人。同理,材料领域、制造领域的进步也都对机构学有一定的影响。

1.2.3　学习和了解机构学史的目的

为什么机械工程领域,尤其是机构学领域的大学生、研究生和教师,最好了解一些"机构学史"的知识呢?

60 多年前,我国著名的化学家傅鹰教授(1902—1979)曾说过:"一门科学的历史是那门科学最宝贵的一部分。科学只给我们知识,而历史却给我们智慧。"[FY]

结合机构学史的研究和学习,可以进一步深化我们对 1.2.2 节所述的这几个重要因素的理解,形成科学的世界观,培养我们的人文精神。在教学中结合学科知识,恰当地引入一些科学史的内容,不仅可以增加教学的人文内涵,而且可以使抽象的科学知识生动起来、有趣一些,增加亲和力,有利于提升学生的求知欲望。

1.3　关于本书的名称

我们认识机构学学科是从大学课程"机械原理"开始的。中国的"机械原理"这个词是从苏联传过来的。苏联的教科书称之为"Теория Механизмов и Машин"，英译为"Theory of Mechanisms and Machines"，即"机构与机器理论"。在这门课程中包括了机构学的 3 大部分内容：结构学、运动学和动力学。但结构学和运动学讨论的对象是机构，动力学讨论的对象是机械(分为机器动力学和机构动力学)。国外也曾有称这门课程为"机构学和机器(机械)动力学"的。

后来，我们参加了学术活动，知道了：在国际上，孤立地把"mechanism"当成一门学科的名称使用的情况并不多。谈到被认可的学科名称，还要从 IFToMM 说起。

1969 年成立国际组织的时候，称为 International Federation for Theory of Mechanisms and Machines(简称 IFToMM)。苏联人是当时创立这个国际组织的主干力量。"机构与机器理论"(TMM)和苏联的大学课程的名称是一致的。这个名称沿用了 30 年。

在 IFToMM 大会的投稿中，被纳入的文章所涉及的领域不断扩展，研究者群体的投稿反映着客观的需求，组织的领导人应该注意到投稿情况的变化。2000 年，国际组织更名为 International Federation for the Promotion of Mechanism and Machine Science(简称未改，仍为 IFToMM)。不再用 TMM(机构与机器理论)，改成了 MMS(机构与机器科学)。这个 MMS 的范围可太宽了！它下设连杆与凸轮、机器人学、计算运动学、摩擦学、生物机械工程、发动机与动力系统、齿轮传动、人机系统、机电一体化、微型机械、振动、可靠性、转子动力学、运输机械共 14 个领域。

也许，把"理论"改成"科学"，其目的之一，就是为了适应这么宽的研究领域？

但是，我更赞成 T. Koetsier 的如下观点："现代的 MMS 是一个多学科的科学，它以拓扑学-运动学为其核心，围绕着它的是动力学、机器人学、机械电子学等其他理论。"[KT] J. Angeles 也有类似的观点："众所周知，我们的学科 MMS 的核心，是机器的运动学和动力学。"[AJ2]

本书讨论的范围不是这个涵盖内容极广的 MMS，是世界大会导致了这个 MMS 的出现。我们这个学术群体真正认可的还是 TMM。如果讲究正规化，本书应该用 IFToMM 官方钦定的名称，称为"机构与机器理论发展史"。但是，在中国，最通俗的说法就是"机构学"，实际上，"机构学"这个名称的内涵和 TMM 是完全一样的。经过这一番推敲，笔者选择了《机构学史》这个中文书名，而且在机器和机构中，更偏重后者。英文书名则称为 A History of The Theory of Mechanisms。

此外，在机构的发展过程中，又出现了分化。随着汽车内燃机的发展，发明了高速链传动和齿形带传动；随着电梯的发展又出现了对蜗轮传动的研究高潮。后来，皮带、链、齿轮、蜗轮等被纳入一个新的领域——"机械传动"的名下。从定义上看，机械传动当然还属于机构；但从研究内容角度看，机械传动已基本上发展为一个独立的新领域，例如，在机械传动的研究中，承载能力越来越成为重要的研究内容；从学术活动角度看，机械传动领域早就开始组织自己的学术会议、出版自己的刊物。机构学的中心研究对象仍是连杆机构和凸轮机构，后来又出现了研究得极为火爆的机器人机构(实质上也是多自由度的、多环的空间连杆机构)。本书在论述近代机构学时，要讨论到现在属于机械传动领域的内容；但在讨论现代机构学时，就基本不再涉及这方面的问题。

1.4　本书的写作特点

本书在编写过程中注意了如下问题，从而形成了本书的一些特点。

(1) 科技史的撰写有两种模式：内史写法和外史写法。内史写法即指就该项科技的发展过程写其科技史，而外史写法则指将该科技领域的发展与当时的社会、政治、经济和相关领域科技的发展联系起来，在这个大环境中来描述该科技领域的发展[LB]。本书(以及笔者的其他几本科技史著作)均采用外史写法[ZC1,ZC2,ZC8]。这种模式的写法应该更有利于读者以宽广的视野来观察当时机构学的发展，有利于培养、形成和巩固读者的唯物史观。

(2) 对重要的机构学学术贡献的描述，力求兼顾背景、学派、人物、著作、影响、局限性等几个方面，力求形成立体的机构学的学科形象，力求使读者全面地了解这一学术贡献，给其留下较为深刻的印象。广泛的文化与学术交流对机构学的发展是极其重要的，因此对国际与国内的相关学术组织和学术会议也花费了一定的笔墨给予介绍。

(3) 对全书中史实的描述和对该史实的评论，都力求给出确凿的出处，有的还会给出不止一篇的参考文献，以便读者进行进一步的探讨。笔者对某一问题可能会发表自己的观点，但均会特别注明。在有些章节的最后设有"编后随笔"一节，笔者对别人的文献提出的建议、笔者对某一问题的评述言犹未尽，或不宜置于正文中者，均列入这一部分。

(4) 在人类的历史上有许多杰出的人物，在各种不同的领域作出了杰出的贡献。机构学也不例外。本书中对在机构学领域和与机构学密切相关的领域(如力学、机械学等)作出杰出贡献的科学家和发明家做了一些介绍。笔者认为，这不仅可以帮助我们更好地了解历史，而且对青年学者的成长也能有所助益。由于能找到的资料有限，这部分能做到的程度恐怕未能尽如人意，特别是欧美人物的部分。

(5) 对机构学历史上出现的最重要的专著、论文，在本书中都尽可能提到，且对那些有代表性的文献还做了一些简单评介。有些文献，今天多数的学者未见得都要去读它，但作为历史，要有记录。有些历史贡献正是通过史料的搜索揭示出来的，例如莫兹(G. Mozzi)对螺旋理论的最早贡献。

第2章

古代机构

2.1 概述

本书中所称的"古代",是指从人类进入青铜时代(公元前 5000 年前后)直到欧洲文艺复兴运动(公元 14—17 世纪)开始之前 6000 余年的历史时期。

2.1.1 古代人类使用工具的 3 个时代

人类与动物的区别在于人类能够制造和使用工具。根据所使用工具的材料不同,古代人类相继经历了石器时代、铜器时代和铁器时代[GG,JZ]。

人类使用石器的时间长达上百万年。石器时代所使用的各种石斧、石锤和木棒等工具尽管简单、粗糙,却是后来几千年机械发展的远祖。

石器时代中的绝大多数时间属于旧石器时代,人类在一万多年前才进入新石器时代。旧石器时代人类使用打制的石器,新石器时代则使用磨制的石器。这是人类的第一次技术进步。但是,这两个阶段更本质的区别是人类生存手段的进步:旧石器时代人类依靠采集和狩猎为生,而新石器时代则依靠种植和驯养[SL]。谋生手段的进步使人类逐步走向定居,定居则是最终形成城市的条件。

在新石器时代,人类已经开始使用天然铜。公元前 5000 年前后,埃及开始冶炼铜,并用铜制造工具和武器。公元前 3500 年前后,苏美尔(Sumer,位于今伊拉克东南部的两河流域)人已经掌握了青铜的冶炼技术。中国进入青铜时代在公元前 2000 年前后。

公元前 2500 年前后,埃及人已从陨石中得到铁,出现了极少量的铁器。大约在公元前 2000 年,印度南部也出现了铁器。但真正意义上的铁器时代开始于公元前 1400 年前后——小亚细亚半岛上的赫梯帝国(Hittite Empire)掌握了冶炼铁的技术,最早开始大量地生产铁,并在很多场合用铁代替了铜。冶铁技术是赫梯帝国的机密,在其灭亡之后才得以传播到中东和欧洲。中国在公元前 6 世纪出现了生铁制品。

2.1.2　古代机械发展的 3 个主要区域

古代机械的发展与人类文明的发展同步。

在古代世界,铜铸造业主要集中在埃及和西亚、中国、欧洲南部这 3 个地区。这些地区就成了人类古代文明发展的中心,古代机械方面的发明和创造也主要集中在这 3 个地区。铜器时代大体上与奴隶制时代相对应。

人类文明在美索不达米亚和埃及的出现时间远早于中国和欧洲。埃及是人类使用工具最早、创造了"简单机械"的地区,但后来发展缓慢。到了公元后,关于这一地区在工具和机械发展方面的记录就不多了。公元 7—15 世纪,西亚(包括土耳其、伊朗等范围广大的地区)又出现了一次高峰——伊斯兰文明达到了它的黄金时代。

中国比埃及起步晚千余年,但是在欧洲文艺复兴运动之前,中国的机械发明长期在世界上居于先进水平。古代中国的机械发明种类多、涉及领域广、水平高,涌现出了张衡、马钧、苏颂等一大批卓越的发明家。

欧洲起步也较晚,曾出现过古希腊文明和古罗马文明。古希腊是世界古代科学的发祥地。从公元 5 世纪起,欧洲陷入发展缓慢的"中世纪"达千年之久,直到文艺复兴运动之后,欧洲才崛起,世界进入近代。

希腊、罗马、埃及以及部分西亚地区都濒临地中海。通过基督教的传播、商贸往来、十字军东征以及希腊化,这几个古代人类文明的中心在文化和科技方面早就有交流和渗透。由于交通不便,中国和西方在很长一个时期中基本上是互相隔绝的,公元 1 世纪以后才开辟了丝绸之路,唐代和当时的伊斯兰文明有所来往,明朝末年以后才逐渐出现了欧洲传教士来华和随后的"西学东渐"。

2.2　最早的文明——苏美尔和埃及

2.2.1　最古老的人类文明

两河流域的美索不达米亚平原是人类文明最早出现的地方。国际史学界公认,苏美尔在公元前 3500 年前后实现了从新石器时代的部落文化向文明的过渡[SL]。

文明具有一些特征,使它与部落文化区分开来。国际史学界公认的这些特征是[SL]:①以城市为中心;②由制度确立的国家政治权力;③税收或纳贡;④文字；⑤社会划分为阶级或等级；⑥巨大的建筑物；⑦各种专门的艺术和科学。当然，不是所有的文明都具备所有这些特征，但它可以被看作是一般的标准。

埃及在公元前 3100 年实现了尼罗河流域的统一。苏美尔和埃及，这两个文明形成的时间远早于世界其他地区。

随着灌溉农业的出现，犁和水车应运而生。犁从两河流域和埃及传到了印度，公元前 1400 年又传到了中国。车轮则是另一项重要的发明。

众所周知的所谓 6 种"简单机械"，就最先出现在埃及。

但是，这两个文明出现最早的地区后来却发展缓慢。

2.2.2 希腊化时期

随着公元前 336 年亚历山大大帝建立马其顿王国，希腊文化的影响扩展到西亚、埃及和印度等地区，此后的 300 年史称"希腊化时期"。这是对埃及和西亚的发展有重要影响的时期。由于它和希腊文化有着直接的传承关系，将其放在 2.3.2 节中详细介绍。

2.2.3 伊斯兰文明的高峰

公元 7—15 世纪，西亚又出现了一次高峰——伊斯兰（包括土耳其、伊朗等范围广大的地区）文明伴随着阿拉伯帝国的兴起和扩张，达到了它的黄金时代[SL]。

伊斯兰文明是由阿拉伯文化、波斯文化、突厥文化相互融合、发展、演化而形成的古老文明。它起源于伊斯兰教的传播，公元 7 世纪，随着阿拉伯帝国的建立，伊斯兰文明席卷了西亚、北非、中亚、西南欧等广大地区。在漫长的中世纪，伊斯兰文明是连接和传播中西方文明的桥梁。中国古代的"四大发明"就是通过伊斯兰文明传入欧洲的，阿拉伯数字也是由伊斯兰人从古印度传播至世界各地的。

伊斯兰文明在科学、医学、农学、天文学、化学等领域都曾有很高的成就。学者们致力于收集并译述希腊、波斯和印度的学术书籍，为世界文明的传承作出了重要的贡献。

这一时期，出现了以库尔德族学者加扎里（Al-Jazari，前曾译为"雅扎里"）为代表的几位机械发明家[HA]。

2.3 欧洲发展的特点与曲折

比埃及晚两千年，欧洲的巴尔干半岛在公元前 3000 年开始使用铜制工具——铜斧。公元前 1000 年时，铁器传遍欧洲。

2.3.1　古代希腊：科学的发祥地

古代希腊的地域不仅局限于希腊半岛和爱琴海,还包括其殖民地:小亚细亚半岛西端的沿海地区(伊奥尼亚)、意大利半岛的南部和西西里岛,极盛时期甚至南达北非的尼罗河口。

公元前 600 年至公元 400 年,这 1000 年是希腊古典文化的繁荣期[LG]。古代的埃及和两河流域,以及东方的中国,在机械技术方面都取得了相当程度的发展。但是,这些地区在科学方面虽然也有点点的星光,但与希腊相比,却难以望其项背——古代世界只在泛希腊地区才闪现出科学的曙光。

为什么只有在古代的希腊,科学才得到较高程度的发展?其原因在于[EA]:

(1)铜器、铁器已广泛应用,依靠奴隶劳动的生产,有所盈余,这就可以使一部分社会成员在一些并非能"立即有用"的领域工作,例如艺术、科学和哲学。这是科学发展的社会经济基础。

(2)莎草纸在书写中的广泛应用,以及字母表在民众中的普及,都是古代希腊的教育和科学得到发展的原因[EA]。这是科学发展的教育基础。

(3)在地中海东岸和西西里岛建立了殖民地,它有利于建立与西亚和南欧文明的思想和信息交换。希腊并未"闭关锁国"。

(4)古代希腊是由一个个的城邦组成的,没有大一统的君主。尤其是以雅典为代表,逐渐发展出奴隶主民主制。社会上和学术界经常就一些问题进行自由的讨论和争辩。不受束缚的自由思想是希腊人所独有的,这无疑是使科学精神得以孕育的土壤。但在亚洲的多个文明发祥地,政治和社会是不支持自由思考的,而自由思考却是发展科学思维所绝对必需的。

因此,从公元前 7 世纪开始的几百年间,在希腊,也只有希腊,出现了科学的萌芽。在此期间,陆续出现了多个学派和多位大师,分别以数学、医学、天文学、哲学、力学为其研究特色[SY2],依时间顺序列举数位如下:

- 泰勒斯(Thales),古希腊及西方第一位自然科学家和哲学家;
- 毕达哥拉斯(Pythagoras),数学家、哲学家;
- 苏格拉底(Socrates),哲学家;
- 柏拉图(Plato),哲学家;
- 亚里士多德(Aristotle),哲学家、科学家;
- 欧几里得(Euclid),数学家;
- 阿基米德(Archimedes),力学家、数学家、机械学家。

古代希腊持续了数百年的科学繁荣。

在埃及和两河流域哲学家的著作中,首先出现了"逻辑(logic)"的萌芽。这些萌芽被柏拉图和亚里士多德发展为一门科学,并且被毕达哥拉斯、欧几里得和阿基米德在自然科学(特别是数学和物理)中所应用[EA]。

希腊古代科技发展的高峰是在公元前 300 年到公元 150 年之间。希腊文明对西方文明和穆斯林文明有着深远的影响。

2.3.2　希腊化时期

从公元前 330 年波斯帝国灭亡到公元前 30 年罗马征服托勒密王朝为止的一段历史时期内,地中海东部、小亚细亚、埃及等原有文明区域的语言、文字、风俗、政治制度等逐渐受到希腊文明的影响。这一时期被西方史学界称为"希腊化时期"。这一时期的开端正是亚历山大大帝的马其顿王国时期(公元前 336—前 323 年),这是历史上第二个地跨亚欧非三洲的帝国。

希腊化时期的地中海东部地区,农业、手工业和商品经济都有一定程度的发展。尼罗河口的亚历山大城(Alexandria)成为了当时世界的知识、文化和贸易中心,学者云集,人才荟萃,被世人誉为"智慧之都"。由于不同文化的相互交流和影响,以及各国采取的有利于文化发展的措施,数学、物理学、天文学、机械学等都有了很大的发展,欧几里得、阿基米德、希罗等学者为其代表(见 2.5.1 节)。亚历山大城的博物馆和图书馆,在当时享有国际性学府的声誉。阿拉伯人翻译、保存了希腊的大量文献,对文化的留存作出了巨大的贡献。希腊化不是古希腊文明的衰落,而是古希腊文明的向外辐射[YJ]。

从公元前 229 年起,罗马帝国不断向地中海东部地区扩张。从公元前 168 年开始,在 1 个多世纪的时间里灭亡了马其顿等王国,逐步使各希腊化地区并入罗马帝国。

所以,希腊文化不应当被理解为仅局限于希腊半岛的文化,它所覆盖的地区还应该包括希腊化时期的埃及、西西里、地中海地区,甚至西亚。

2.3.3　罗马时期与中世纪

罗马帝国用武力称雄欧洲,但他们的科学发展却乏善可陈。罗马人中没有卓越的科学家,但却出现了一些不错的工程师。他们记录并采用了在希腊、埃及和美索不达米亚产生的知识,完成了可满足帝国需求的大型土木工程和机械工程。直到公元 2 世纪希腊数学著作开始被翻译成拉丁语之前,罗马人基本不知道希腊数学。虽然在建筑和机械设计方面有一些论文,但本质上主要是科普式的知识[EA]。

随着古希腊、古罗马的衰亡,灿烂的欧洲古代文化也归于沉寂。从公元 5 世纪

(西罗马帝国灭亡)至 14 世纪(文艺复兴运动开始)这 1000 年,史学界称之为"欧洲中世纪"。中世纪的欧洲各国没有强有力的世俗政权,封建割据带来了频繁的战争。罗马天主教廷严格控制科学思想的传播,并设立了宗教裁判所来惩罚异端,学校教育也都要服务于神学。同时,瘟疫蔓延欧洲,14 世纪的黑死病导致了 30% 的人口死亡率,欧洲人口数量急剧下降。封建割据、神学统治和瘟疫蔓延,这 3 大因素造成了中世纪欧洲科技(包括机械技术)和生产力发展缓慢。因此,这一时期也常被称为"黑暗的中世纪"。

武际可教授的论文[WJ2]列出了力学学科历史上最重要的 100 篇文献。在古代希腊就有亚里士多德、阿基米德、希罗等人的 5 篇文献;其后,近 1200 年(主要是中世纪)基本上是空白。到 1543 年哥白尼发表《天体运行论》(*De Revolutionibus Orbium Coeletium*)以后,文献才多了起来。

当然,缓慢并不是完全停滞。在中世纪后期,随着农业和手工业的发展,同时吸收了中国和伊斯兰的先进技术,欧洲的机械技术开始恢复和发展[TC]。特别应该指出:机械钟表的发明,可能是中世纪晚期唯一值得称道的机械技术的进步(见3.5.1 节)。

在经历了漫长的中世纪黑暗之后,中世纪后期,在意大利首先出现了资本主义生产方式的萌芽。经济基础的变化带来了上层建筑的变革。随后几百年间,欧洲陆续发生了文艺复兴等一系列的思想解放运动,世界进入近代。

2.4　中国的辉煌与落伍

在商代(公元前 1600—前 1100 年)和西周时期(公元前 1100—前 771 年),中国出现了桔槔、辘轳、鼓风器等工具;春秋(公元前 770—前 476 年)末年,中国进入铁器时代。

历史进入公元后,埃及从创造的前沿淡出,而这时中国机械方面的发明创造则进入了黄金时代。从东汉(25—220 年)到宋(960—1279 年)、元(1271—1368 年)时期,中国机械技术的许多方面在世界上长期居于领先地位。中国的机械发明涉及农业、纺织、冶铸、兵器、车辆、船舶、天象观测等许多领域。中国的机械发明家主要出现在这一时期,例如东汉的张衡、三国时期的马钧,以及宋代的苏颂和韩公廉。宋、元时期,中国古代科技发展达到高峰。毕昇发明的活字印刷术对世界印刷术的发展有巨大的影响,是中国古代最重要的技术发明之一。

1405 年,明代郑和率领庞大的船队(200 多艘海船、27000 多名船员,主船长度125.65m[LJ,ZC])访问了 30 多个位于西太平洋和印度洋的国家。到 1433 年,郑和共进行了 7 次远航。郑和船队航行的时间之长、规模之大、范围之广,达到了当时世界航海事业的顶峰。这当然也反映出中国当时船舶制造的水平。

宋应星所著的《天工开物》系统而全面地记述了中国农业、工业和手工业,也包括机械方面的生产工艺和经验[SY1]。《天工开物》早就被译成了多种文字,是一部在世界科技史上占有重要地位的著作,被欧洲学者称为"17 世纪的工艺百科全书"(见 2.5.2 节)。

郑和船队和《天工开物》可以被看作是两个标志,标志着中国古代技术(包括机械技术)最后的辉煌。

近代研究中国机械发展史的第一人刘仙洲先生指出:"大体上在 14 世纪以前,中国的发明创造不但在数量上比较多,而且在时间上多数也比较早。但是在14 世纪以后……一般的我们都逐渐落后于西洋。这种现象的基本原因是和社会制度有关。"[ZC]

中华民族是十分智慧的民族,但是封建统治者长期"重农抑商",不重视工业、手工业技术的发展,技术发明常被视作"奇技淫巧"。到了明代,科举考试愈发僵化,以八股取士,使得一般的读书人不讲究实际学问,对科技毫无兴趣。

郑和的船队只到了非洲东海岸,他没有看到欧洲;他发现,所到之处都比中国落后;他的海外见闻助长了统治者和国人唯我独尊的观念。

中国在明代中后期开始实行"闭关锁国"政策,到清代则更变本加厉,严格限制对外交往和贸易。统治者对西方出现的社会变革和发展起来的科学技术几乎一无所知。"闭关锁国"政策使中国丧失了对外贸易的主动权,隔断了中外科技文化的交流,阻碍了资本主义萌芽的发展。

而此时,欧洲已经历了文艺复兴运动。从思想的解放,发展到科学的解放、生产力的解放,欧洲很快就要崛起了。

中国的近代落伍,历代统治者和文人对祖国文化遗产的发掘不足,造成国际学术界对中国古代的技术发明了解不多。20 世纪 50 年代,辛格(C. Singer)等编著的洋洋 7 大本的《技术史》[SC]对中国古代机械的描述简直少之又少。英国学者李约瑟(J. Needham)是研究中国古代科技的大师[NJ,NJ1,NJ2],但是,在国外,还有几位像他这样著名的研究古代中国科技的专家呢?

2.5 古代力学与机械的科学发展与著作

2.5.1 古代希腊——力学与机械科学的萌芽之地

在自然科学得到发展之后,人们就尝试将工程知识,特别是机械设计的知识组织起来，使其得到发展，不再仅停留在技艺的水平。在古代希腊，力学和机械方面也出现了几位大师，其中最著名者是亚里士多德、阿基米德和希罗。

1. 亚里士多德

公元前 4 世纪时，亚里士多德（Aristotle，图 2.1）的著作《机器问题》（*Problems of Machines*）是现存的古代力学、机械类文献中最早的一部，其中讨论了静力学和动力学的原理。但该书的作者可能是他的一个学生[EA]。

该书讨论了纯运动学方面的问题，例如：

（1）速度的矢量特性，速度的叠加，速度相加的平行四边形定律；

（2）机器构件上点的绝对速度和相对速度的概念；

图 2.1　亚里士多德

（3）圆周运动，轮上各点相对于其几何中心的速度与半径和角速度成正比。

对于上述这些问题，该书都给出了合理的几何方法和证明。另外，该书中还讨论了杠杆、平衡、楔、四杆机构、滚动摩擦、梁的强度、冲击、机械增益、静摩擦与动摩擦等问题。

在力学研究中，亚里士多德的成就不少，但是最常被后人提到的，却是他所犯的错误[EA]。例如，他提出的一个假设是："凡是运动的物体，一定有推动者在推着它运动……当没什么东西推它时，它就会停止移动……必然存在第一推动者。"基督教说"第一推动者"就是指上帝，并将亚里士多德的学说与基督教教义相结合。这样的结合让亚里士多德的学说成为了权威学说。一直到牛顿时期，才纠正了这个错误。另外，亚里士多德还认为较重物体的下坠速度会比较轻的物体快，这个错误观点直到 16 世纪才被伽利略的实验所推翻。

在一个时代的科学发展过程中存在着真理与谬误共存的情况[SR]，亚里士多德的理论即是最早的例子之一。这并不奇怪，即使是近代晚期的一些科学理论至今也仍受到质疑。

2. 阿基米德

阿基米德（Archimedes of Syracuse，图 2.2）是公元前 3 世纪的一位集数学、力学、天文学大成的科学家。他出生在西西里岛东南部锡拉库萨（Syracuse）的一个贵族家庭中。当时，已进入希腊化时期，经济、文化中心逐渐转移到埃及的亚历山大城。他曾在亚历山大城跟随欧几里得等多位著名数学家学习。

阿基米德是流体静力学的鼻祖,发现了阿基米德原理:物体所受之浮力等于它所排开的水的重量。《阿基米德全集》中主要是数学方面的著作,力学方面只有"平面图形的平衡或其重心"和"论浮力"两篇[A]。他还发明了螺旋输水机,总结了简单机械。

阿基米德是一位爱国者,他投入了反抗罗马侵略者的斗争,夜以继日地发明御敌武器。公元前 212 年,罗马军队入侵他的家乡,阿基米德被罗马士兵杀死,终年 75 岁。

图 2.2　阿基米德

3. 希罗

机器设计,作为一门工程科学的萌芽,起源于公元前 300 年开始的希腊化时期。当时,关于机器和机构设计的第一批教科书已经出现,这些书既提供了应用,也讲述了方法[EA]。

希腊学者希罗(Heron of Alexandria 或 Hero of Alexandria,公元 10—85 年[PE],图 2.3),比阿基米德要晚 3 个多世纪。他出生于亚历山大城。那时希腊化时期已结束,亚历山大城已在罗马帝国的统治下。

希罗是一位数学家、物理学家和工程师,是古代希腊最著名的机械学家。他的著作多以课程讲稿的形式出现,因此几乎可以肯定:希罗曾在亚历山大博物馆讲学,这个博物馆实际上也是一所兼有文理两科的学校。

图 2.3　希罗

希罗最著名的力学和机械方面的著作包括:① Pneumatics,关于空气、水或蒸汽的使用;② Automatopoietic,关于使用机械或流体手段的自动化机器的描述(多用于神殿中);③ Belopoeica,关于战争机器的建造;④ Mechanics,关于机构和简单机械;⑤ Barulkos,讨论提升重物的方法;⑥ Dioptra,描述一种用于测量的经纬仪状的仪器,以及测量长度的方法;⑦ Catoptrics,讨论光的传播和反射,以及镜子的使用;⑧ Cheirobalistra,讨论弩(利用机械力量射箭的弓)。

在希罗的著作中有一些机构的简图,如图 2.4 所示。图 2.4(b)中第一级增力用的是蜗杆传动(这可能就是蜗杆传动的源头之一)。希罗在机械方面的一些发明将在 2.6 节中进一步介绍。此外,希罗还写了一些讨论数学和几何学的著作。

希罗多才多艺,善于博采众长,在其著作中大量援引了前人的成果。希罗特别注重数学的实际应用,他发明的各种精巧器械,比理论上的成就更为人们所推崇。他的创造发明,给后人极大的启发,在世界技术史上占有崇高的地位[PE]。

(a)

(b)

(c)

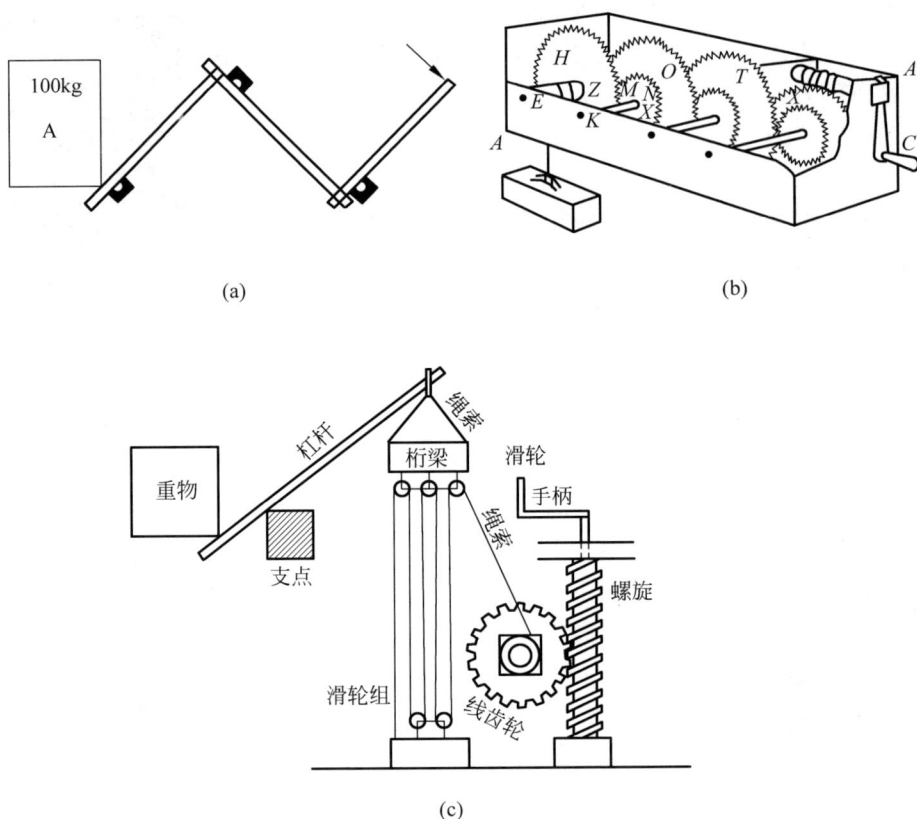

图 2.4　希罗著作中的部分机构简图

（a）三级杠杆增力机构（每级增力 5 倍）[PE]；（b）四级减速的起重用轮系[PE]

（c）提升重物的机构[SC1]

2.5.2　世界其他地区的机械技术著作

除希腊以外，在世界的其他地区也出现了一些机械方面的著作，它们均属于技术著作。

1. 古代中国

中国古代的《天工开物》《农书》等都是一些综合性的技术著作，其中涉及某些机械问题。

1637 年，宋应星（图 2.5）所著的《天工开物》出版。这部伟大的著作包括了金属的冶炼、铸造和锤锻工艺,工具和机械的操作方法,船舶、车辆、武器的结构、制作和用途等[SY1](见 2.3 节)。

《考工记》是春秋末年时记录手工业生产技术的官书。而就连这样的书在秦始皇焚书坑儒时居然也遭遇厄运,到汉高祖时期才重新出版。该书涉及车辆、兵器等机械问题,以及冶炼等制造方法。虽然涉及的理论问题有限,但也包括了滚动摩擦、斜面运动、惯性现象、抛物轨迹、材料强度等[LJ]。

图 2.5 宋应星

元代王祯著的《农书》[WZ]中第一次对广义农业生产知识做了较全面系统的论述,其中包括详细的农具图谱,介绍了几种当时使用的空间连杆机构(详见 2.6.4 节)。

2. 伊斯兰地区

13 世纪,伊斯兰文明正处于其黄金时代。机械发明家伊斯梅尔·加扎里(Ismail al-Jazari,图 2.6)在他去世的那一年完成了著名的《精巧机械装置的知识》[JI]。在该书中,他描述了上百种机械装置。他反复强调,在此书中他只描述他自己创造的装置。科学史学科的创立者——乔治·萨顿(G. Sarton),将该书评价为"当时伊斯兰世界机械方面的最高成就"[WX]。

图 2.6 加扎里

除加扎里以外,还应提及班努·穆萨兄弟(Banu Musa brothers,是三兄弟的总名,生活在公元 9 世纪的巴格达)。他们的《机械之书》[MB]也是很著名的著作,它主要是一本对当时伊斯兰地区机械发展的记录性技术资料。

3. 罗马帝国

维特鲁威(M. Vitruvius)是古罗马著名的建筑工程师。他在总结了当时的建筑经验后写成了关于建筑和工程的论著《建筑十书》,共 10 卷,其中的第十卷描述了他制造的机器和起重设备。他使用了齿轮、螺旋、滑轮系统和其他机构。在该书中对于提升重物有很多描述。这是世界上遗留至今的第一部完整的建筑学著作,也是现在仅存的罗马时期的技术论著[AI2,SC4]。

2.6　各种古代机构发展简介

本节集中介绍古代各种机构的创造和发明。

古代机械几乎涉及人类生活的所有领域。机械的创造首先是为人类的衣食住行服务：农耕、谷物的磨碎、灌溉、纺织、房屋的建筑、车与舟。为了农业，要懂得天象，这就出现了天象观测的仪器；要保卫自己族群的衣食住行，就出现了武器；制造工具和机械需要金属，为了冶炼，就出现了鼓风机。

本书的重点不是机械，而是侧重于其中所用的机构，因此在内容的选择上以展示机构的应用为重点。

2.6.1　简单机械

众所周知，杠杆、滑轮、轮轴、斜面、螺旋和尖劈被称为 6 种"简单机械"（simple machines）。它是古代人类从使用工具的实践中总结出来的，也是后来机械发展的根基。

在石器时代，人们使用的石斧就是简单机械中的"尖劈"；古埃及提水用的桔槔就是"杠杆"（图 2.7）；用于农田灌溉的辘轳就是"滑轮"，它也是后来矿井和施工中所用的绞车的雏形。

简单机械首先出现在埃及。公元前 2600 年左右，埃及开始修建金字塔（图 2.8）。用于建造金字塔的巨石重达数吨或数十吨，而且要从地面提升百余米高才能将巨石运到塔顶。据分析，搬运和提升巨石时应该是使用了滚木（即简单的轮子）、土堆起的斜坡（斜面）、撬棍（杠杆）等简单机械[ZT1]。

图 2.7　古埃及的桔槔取水

图 2.8　修建金字塔

虽然埃及最早使用了简单机械，但对其进行归纳的任务却是由古希腊学者完成的。而较深入的理论分析则到文艺复兴时期才出现。

关于简单机械的数目,说法并不一致。"简单机械"一词源于阿基米德。他定义的简单机械只包括杠杆、滑轮和螺旋3种,他还揭示了杠杆中的机械增益。众所周知的阿基米德的名言——给我一个支点,我可以撬动整个地球,就是从对杠杆的研究中产生的。

后来希罗在简单机械中又加进了轮轴和尖劈,在其著作 *Mechanics* 中描述了5种简单机械的制作和应用。

在简单机械中加进斜面,是后来文艺复兴时期的事。但实际上,尖劈、螺旋都是斜面的变形,螺旋可以被理解为是将斜面缠绕在圆筒上形成的。

将简单机械从技术向科学上升,阿基米德和希罗完成了第一步——总结和归纳。第二步,更细致的科学分析,就要等到文艺复兴时期了。

2.6.2　汲水机械

在农业机械中,汲水灌溉装置值得专门给予介绍,因为其中有一些机构和传动的应用。伊斯兰地区缺水而多风,农业对灌溉的依赖很大。除了埃及的桔槔(图2.7)以外,波斯轮(图2.9)出现于公元1世纪初,在埃及、叙利亚和北非都曾被使用[HA]。它由两部分组成,一对传动"齿轮"实现两垂直相交轴间的传动(图2.9(a)),垂直轴由畜力驱动,水平轴为输出,带动取水轮转动(图2.9(b))。伊斯兰地区出现的第三种汲水装置是戽水车。现在在叙利亚的哈马(Hamāh)地带还保留有古代留下的戽水车(图2.10)。加扎里的书中对多种戽水车有所记载和创新。风车的使用也开始于伊斯兰地区,风力被用于磨粉、抽水和压榨甘蔗[HA]。阿基米德曾用螺旋输水机将水提升到高处(图2.11),后来罗马的城市供水就用了这类螺旋式输水机,它就是今天的螺旋式运输机的始祖。

(a)　　　　　　　　　　　　　　(b)

图2.9　印度旁遮普邦古老的波斯轮

据《后汉书》记载:公元186年,东汉时期的毕岚发明了翻车。但那时的翻车还比较粗糙,可以说是中国乡村通用的龙骨水车的前身。三国时期的机械发明家

图 2.10　叙利亚哈马地带保留的古代戽水车

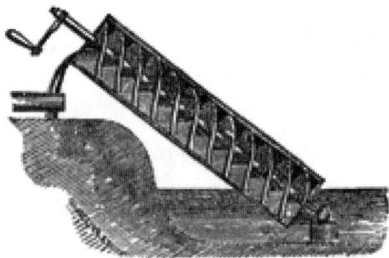

图 2.11　阿基米德的螺旋输水机

马钧发明了一种新式翻车,才使得翻车被广泛推广应用[GS]。它可由手动、脚踏驱动,或由畜力、水力、风力驱动。脚踏驱动的也被称为踏车(图 2.12),它曾是中国农村中应用最广、效果最好、影响也最大的排灌机械。它应可算作链式运输机的始祖。

(a)

(b)

图 2.12　中国的龙骨水车

(a)王祯《农书》中的踏车;(b)复原模型

2.6.3　起重机械

出于汲水、建筑和战争等需要,埃及、中国和欧洲很早就开发了起重机械。

从公元前 5 世纪开始,希腊就出现了原始的起重机。阿基米德将许多滑轮组合起来使用,将人力增大了几十倍。他曾经只靠一人之力用滑轮组装置将岸边的船拖到沙滩上。希罗也曾设计了单柱和双柱的起重机,柱的顶部安装着滑轮。

中国广泛采用绞车,应用于汲水、采矿、拉船过闸等。有趣的是,据刘仙洲的书中叙述[LJ·LX],在某西方物理学的书籍中记载了一种所谓的"中国绞车"(图 2.13)。这明显是一种差动辘轳,当两段圆柱的直径相差很小时,可以产生很大的提升重物的力。但李约瑟[NJ2]则指出,这个发明很可能是中国某个地区性的发明,但从没有在(中国的)文献中叙述过。

图 2.14 为罗马建筑师维特鲁威的起重机的复原图。在他的著作中有许多关于提升重物的讨论[SC4]。

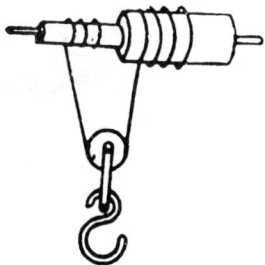

图 2.13　差动辘轳

图 2.14　维特鲁威起重机的复原图[SC4]

2.6.4　连杆机构

据王祯的《农书》记载,东汉时期的脚踏纺车上采用了偏心轮-摇杆机构,其动作原理和脚踏缝纫机类似[WZ]。此外,该书还记载了中国古代使用空间连杆机构的几个实例。

人类冶炼金属的进程中,用以吹旺炉火的鼓风器的发展起了重要作用。有足够强大的鼓风器,才能使冶金炉获得足够高的炉温,才能从矿石中炼得金属,锻打出优质的工具和武器。公元前 1500 年的欧洲,以及公元前 900 年的中国都出现了冶铸用的鼓风器。手动鼓风器(俗称皮老虎)应该说是现代空气压缩机的远祖。后来逐渐从人力鼓风发展到畜力和水力鼓风。公元 31 年(东汉初年),中国南阳太守杜诗(图 2.15)发明了水排[LY1],如图 2.16 所示。它在当时已经是很先进的由水力驱动的冶炼鼓风机。用近代的机构组成理论来分析,它是一个由绳轮机构、空间连杆机构和平面四杆机构组成的串联式组合机构。

图 2.17(a)所示为王祯的《农书》中所记载的去除稻粒外壳的一种工具——砻磨[CL]。用两根绳索悬挂横杆,再用连杆和砻上的曲柄相连。当往复且有一定的摆动地推动横杆时,可以通过连杆使曲柄旋转。两根绳索均张紧时,与横杆组成三角形,可视为一个构件。其机构简图见图 2.17(b)。该机构为一空间 SSRR 机构,自由度为 1。

图 2.18(a)所示为王祯的《农书》中所记载的轧花机[CL]。用左脚向下踏动踏杆,可以通过绳索带动曲柄旋转。其机构简图见图 2.18(b)。该机构为一空间 RSSR 机构,自由度也为 1。

图 2.15 杜诗

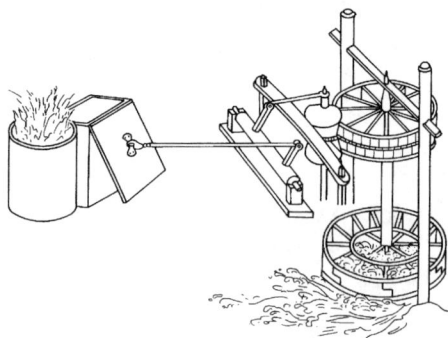

图 2.16 中国东汉时期的鼓风机——水排

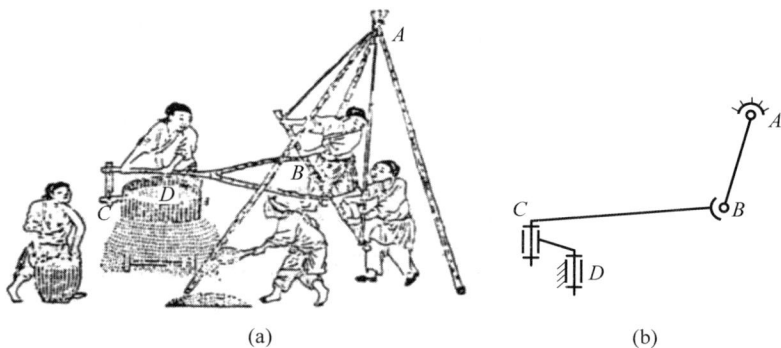

(a)

(b)

图 2.17 畜磨中使用的空间连杆机构[CL]

（a）畜磨；（b）空间连杆机构

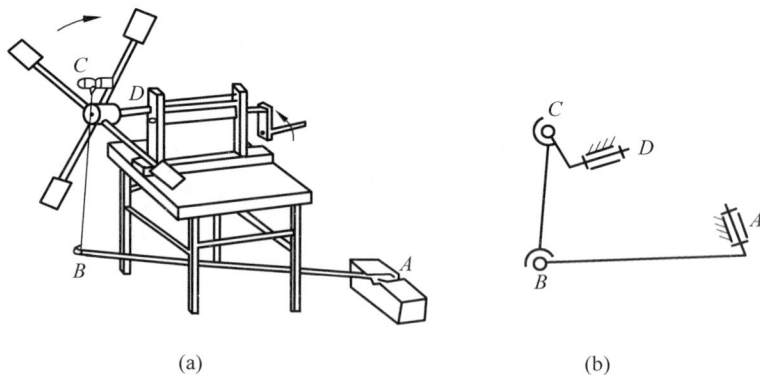

(a)

(b)

图 2.18 轧花机中使用的空间连杆机构[CL]

（a）轧花机；（b）空间连杆机构

上述有的机构中采用了柔索构件,但工作时柔索张紧,在运动方面与连杆的作用等效。文献[CL]还明确地指出:中国古代机械中采用了多种空间机构。这使我们有理由相信,不能简单地认为空间机构是平面机构的扩展。

2.6.5 机械传动

1. 一般情况

中国在战国与西汉之交出现了金属齿轮[LJ];东汉时期已使用了棘轮和人字齿轮。古代希腊和中国使用的轮系均相当复杂。图2.9所示的波斯轮中有一对传递相交轴间运动的齿轮装置。当时还没有圆锥齿轮,而且由于速度甚低,这对齿轮根本没有什么齿形上的讲究。希腊古代的轮系装置——安提基特拉机构(见2.6.7节),那么复杂的轮系,也只用了三角形的轮齿。齿廓曲线的理论迟至近代才出现。

蜗杆传动是从古代简单机械之一的螺旋演化而来的。从现在查到的资料看,最早提出蜗杆传动的可能就是希腊学者希罗。人们很早就注意到蜗杆传动的大减速比、增力作用和反向自锁功能。起初,帆船的舵是用缠绕在鼓轮上的绳索来驱动的,帆船转向时,需要几个船工拉动绳索。用蜗杆传动来控制船舵是帆船发展史上的一大进步。

苏颂在水运仪象台中使用了世界上最早的链传动。

记里鼓车要产生击鼓运动,从道理上说,应当使用了凸轮机构[LY1]。最早描述了凸轮机构的文献则是1206年库尔德族学者加扎里的著作[JI]。1276年,中国元代的郭守敬制成了用来自动报时的"大明殿灯漏",它是利用水力驱动,通过轮系及相当复杂的凸轮机构,带动木偶进行"一刻鸣钟、二刻鼓、三钲、四铙"的自动报时器[GS]。又过了1个世纪,凸轮机构才在欧洲出现。

2. 中国古代特殊车辆中的轮系

1) 指南车

指南车是中国古代的一项卓越发明。指南车无论向何方行进,其上之木人永远手指南方(图2.19)。"指南车是黄帝大战蚩尤时所发明的"——这只是一个传说。据考证,指南车最早是西汉时期发明的,但已失传。张衡、马钧都曾利用纯机械结构,再创了指南车,但又失传。宋

图2.19 指南车

朝再造,《宋史》中有其结构说明,其中应用了复杂的轮系。

学术界早就有人指出,定轴轮系的指南车驾驭繁难、误差很大,唯使用差动轮系才可避免此缺陷。大英博物馆展出了一个英国学者"复原"的指南车,其中采用了类似汽车后桥中的锥齿轮差动轮系[LJ],但这可称为"再创造",而不好称为"复原"(见本章附录)。

2) 记里鼓车

记里鼓车分上下两层,上层设一钟,下层设一鼓(图 2.20)。有小木人高坐车上。车走 10 里,木人击鼓 1 次;击鼓 10 次,就击钟 1 次。记里鼓车的发明人或为张衡,或为马钧,说法不一。记里鼓车也和指南车一样,造了又失传,到宋朝再造。《宋史》中有两种记里鼓车内部结构的记载,其中都使用了定轴轮系。

3) 连磨

中国晋代出现的用畜力驱动的连磨(图 2.21)中使用了轮系。

图 2.20　记里鼓车

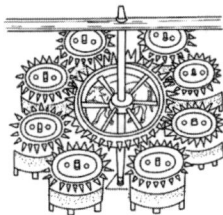

图 2.21　连磨

2.6.6　计时器——水钟

最古老的计时器是刻漏,也被称为沙漏,在西方则被称为水钟。根据等时性原理滴水计时有两种方法:一种是利用特殊容器记录把水(沙)漏完的时间;另一种是利用底部不开口的容器,记录它用多少时间把水(沙)装满。最早使用这种方法计时的是公元前 1400 年的埃及人。

但是,发明精密水钟的是希腊化时期的发明家、亚历山大城博物馆的工程学教授、一个很有创造性的工程师克特西比欧斯(Ctesibios of Alexandria)[EA]。他的许多著作均已散佚。他是第一个用宝石或金子来制作渗漏孔的,这样,孔就不易被磨损或因腐蚀而被堵塞;另外,他的设计是以流出漏壶的水,而不是以灌入的水来计量的;最重要的是,他设计了恒流漏壶(图 2.22)——让水连续地流入漏壶,并在壶顶附近设置溢出管,从而能保持恒定的渗水速率。克特西比欧斯的水钟里面的调节阀是有史以来第一个可以自我调节、自我控制的装置,是今天抽水马桶里浮球的"祖先"。

格林威治皇家天文台台长里宾科(K. Lippincott)
等在所著的《时间的故事》中陈述了欧洲和伊斯兰
地区古代时钟的发展历程[LK1]。从公元前3世纪
起,在地中海沿岸各地就使用了水力驱动的、能够
演示天文现象的机械时钟。随着罗马帝国的崩溃,
拉丁西方遗失了大部分这类技术。但是,在稍后的
拜占庭和中东的一些伊斯兰都市中,仍在使用水力
驱动的大型机械时钟。而到了11世纪末,拉丁西方
已经找回了这些技术,水力驱动的大型机械时钟在
欧洲许多重要的中心城市重新被使用。

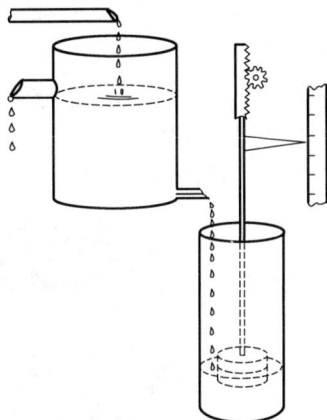

图 2.22　克特西比欧斯的恒流漏壶

真正的机械时钟出现在中世纪晚期的欧洲,但
由于它和随后几个世纪中欧洲钟表的发展关系密切,故将其移至第3章中一并
介绍。

2.6.7　欧洲古代的天文仪器

1. 浑天仪

浑天仪(armillary)是天体系统的模型。公元前255年,葡萄牙人埃拉托色尼
(Eratosthenes)最早发明了西方的浑天仪。葡萄牙国旗上画有浑仪,浑仪成为该
国之象征。埃拉托色尼出生在希腊的北非殖民地(现利比亚),当时的南部欧洲也
是在希腊文明的笼罩之下。浑天仪由有刻度的金属圈组成,这些圆形的骨架代表
天体的赤道、黄道、子午圈等。金属球代表天体,而浑天仪的中央通常是地球或太阳。
浑天仪主要用作展示围绕地球的天体轨迹。它也是最早期的复杂机械仪器之一。

信奉地心说的天文学家托勒密(C. Ptolemy)曾利用大型浑天仪作为观测天象
的工具。浑天仪在中世纪末期时再度兴起。

2. 希腊的安提基特拉机构

1902年,在希腊安提基特拉岛附近的沉船里发现了一种古代青铜仪器的残骸
(图 2.23),因此被称为安提基特拉机构(Antikythera mechanism)[SC5,WT,FT,LH8]。
据考证,其制作年代在公元前87年左右。它被发现后一直让科技史专家们好奇而
又疑惑,很多学者投入了对它的研究。美国《自然》(Nature)期刊曾载文分析,证
实它是一个预测天体位置的太阳系仪[FT]。这个残骸的实物现在保存在雅典的国
家博物馆。

特别应该注意的是,它当然很容易具有钟表的功能,但是,它不是水钟,它是机械式钟表! 精密水钟不过只比它早了两个世纪,而历史记载的欧洲机械钟表还要等上约 1400 年才出现(见第 3 章)!

从图 2.23(b)所示的复原图可以看出,它的核心部分是一个复杂的轮系,而且,还是周转轮系! 这个装置确实让人不解。别忘了:那是在公元前 1 世纪!

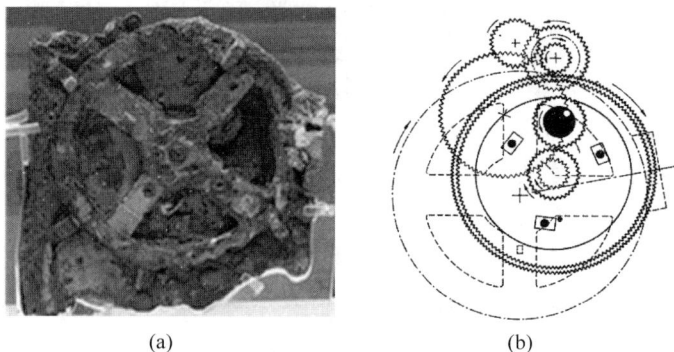

(a)   (b)

图 2.23 安提基特拉机构

(a) 残骸;(b) 复原图[SC]

在同一个历史时期,先进的社会和仍处于蒙昧时期的社会之间科学技术的发展当然会有巨大的悬殊。但同在当时先进的希腊,著名的科学家们都在干什么? 公元前 3 世纪,阿基米德制造了简单的螺旋输水机(图 2.11)。公元 1 世纪,希罗搞了个蒸汽涡轮玩具。这两大哲人的发明和安提基特拉机构相比,远远不在一个水平线上。著名的《技术史》一书指出:"这些保存极差的古希腊仪器残片所展示的技术特征竟会远胜过迄今为止我们所知道的任何古代仪器,这无疑是技术史上最大的谜之一。"[SC5]

2.6.8 中国古代的天文仪器

1. 张衡的浑天仪

在古代,浑仪是测量天体在天球上位置的仪器,浑象也称浑天仪,是演示天体运行的仪器。浑天仪有时也作为浑仪和浑象二者的统称。

有论者认为,中国的浑仪可追溯到西汉甚至先秦时期。浑象则是东汉时期由张衡(78—139 年)发明的[ZC,LY1]。

浑天仪(图 2.24)是一种构造复杂的仪器。浑象,即其主体部分,是一个直径为 4.6 尺的圆球;球体可以绕南北极的极轴转动,球面上画出了赤道、黄道、二十四节气、二十八宿等。它利用漏壶的等时性,以漏水为动力,通过大传动比的轮系使浑象每天等速旋转1周。

张衡(图2.25)不仅是东汉时期伟大的天文学家,也为文学、机械技术、地震学的发展作出了不可磨灭的贡献。一颗小行星就是以他的名字命名的。

图2.24 浑天仪

图2.25 张衡

2. 水运仪象台

浑象和浑仪在历代都经多次改进。将其水平推向高峰的则是在11世纪末叶,北宋的天文学家、吏部尚书苏颂领导建造的"水运仪象台"(图2.26)。它是集观测天象、演示天象、计量时间和报告时刻的机械装置于一体的综合性观测仪器[LJ]。

1) 大体构造

水运仪象台高约12m,宽约7m(图2.26(a))。在机械结构方面,采用了水车、桔槔、凸轮和天平秤杆等机械的原理。下层分成5层小木阁,各层中安排有许多木人,它们各司其职:每到一定的时刻,就会有木人自行出来打钟、击鼓或敲打乐器,报告时刻,指示时辰。这么复杂的动作,不可能没有凸轮、连杆等机构来实现。在木阁后面放置着机械传动装置,其传动图如图2.26(b)所示,这是水运仪象台的心脏。用漏壶的水冲动机轮,驱动传动装置(大传动比的多级轮系),各个报时装置便会按部就班地动作起来。

与中国古代的很多其他发明不同,苏颂为水运仪象台专门写了详细的"说明书"——《新仪象法要》。它报告了造水运仪象台的缘起、经过,以及该仪器与前代类似仪器相比的特点等;正文以图为主,介绍水运仪象台总体和各部结构,各图附有文字说明。全书共有60张图。这些结构图采用透视和示意的画法,是中国现存最古老的机械图纸,这给后来的复原研究提供了依据。

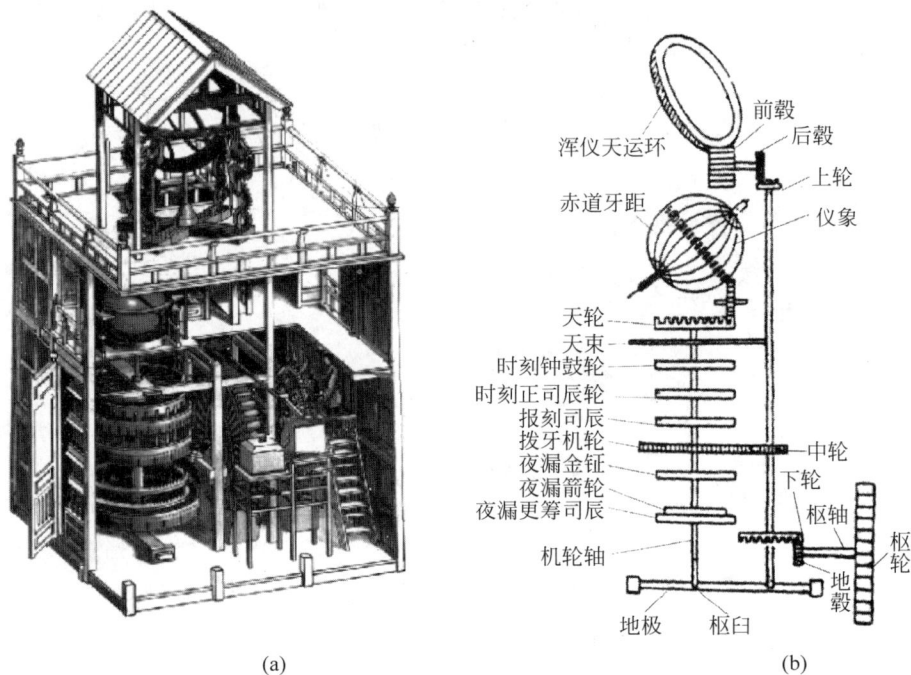

图 2.26　苏颂的水运仪象台

（a）水运仪象台外观；（b）传动系统简图

2）苏颂和韩公廉

图 2.27　苏颂

苏颂（图 2.27）是中国宋代天文学家、药物学家，1020年诞生于厦门。22 岁中进士，从此进入仕途。33 岁时，苏颂奉调到京城开封，担任一个负责编订书籍的小官。这对苏颂来说却是如鱼得水，在这里他有机会博览皇家的各种藏书。在任职的 9 年里，苏颂每天背诵一段书，回家后默写下来，从不间断，积沙成塔，积累了渊博的知识。后升任刑部尚书、吏部尚书，晚年官至宰相。虽然官居显位，但政绩平平，作为政治家的苏颂远不如作为发明家的苏颂。

　　苏颂的身后是一个强大的团队。韩公廉协助苏颂设计制造了水运仪象台，尤为关键的是，所有烦琐、复杂、精密的测算工作，几乎都是由他完成的。根据粗略记载，我们可以知道，韩公廉是个数学天才，同时精通天文学。李志超教授更认为，他"是一位超时代的了不起的伟大机械师"![JX]

　　但史书关于韩公廉的记载非常少，因为他只是个不入流的小官。

3）研究和复制的简况

水运仪象台原件在靖康之祸（1127 年）时被金兵丢弃。中华人民共和国成立后，刘仙洲教授于 1953—1954 年间发表了两篇关于水运仪象台研究的论文。1956年，以英国的李约瑟教授为首的 3 位作者在美国的 *Nature* 杂志上发表了介绍水运仪象台的论文[NJ]，对其给予了高度的评价，认为它形象地演示了天象的变化，是现代天文台跟踪器械的祖先。中国考古学家王振铎于 1958 年最先复原出水运仪象台的模型，该复原件现存放于中国历史博物馆。后来国内外又多次研制出一些复原模型。

4）质疑的声音

对李约瑟等的文章，以及对水运仪象台的评价和复原工作，国内外都存在着质疑的声音。江晓原教授的著作[JX]对此介绍了一些情况，简述如下。

（1）李约瑟认为水运仪象台中有"擒纵器"（escapement），断言"更像后来 17 世纪的'锚状擒纵器'"，并进一步认为："这样一来，中国天文钟的传统，和后来欧洲中世纪机械钟的祖先，就有了更为密切的直接关系。"（笔者注：这段话在中国流传更广的译文是"可能是欧洲中世纪天文钟的直接祖先"，似有拔高之嫌？）在这一问题上，两位在水运仪象台上很有发言权的中国学者——胡维佳教授和李志超教授，尖锐地批评了李约瑟，认为他在"擒纵器"上的观点是一个误断，并认为这一误断对水运仪象台的研究造成了极大的干扰。胡维佳教授还考察了西方学者在这一问题上的一系列争议。

（2）江晓原写道，对于《新仪象法要》中的文字和图形的理解大相径庭，是和其自身的缺陷有关。南宋的理学家朱熹也曾肯定苏颂的创造"极精"，但指责《新仪象法要》"最是紧切处，必是造者秘此一节，不欲尽以告人耳"。对朱熹的这一看法，不妨留存待查。工程制图专家也曾指出，《新仪象法要》中的图，今人无法确定它们与实物之间的比例关系，文字和图形两方面的信息不完备，给复制工作留下了相当大的争议和想象的空间，也使得严格意义上的复制几乎成为不可能。

（3）胡维佳教授提出，关于水运仪象台的"实际水运情况，找不到任何相关的记载和描述。对于这样一个与天参合的大型仪器来说，是十分奇怪的"。

（4）要真正证明水运仪象台的功能，唯一的途径是在严格意义的现代复制品中，再现这些功能。虽然对它的复制运动已经持续了数十年，至少有十几件复制品了，但绝大部分不能运行，即使是号称"运行稳定"者，也缺乏完整的技术资料和科学报告。

2.6.9　切削加工机械

公元前 6000 年，巴勒斯坦人就制作了弓形钻。它是利用弓和弦，把弦缠在带柄的钻头上使之旋转。公元前1300年,埃及出现了双人操作切制木制工件的车床(图2.28):一人用绳索旋转工件,另一人手持刀具进行加工,其中利用了绳的摩擦力。原始的加工木制工件的车床也在欧洲许多地方使用。13世纪,欧洲出现了脚踏式木工车床,其中利用了竹竿的弹性(图2.29[ZT1])。

图2.28　古代埃及加工木制工件的车床　　图2.29　13世纪欧洲的车床

2.6.10　礼仪与娱乐性机械

1. 古希腊的舞台机械

在古希腊,第一个被称为"机械"的,是一个戏剧舞台装置。它将演员、战车或飞马举到空中,以产生飞行效果,常用来描绘"神灵从天而降"。虽然现在对于这个机器的细节知道得很少,但可以肯定的是,它是能生成路径和运动的真实的机构。它高达数米,在舞台和剧院屋顶的上方运动;当完全收回时,则隐藏在场景的后面。在公元前5世纪的戏剧《被俘的普罗米修斯》中,一个15m长的合唱队,加上摇摆的战车和几匹马,总重约1t,被举到空中。这类舞台装置不止出现在古希腊的一两部戏剧中[EA]。

2. 希罗的趣味机械

古希腊卓越的机械发明家希罗还研制了多种用于宗教礼仪或纯娱乐性的机械。

他制造了神殿大门启闭机构(图2.30)。信徒点燃神殿前祭坛的火(A),祭坛内部的空气压力增加,挤压着空心球B里贮藏的水通过水管流入水桶C,当水桶的重量渐渐增加而向下沉坠时,就会拉动盘绕在殿门旋转轴D上的绳子,殿门于是缓缓打开[ZT1]。

希罗还制造了简单的蒸汽涡轮[PE]（aeolipile，图 2.31），它可以被看作是蒸汽轮机的鼻祖。但是当时这个发明没有什么实际应用，只能算是一个玩具。

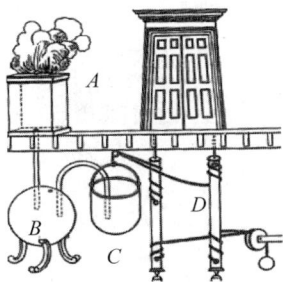

图 2.30　神殿大门启闭机构

图 2.31　希罗的蒸汽涡轮

3. 加扎里的趣味机械

加扎里是 12 世纪阿拉伯世界的机械天才。他是为皇室服务多年的工程师，为几代国王设计制作了许多兼有实用性和娱乐性的自动机械装置。他在《精巧机械装置的知识》[JI]一书中详细地阐述了水钟、洗手器、自动喷泉、提水装置等 50 种自动机械装置的设计和制作方法。

阿拉伯的自动机械设计源于希腊化时期的亚历山大学派，加扎里继承了希罗的事业。

图 2.32 是加扎里设计的大象钟[EC]。关于其报时动作和相应的结构可参看有关文献[WX]，这里就不予介绍了。王娴指出：苏颂的水运仪象台虽然在报时精度上远远超过加扎里的大象钟，但自动报时系统结构设计的多样性和娱乐性方面却远不如加扎里的自动水钟。[WX]

强调娱乐性是加扎里设计的一个特色，这和他御用机械师的身份直接相关。图 2.33 是加扎里设计的"倒酒高脚杯"。杯子上面有一个带纹饰的平盖；盖的中间

图 2.32　加扎里的大象钟

有一个漂亮的圆顶；在圆顶上，有一只嘴巴张开的鸭子。宴会的时候，仆人把酒倒在盖子上。酒通过水轮上的开口向下流动，顺着通道进入高脚杯。杯中的空气通过气管和汽笛排出，酒的流动撞击叶片，使轮子和轴上的鸭子旋转并发出尖锐的鸣

叫声。酒满时鸭子停止旋转和鸣叫;鸭子的喙正对着的客人需要将高脚杯中的酒一饮而尽;如果杯子里面还剩了酒,它会回来推动管道中的空气,鸭子就会叫起并提醒仆人不能接受有剩酒的杯子。

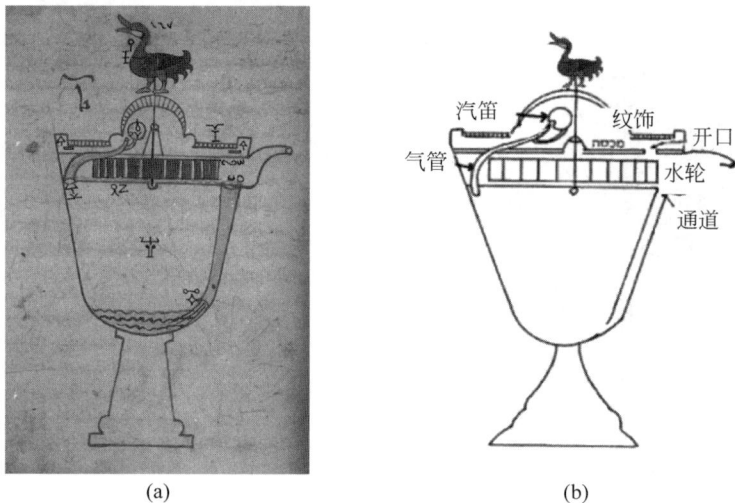

(a) (b)

图 2.33 加扎里的倒酒高脚杯
(a)加扎里设计的手稿图;(b)工作原理

4. 马钧的水转百戏

马钧(图 2.34),生卒年不详,世称扶风先生,是三国时期魏国人,曾担任一个不大的官——给事中。傅玄写的《马钧传》中披露了一些他的事迹[FX]。

马钧是中国古代最著名的机械发明家之一。他改进并大大简化了织绫机,使之可以随心所欲地织出各种奇妙的花纹;他改进了翻车,使汲来的水可以自行倒出流到地里,效率大大超过平常的水车;他还再造了指南车。

马钧曾研制"水转百戏"[LJ],即以水力推动一个大木轮旋转,木轮上层陈设的所有木人就会动起来——击鼓、吹箫、

图 2.34 马钧

跳舞、耍剑、骑马,动作极其复杂。这虽然只是一个受命于皇帝而制作的娱乐装置,但也可以看出马钧能巧妙地利用水力和各种机构与机械传动。遗憾的是,"水转百戏"已经失传。

2.7　本章小结

古代世界,主要是在西亚和埃及、中国、欧洲 3 个地区出现了大量的机械发明。其中包括各式各样的机构发明,涉及生产、生活、战争、娱乐等多个领域。

2.7.1　依靠直觉和灵感的创造

笔者以前读书时看到过一句话,讲得很好:"机构学的历史很短,但却有一个漫长的过去。"

在古代,数学和力学理论都只处于萌芽阶段而远未成形。虽然发明了许多机构,但是没有在这些发明的基础上形成机构学的理论。古代没有机构学。

发明古代机构的多是一些能工巧匠,他们依靠直觉和灵感来进行创造。古代机构的产生来源于实践,大多缺少科学理论的指导。

依靠直觉和灵感的设计是机械设计历史发展过程中的第一阶段。直觉和灵感是创造性思维活动中的重要环节,是无论多么先进的计算机和软件也不能完全代替的。从古代到近代,无数发明家的创造发明实践积累起了一个智慧火花的宝库,从这个宝库中才提取出今天的"创造学"。

许多古代机械的运动学构思巧妙,以致今天复原起来还不是十分容易。例如,诸葛亮发明的"木牛流马"已失传,到现在也没有研究出一个令人信服的复原模型。

2.7.2　古代与现代相通

从本节的叙述可知,在近代和当代我们所使用的机构和机器中,有不少在古代早就有所应用,或有其雏形。

希腊的安提基特拉机构和中国的指南车中使用的轮系均已相当复杂。车床、汽轮机、水轮机、螺旋输送机等机械在古代即已有雏形。虽然古代的机械比较简陋,但其原理与今天的机械是相通的。这些古代机械对后世机械的发明、改进具有一定的启示作用。

机器人的概念也早就出现在古代人类的思想中,在中国的西周时期和公元前2—3 世纪的希腊都有巧匠制造机器玩偶的记载或传说[LZ]。加扎里更是被看作古代的机器人大师。

附录：编后随笔

本章的上述内容都搜集自各类文献，基本上是"编"，而非"著"。编后，似乎言犹未尽，还想再多说几句。这个"编后随笔"，可能倒有几分"著"的味道。

1. 也谈"古机械复原"

几十年中，曾翻阅了一些古机械复原的书籍和论文，也直接接触过几位从事古机械研究的学者。有一些个人的不同见解，借此机会谈一谈，与大家切磋。

笔者认为，所谓"古机械复原"，必须做到 8 个字：**两个一致，两个依据**。"两个一致"是说，必须使复原的机械在**原理**和**主体结构**两个方面与原有古机械基本一致；"两个依据"是说，在力求做到"两个一致"的过程中，必须依据**古代机械的残留实物**，必须依据**可靠的典籍记载**。

苏颂留下了描述水运仪象台的文字，其实就是"构造与使用说明书"。但是，其复原从总体上看，不知道算不算成功，主要原因在于：没有残留的实物；"说明书"也有些问题（见 2.6.8 节）。

像《宋史》之类的史书，在记录机械发明时，虽然比较可靠，但难免语焉不详。

按照笔者这个 8 个字的标准，恐怕不合格的复原也不在少数，典型的有两个：

（1）大英博物馆的差动轮系指南车。那个指南车作为"复原"，我是不承认的，但它却是一个非常棒的"再创造"。

（2）对候风地动仪的"复原"是众所周知的不成功。张衡老先生的仪器成功与否？我不知道。

我认为，我们不妨使用另一个词汇——再创造。它已经不是那个古机械了，大不相同了，为什么非要揪住"复原"两个字不放呢？"再创造"这个词听上去很好听，全是褒义，有何不可？

不少所谓的"复原"，其实都是"再创造"。诸君以为呢？

更有甚者，"复原"出来的东西不能动，不能干活，那也叫"复原"？就不要再到处说了，更不能再往报纸上登了！

2. 再谈科学与技术

本章在写到古代希腊出现了科学的萌芽时，有意地触碰了一下科学与技术的区别。意犹未尽，这里再发挥几句。

社会上习惯于把科学与技术连在一起，统称为科学技术，简称科技。一般情况下，这并无不可。但是，科学与技术是两个东西，它们之间既有密切的联系，又有重要的区别。有的时候,还是要把它们分开来谈。

科学的任务是探求、了解客观世界的真相,是发现。 它回答的是这样一些问题:这是怎么回事? 为什么会是这样? 科学要由人们进行理性思考,建立理论。科学的直接目的不是谋生,或者说,不是直接发展经济。

技术的任务是创造利用客观世界的手段,是发明。 它回答的是这样一些问题:怎样解决这件事? 我们要怎么办? 技术更需要依赖实践,解决实际问题。技术的直接目的就是改进劳动的工具、路线和组织,就是为了发展经济。

在科学与技术的关系方面,一些常见的陈述并不准确。例如:"技术的任务则是把科学的成果应用到实际问题中去。"在当今的工作指导和政策宣传中可以这样讲,但将其泛化,把这句话看作是科学与技术关系的正确的哲学表达,就不对了。在古代人类的活动中,相当多技术的产生远在科学之前。人类在旧石器时代使用打制石器,到新石器时代使用磨制石器,这就是古代人类的第一个技术进步。车轮和船只的出现则是交通工具技术的进步。这些领域的"科学",要在数百上千年之后才出现。

中国的"四大发明"说得多么明明白白——是"发明"! 当然是技术而不是科学。中国古代的科学发展确实远不如希腊。看一下古代希腊那一节(2.5.1节),就会明白,为什么世界古代科学的曙光只在那里出现。关于中国古代有没有科学的问题,本书就不再展开了,有兴趣的读者可阅读一下江晓原教授的《科学外史II》[JX],那里有着更为透彻和冷峻的分析。

一个时代的科学,可能正误并存;一个时代的技术,可能利弊同在。不要觉得科学就一定比技术伟大!

具体到某一项科学发现,可能很伟大,也可能比较一般。技术也是这样,小的技术革新多如牛毛,而蒸汽机、电动机、内燃机、汽车、飞机、机器人这样的发明都十分伟大!

看来,我们对"科技"一词的使用是否需要适当地约制一下? 必要时用"科学与技术"替代一下?

3. 历史研究的第一原则:实事求是

本章水运仪象台一节(2.6.8节)中的"质疑的声音"一段在初稿中是没有的。在全书的初稿已接近完成时,读到了江晓原教授的书,就补写了这一大段。在读到这两种对立的观点后,我无法只唱赞歌了。

我有些自知之明:我只是一个科技史的**写作者**,并非完整意义上的科技史的**研究者**。我写这几本书之前,基本上没有专门研究过科技史。在写书的过程中,碰到对同一个问题的不同说法时,就不得不多看点资料,"研究研究"了,有几个地方还真得拿出点个人看法来,但是这种情况不多。我的做法一般是把不同看法尽我所知都摆出来。我能有一些自己的观点的,就说一说;我看不明白的,或者看不太准的,就只能不说。把分歧意见提供给大家,解决问题自有后来人。廉颇老矣,尚能饭,但食不多矣。

顺便可以提一下,我们研究历史,可以弘扬这个、弘扬那个,可以有这个原则、那个原则,但是,压倒一切的第一原则是什么?

当然是**实事求是**。弄清历史真相以后,才能该弘扬的弘扬,该吸取教训的吸取教训,但这都是第二位的。首先应该做好的第一原则是——实事求是。

第3章

近代早期：从文艺复兴到工业革命前夜

3.1 近代的分期和近代机构学的发展脉络

从文艺复兴运动开始，世界进入近代。在近代，资本主义生产方式和资本主义制度形成并得到发展。

近代又可以分成3个时期。下面简单介绍这3个时期的中心事件，并初步提及机构学学科的发展脉络。

近代早期：从14世纪文艺复兴运动开始，到18世纪60年代第一次工业革命发生之前。资本主义生产方式出现。文艺复兴使思想、科学和艺术得到解放。在古代机构发明的基础上，意大利学者达·芬奇集其大成，发明了许多机构，并且第一个发出了建立机构学理论的呼唤。英国学者牛顿建立了经典力学，这是机构学出现的理论基础。后来，瑞士学者欧拉等开展了一些机构运动学研究。这一时期可以被看作是近代机构学的酝酿期。

近代中期：从第一次工业革命开始到第二次工业革命开始之前的时期（18世纪60年代—19世纪60年代）。机械工业成为了这次工业革命的中心领域。英国是这次工业革命的中心，而机构学的理论却是首先发端于欧陆，这看似有些怪异。在这一时期，关于机构的课程进入了巴黎技术学院的课堂，出现了继承欧拉事业的法国理论运动学学派，法国著名物理学家安培为新的学科命名为kinematics。西方不少学者认为，这一命名就标志着机构学的诞生（笔者不持此观点）。19世纪中期，机构分类、机械动力学得到发展。英国科学家威利斯第一个发出了建立机构结构学理论的呼唤。这一时期可以被看作是近代机构学的诞生期。

近代晚期：从第二次工业革命开始至"二战"结束（19世纪60年代—1945年）。在第二次工业革命中，电力和燃油成为主要的动力，机械的普遍使用仍然是这次工业革命的突出特征。这一时期出现了近代机构学的两大学派：以雷罗和布尔梅斯特(L. Burmester)为代表的德国学派；以契贝雪夫和阿苏尔为代表的俄国学派。雷罗建立了机构结构学的基本概念,阿苏尔提出了第一个机构结构组成理论。近代机构学形成了包括结构学、运动学和动力学 3 个分支的基本完整的理论体系。这一时期可以被看作是近代机构学的完成期。

3.2　资本主义发展初期巨大的社会变革

在近代早期,欧洲经历了一场巨大的社会变革：几百年间陆续发生了一系列思想解放运动,最后导致了资产阶级革命的发生。人们的精神得到了解放,社会进入了资本主义时代,科学有了巨大的发展。这是近代机械工程、近代机构学发生和发展的大背景。

3.2.1　资本主义生产方式的出现

经济是基础,资本主义生产方式的出现是这一系列社会变革的根基。

在中世纪后期的 14 世纪,意大利首先出现了资本主义的萌芽——手工工场。当时,仅佛罗伦萨一地就有毛纺工场 3000 多家,威尼斯造船厂每年可造上千艘大型帆船。

英、法、德等国家也在 15—16 世纪逐渐出现了资本主义生产方式,纺织、酿酒、玻璃制造、采矿、金属加工等手工业有了很大的进步。在 16 世纪中叶,英国已出现拥有 2000 多工人的纺织工场[TC]。

资本主义生产方式的出现,一方面,呼唤着从天主教专制下求得人的精神的解放；另一方面,呼唤着先进的科学技术作为新的生产力发展的依托。

3.2.2　地理大发现

1492 年,意大利航海家哥伦布(C. Columbus)发现了美洲新大陆。1522 年,葡萄牙航海家麦哲伦(F. de Magalhães)完成了环球航行。这两个事件在欧洲被称为"地理大发现"(The Great Discoveries of Geography)。

"地理大发现"的出现不是偶然的,其背后交织着对未知世界的向往、传播基督教的热情、开拓殖民地的渴望等多种因素。经济动因当然是主要的：新兴资产阶级经济实力增强,商品货币经济的发展需要黄金,需要加强东西方贸易,需要为工业品寻找广大的市场。

"地理大发现"改变了人类对地球的认识,从此形成了世界市场,对欧洲的社会和经济发展产生了极大的促进作用。此外,当时的航海定位需要天文学知识,因此它也直接或间接地推动了天文学和力学的发展。

3.2.3 文艺复兴运动

古希腊和古罗马的文学艺术成就很高,人们可以自由地发表各种学术思想,和黑暗的中世纪形成了鲜明的对比。从 14 世纪起,"恢复古希腊和古罗马的文化和艺术"的要求像春风般吹遍了意大利,至 16 世纪,形成了一场弥漫全欧洲的思想文化运动。

文艺复兴运动(The Renaissance)以复兴古典文化为手段和口号,但是它的本质是一场思想文化解放运动。它得以发生的根基深植于当时意大利城市商品经济的发展之中。商品经济中的买和卖,契约和经营都是自由的体现。要想有这些自由,就要有生产资料所有制的自由。而所有这些自由的共同前提就是人的自由。城市经济繁荣,新兴资产阶级事业成功,他们充满自信,充满创新进取、冒险求胜的精神。陈腐的欧洲需要一场提倡自由的思想解放运动。

"这是一次人类从来没有经历过的最伟大的、进步的变革,是一个需要巨人而且产生了巨人的时代。"(恩格斯)

文艺复兴的代表人物有:意大利诗人但丁(A. Dante);科学家、艺术家、发明家达·芬奇;画家、雕塑家、建筑师和诗人米开朗琪罗(B. Michelangelo);画家、建筑师拉斐尔(S. Raffaello);英国戏剧家莎士比亚(W. Shakespeare)。

这些文化巨人的诗歌、绘画、雕塑、戏剧作品中,体现着文艺复兴运动的思想内核:提倡人权,反对神权;歌颂世俗,藐视天堂;推崇理性,反对神启。因此,文艺复兴运动在本质上是一场思想文化解放运动,它为近代的经济发展和近代自然科学的诞生创造了有利的文化氛围。西欧各国开始兴办大学,发展自然科学和人文科学,培养人才。这带来了科学与艺术的革命时期,揭开了近代欧洲历史的序幕。

3.2.4 宗教改革、启蒙运动和资产阶级革命

1. 宗教改革运动

在 15 世纪末,德国还处于封建割据的状态,每年流入罗马教廷的财富数额巨大。1517 年 10 月,神学教授马丁·路德(M. Luther)公开张贴了矛头直指罗马教廷的檄文。该檄文迅速传遍全国,得到普遍的支持。

宗教改革运动(The Reformation)随后席卷了整个西欧。它打击了神权统治,剥夺了罗马教廷在各国的特权,有利于民族国家的发展。宗教改革运动是一场基

督教社会改革运动,它反对教会的极端统治、宗教教义的异化和教会组织对民众的压迫。如果说,文艺复兴运动是在文化的外衣下的思想解放运动,那么宗教改革运动则是新兴资产阶级在宗教的外衣下,反对宗教团体对社会发展的阻碍而发动的一场大规模的社会政治文化运动。

2. 启蒙运动

启蒙运动(The Enlightenment)是在 1789 年法国大革命之前近百年间发生的一场思想运动。启蒙运动的领军人物是作家、历史学家和哲学家伏尔泰(Voltaire),代表人物还有孟德斯鸠(Montesquieu)、狄德罗(D. Diderot)、卢梭(J-J Rousseau)等。他们主张"天赋人权"——人生来就是自由和平等的;他们反对君主专制,提出"三权分立"学说,主张人民主权。

与文艺复兴运动和宗教改革运动不同,启蒙运动抛去了文化和宗教的外衣,直接地批判封建专制制度,直接地反对教会的权威。启蒙运动高高地举起自由、平等、人权的旗帜,号召人民努力构建符合人性的现代社会。启蒙运动是法国大革命的思想发动和舆论准备。

3. 资产阶级革命

1640 年,英国资产阶级革命爆发,并于 1688 年光荣革命后建立了君主立宪制的资产阶级政权。

1789 年,法国大革命爆发。这场大革命弘扬了自由、平等、博爱的精神。拿破仑军队的铁蹄践踏了整个欧洲,也把资产阶级革命的精神播撒到整个欧洲。

英国资产阶级革命是英国发生工业革命的政治前提。

3.3　达·芬奇和伽利略

在文艺复兴运动后期,出现了两位伟大的科学家:达·芬奇和伽利略。他们都涉足了力学和机械领域,对后世机械科技的发展有重要影响。

3.3.1　达·芬奇

达·芬奇(图 3.1)出生在意大利佛罗伦萨附近的小镇芬奇(Vinci)。他是文艺复兴精神的杰出代表,是"那个时代最杰出的头脑之一"(恩格斯)。他是一个伟大的艺术家,也是一个卓越的工程师和发明家。出于一位艺术家的特质,达·芬奇十分注重观察,他能以极精细的手法描述一个现象,却不是通过理论与实验来验证。他留给了后世上万页写得密密麻麻的，并配有大量草图的笔记。他一生设计并绘制过许多机械装置的草图(图 3.2)，在他的时代，现在使用的一些最常用的机构型式早已基本知晓。达·芬奇曾绘制过车床、镗床、螺纹加工机床和内圆磨床的构想草图，其中，已有曲柄、飞轮、顶尖和轴承等零件。他设计过多种泵。他还用草图表达了无级变速器的概念，而在现代，这一概念设计以现代化的形式应用在了汽车上。

图 3.1　达·芬奇

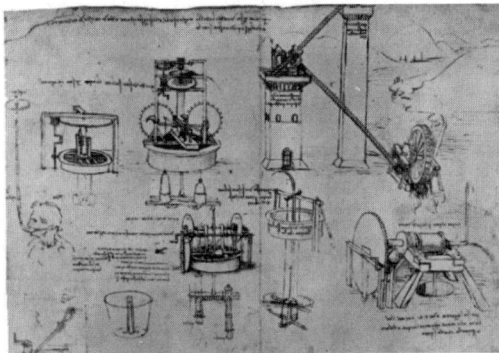

图 3.2　达·芬奇的部分机械发明草图

达·芬奇是一个典型的博学者，有着不可抑制的好奇心和极其活跃的想象力。他在技术上具有独创性，其著名的概念性构思还有直升机、机器人、计算器和太阳能的聚焦使用。他的发明大多是超前的。在当时，只有少数设计被制造出来了，而多数设计在当时是不可实现的。

达·芬奇曾担任军事工程师，他的笔记中也包含了数种军事机械的设计：机关枪、畜力拉动的坦克、子母弹、降落伞、潜水艇等。不过，后来他却认为战争是人类最糟的活动。由于着迷飞行现象，达·芬奇做了鸟类飞行的详细研究，并策划研究了几部飞行机器，包括以人力操作的直升机和轻型滑翔翼。

他的作品对同时代人的影响不大。部分原因是语言的障碍，使同时期的欧洲学者大多未注意到达·芬奇在科技领域的成就。他曾打算发表一系列论文，也终未实现。他的草图是在几个世纪之后才出版的。达·芬奇的设计具有他那个时代——16 世纪的特点。当时，出现了许多图画书籍，其中包括机器的各种图纸。对于工匠们来说，这些图画书远比论文和数学公式更容易理解[EA]。

到了 20 世纪，在国际商用机器公司(IBM)的赞助下，根据他的构思制作了许多模型，放在达·芬奇博物馆里展示。

最近出版的达·芬奇的两份手稿 *The Madrid Codex* Ⅰ 和 *The Madrid*

Codex Ⅱ[AI2]（《马德里法典》）表明他不仅深入研究了机构这个概念，而且试图将机构及其组成部分系统化。他考虑了各种齿轮传动、凸轮、摩擦装置、杠杆等传动机构及其细节。

一位研究达·芬奇的专家——L. Retti，在他的 *The Unknown Leonardo* 一书中写道，达·芬奇用两句话表达了他关于理论和实践之间的联系的观点。第一句是"一本关于机构的性质的书必须在一本关于机构的应用的书之前出版"，第二句是"力学是数学科学的天堂。数学通过它实现了成果"[AI2]。

"一本关于机构的性质的书！"这是达·芬奇在呼唤，在呼唤建立机构学的理论。他的这一声呼唤，标志着近代机构学酝酿期的开始。那时，历史的发展节奏还不够快，这个"酝酿期"共持续了300年左右。在这300年里，还发生了不少事情。到19世纪初，法国人才真正开始建立机构学理论的工作。

在《马德里法典》（*The Madrid Codex*）和《大西洋法典》（*The Atlantic Codex*）中，达·芬奇甚至列出了22种可以建造机器的元件[RF,KS]。因此，达·芬奇有着这样的眼光：任何机器都可以用一组机构来建造[KS]。在这一点上，达·芬奇比19世纪的科学家们早了近3个世纪[AI2]。

3.3.2　伽利略

伽利略（Galileo Galilei，1564—1642，图3.3）是文艺复兴晚期伟大的意大利科学家。他做过修道院里的见习修士，学过医学，最终却成为了一位数学家、天文学家和力学家。伽利略接受过希腊语、拉丁语和逻辑学的教育，学习了欧几里得和阿基米德的作品，并熟悉达·芬奇所做的工作。

他最早准确地提出了速度、加速度的概念。他得出了自由落体运动是匀加速运动的结论。他还最早给出了惯性原理和抛体运动的表述。自由落体和抛体运动已经是牛顿第二定律的特殊情况。他还是世界上第一个用望远镜观察星空的人。伽利略既精于理论又关心实际问题，既长于思辨论证又开实验与观察之先河。他在多方面作出了贡献，因而被称为近代科学的鼻祖。

图3.3　伽利略

伽利略进行了著名的落体实验，推翻了亚里士多德的错误结论（见2.5.1节）。伽利略对钟摆的等时性的讨论引起了人们对物体运动和机构新的兴趣。他的去世中断了他开发摆钟的工作。后来，惠更斯（C. Huygens，1629—1695）发明了摆钟，这是第一个精确的时间测量装置。

在伽利略之后，探索物体运动的规律成为了一种时尚。这一时期所研究的物体运动，局限在天体运动、单摆运动和碰撞等问题，也就是后来所称的"质点运动学"。

3.4 经典力学的创立

文艺复兴这场思想解放运动为近代自然科学的诞生创造了有利的文化氛围。在16—17世纪，发生了近代史上的第一次科学革命。以哥白尼的"日心说"为发端，形成了与中世纪神学和经验哲学完全不同的近代自然科学体系。这次科学革命的主要内容涉及天文学、经典力学、数学和人体解剖学。本节中仅简介牛顿经典力学的创立和发展。

3.4.1 科学精神的解放和天文学的突破

为适应"地理大发现"后航海事业发展的需要，天文学发展起来。这成为了近代科学的第一个突破点，也成为了牛顿创立经典力学的时代背景。具有代表性的天文学家是哥白尼和开普勒。

哥白尼(N. Copernicus，1473—1543，图3.4)是波兰教堂中的一名教士，他数十年如一日地撰写著名的《天体运行论》。他意识到他的学说与天主教廷是根本对立的。而直到1543年，在他去世前不久，《天体运行论》才被发表出来。他所提出的"日心说"标志着科学要摆脱神学的枷锁而独立。

开普勒(J. Kepler，1571—1630，图3.5)是神圣罗马帝国(现属德国)皇家天文学家。他在长期研究火星运动的过程中总结出了"行星运动三定律"，并于1619年发表。

图3.4 哥白尼

图3.5 开普勒

文艺复兴运动只是为自然科学从神学中解放出来创造了必要的社会前提，真正实现这个解放还需要经过激烈的斗争。"日心说"给罗马天主教廷带来了巨大的恐慌。1600 年,宣传"日心说"的意大利科学家布鲁诺(G. Bruno)在罗马被焚死。伽利略用他进行天文观测时的发现扩大了"日心说"的影响,1633 年,他也受到了宗教法庭的审判。

尽管如此,坚冰还是被打破了。"日心说"受到了普遍的欢迎,进而初步形成了有利于近代科学发展所需要的社会氛围。从 17 世纪初开始,意大利、英国和法国都成立了学术机构。这些学术机构冲破了教会的禁锢,展开了自由的科学讨论与交流。一个科学研究与科学发现的黄金时代正在到来。

3.4.2　经典力学创立之前的理论准备

在牛顿以前,天文学、力学和数学的发展犹如一座座做了铺垫的山峰,牛顿力学这座最高峰是在这个科学的高原上崛起的。

在古代希腊,曾有一些力学方面的初步研究,但它们零碎而不系统,真理与谬误混杂。在文艺复兴运动以后,力学才真正逐步成为一门科学。伽利略对此作出了很大的贡献。

在 17 世纪初,开普勒在研究火星运动时引入了角动量定律。

在 1637—1638 年间,法国科学家笛卡儿(R. Descartes,1596—1650)发明了直角坐标系,开创了解析几何。他引入了变量的思想,开拓了变量数学的领域。恩格斯对笛卡儿的贡献给予了高度评价:"数学中的转折点是笛卡儿的变数。有了变数,运动进入了数学;有了变数,微分和积分也就立刻成为必要的了。"

1668 年,英国皇家学会开始了碰撞问题的悬赏征文,惠更斯等 3 人参加了研究。正是在这一研究中产生了动量守恒定律的早期表述。

惠更斯是荷兰科学家,除了碰撞问题外,他还研究了单摆的运动,并发明了摆钟。在研究物体的圆周运动中,他引进了离心力的概念,并正确地表述了向心加速度与圆周速度和半径的关系。这离万有引力定律已经不远了。

1686 年,德国科学家莱布尼茨(G. Leibniz,1646—1716)提出了动能定律。至此,力学三大守恒定律的雏形均已建立。

从哥白尼到莱布尼茨,一系列科学家在天文学、力学和数学领域的研究成果成为牛顿创立经典力学的前期理论准备。

3.4.3　经典力学的创立

牛顿(图 3.6)出身于一个农民家庭。在大学期间他就全面地掌握了当时的数学和光学知识。他在 30 岁时当选为英国皇家学会会员,这是当时英国最高的科学荣誉。他在光学方面的成就是发现了太阳光的七色构成,提出了光本质的微粒说;

在数学方面,他发现了二项式定理,创立了微积分。

牛顿最大的成就是在总结前人研究成果的基础上,进行了全面的分析、综合工作,并于 1687 年出版了《自然哲学的数学原理》一书,创立了经典力学。牛顿力学包括众所周知的万有引力定律和牛顿三大定律。

经典力学的创立,开辟了科学发展的新时代,奠定了力学发展的基础,也奠定了机械工程、土木工程等技术科学发展的基础。今天,一切机械运动分析与力分析的理论,全部都源于牛顿力学。

图 3.6　牛顿

3.4.4　牛顿以后经典力学的继续发展

在牛顿之后的 200 年间,经典力学继续发展。一方面是有限自由度问题和一般力学原理的研究;另一方面是连续介质力学,即固体力学和流体力学的发展。这里仅就一般力学原理的进展作一简介。

图 3.7　达朗贝尔

1743 年,法国数学家、力学家达朗贝尔(J. d'Alembert, 1717—1783,图 3.7)开约束物体运动研究之先河。他将作用于物体上的力分为外力和质点间的内部作用力两类,将静力学中研究平衡的方法与牛顿第二定律相结合,计入惯性力,提出了达朗贝尔原理。达朗贝尔原理将动力学和静力学按统一的模式来处理,成为后来机械动力学分析的一种重要方法。

瑞士科学家欧拉(图 3.8)26 岁就成为了彼得堡科学院院士。他是一位科学通才,以他的名字命名的成果有数十项之多。1760 年,欧拉引入了"欧拉角"来描述刚体绕定点的转动。1765 年,他引入了转动惯量的概念,导出了描述刚体绕定点转动的动力学方程,从而将牛顿第二定律从质点扩展到刚体,奠定了刚体动力学的基础。欧拉还通过将平面运动作为点的平移和绕此点的旋转的叠加,奠定了运动分析的基础。

1742 年,约翰·伯努利(J. Bernoulli)发现了速度瞬心。

18 世纪,随着机器的迅速发展,产生了对受约束的机械系统的运动和受力进行分析的迫切需求。当用牛顿第二定律来研究一个复杂系统时,势必会引入不一定需要求解的未知约束反力,而使方程的未知数急剧增加。1788 年,法国人拉格朗日(J-L Lagrange,1736—1813,图 3.9)出版了《分析力学》一书。他成功地将力学理论与数学分析方法结合起来,导出了形式极为简明的动力学方程——拉格朗日方程。拉格朗日方程是从能量观点上统一建立起来的系统动能、势能和功之间的标量关系,利用它进行系统动力学分析,可使分析的步骤规范、统一。它也成为了研究约束系统动力学问题的一个普遍而有效的数学工具,是经典力学发展历程中的一个里程碑。

图 3.8　欧拉　　　　　　图 3.9　拉格朗日

以哥白尼的"日心说"为代表,初步摆脱了中世纪神学与经验哲学的束缚;后经开普勒、伽利略,以及牛顿为代表的一大批科学家的推动,建立了近代自然科学体系。这是历史上"第一次科学革命"的中心内容。

3.5　工业革命前的机构发明与理论进展

3.5.1　机械钟表的发明

中世纪晚期,欧洲出现了手工工场,机械技术也在缓慢地复苏。

从中世纪晚期开始的机械钟表的发明,对西方近代的科学和文明的发展有着重要的影响。钟表以及钟表制造业的出现是机械技术发展中的一件大事,也是机构学史上的大事。

英国科学家李约瑟认为,11 世纪苏颂领导建造的水运仪象台"可能是欧洲中世纪天文钟的直接祖先"。水运仪象台有钟表的功能,12 世纪的伊斯兰学者加扎里也设计过多种钟。但是,苏颂和加扎里的钟都属于水钟,而中世纪晚期欧洲出现的天文钟是机械钟表。此外,欧洲钟表的发展自有其长久的传统,从公元前 3 世纪亚历山大城的工程师克特西比欧斯发明的精密水钟就开始了(见 2.6.6 节)。

据称,1283 年,在英格兰的一座修道院中出现了史上首座以砝码带动的机械钟。

1327年英国圣奥本斯修道院院长理查德(Richard of Wallingford)和1364年意大利帕多瓦的天文学教授东迪(Giovanni de' Dondi)分别设计制造了天文钟。图3.10为东迪的天文钟的一部分。

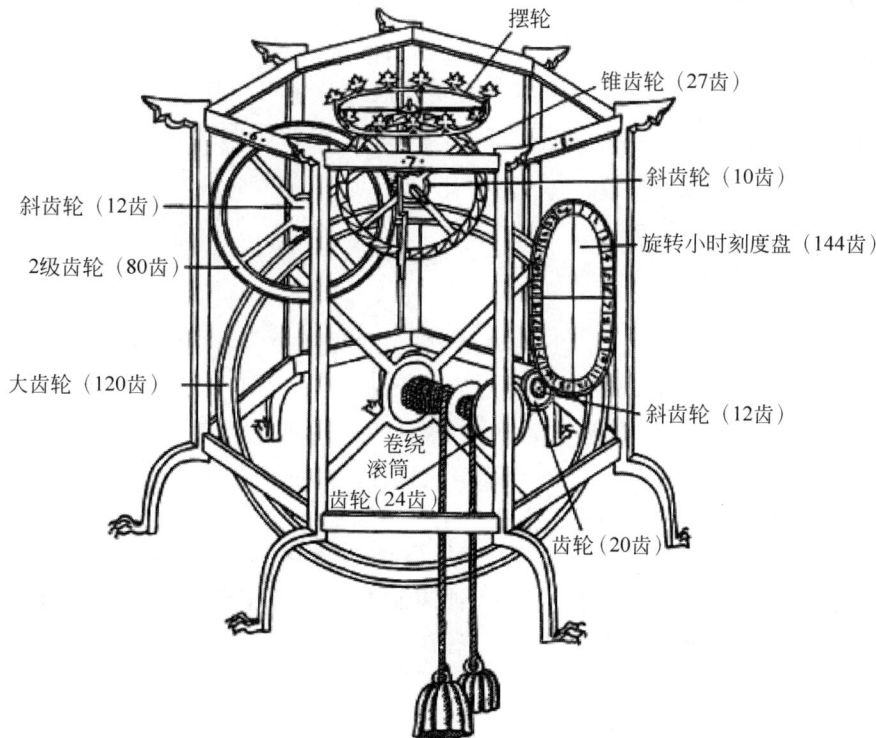

图3.10　东迪的天文钟的一部分[SC]

这件事似乎有点匪夷所思：伟大的机械装置——钟，居然是在修道院里诞生的。这也并不奇怪，从罗马时代到中世纪，欧洲社会宗教发展很快。在修道院里，需要保持准确的时间。此外，除了宫廷和贵族外，民间也只有教会才有这样的财力。有了钟楼，也方便了附近居民的日常作息，这无形中又更加强化了教会作为社会指导者的角色，因此各地教会纷纷盖起钟楼。随着需求的增加，越来越多的人投身于机械钟的设计与制造，齿轮的工艺技术也因此日益改进。无心插柳，教会竟成为齿轮技术发展的推手。

笔者数年前到过捷克共和国的首都布拉格，看到了1410年开始建造的大钟(图3.11)。在该天文钟表盘的上方，有两个小窗，每到整点，窗户就会向内开启，耶稣的12个信徒将会依序现身，一旁的死神则开始鸣钟，而上方的鸡也会振翅鸣叫。

图 3.11　布拉格广场上的天文钟

用发条驱动的钟出现在 15 世纪,而直到 16 世纪上半叶,才出现可携带的计时器——表。

1582 年,年仅 18 岁的伽利略发现了摆的等时性。他在去世的前一年——1641 年,试图指导他的儿子制造摆式钟,但未能成功。1656 年,荷兰科学家惠更斯发现摆的频率可以用来计算时间,发明了摆式钟。钟摆的使用使时间测定的精确性至少提高了 10 倍,惠更斯发明的摆式钟一天的走时误差不超过 5min,这比之前的任何钟表都准确得多。

摆式钟被发明后,提高钟表精确度的焦点转移到擒纵器上来。随后的两个世纪是机械钟表制造业的黄金时代,发明了大约 300 种擒纵器,但其中只有 10 种左右经受住了时间的考验而被流传下来[MW]。

除去它的应用价值,机械钟表在运动学和机构理论的复兴中也起着重要的作用[EA]。

16 世纪中叶,瑞士的日内瓦出现了钟表制造业。钟表制造业的出现揭开了欧洲近代机械工业的序幕。一方面,由于加工钟表零件的需要,出现了以人力为动力的加工螺纹和齿轮的机床;另一方面,钟表制造业培养了一大批机械技师。蒸汽机的发明者瓦特(J. Watt)和英国工业革命时期的多位发明家在青少年时代都做过钟表学徒或钟表匠[WZ1]。

3.5.2　关于齿廓曲线的研究

虽然人类使用齿轮的历史可以一直追溯到公元前,但是关于齿廓曲线的研究却出现得很晚。人们很早就知道相啮合的两轮轮齿的齿距应该相等,但对于齿廓曲线应该是什么形状才能使齿轮平稳地旋转,在很长时期内却是一无所知。

在钟表和风车中齿轮的磨损是很严重的问题,文艺复兴时期的工程师们没能圆满地解决它。其原因是当时的几何知识积累不够。17 世纪,数学家们开始对几何产生兴趣,特别是对曲线产生了相当大的兴趣,有几位数学家开始接触齿轮齿廓曲线的问题[KT]。显而易见,齿轮理论的进步是由钟表的出现引起的。

1. 钟表和摆线齿轮

古代水车的齿轮是矩形齿廓,希腊的安提基特拉机构中的齿轮是三角形齿廓。不妨这样猜测:在英国和意大利最早出现的天文钟,其中的齿轮齿廓可能不会这么粗糙了，应该是经过了工匠的某种修磨，但是现在已经找不到相关的记录了。

文艺复兴以后，钟表制造业在瑞士发展起来。虽然钟表齿轮的速度很低，但仍需要减小磨损和改善表针运动的均匀性，同时还需减小尺寸，因此金属齿轮发展起来。

17—18世纪，几位数学家在开发新的齿廓方面作出了贡献。关于摆线齿廓的提出存在两种说法。著名的《技术史》一书（第Ⅲ卷，第239页）中认为：勒默尔（Roemer）和惠更斯分别在1674年和1675年，首次展示了外摆线轮齿的优势[SC]，并在巴黎科学院公布了自己的成果。而著名的德文齿轮专著[ST]中则提出：法国数学家海尔（P. de La Hire）在1694年的一次报告会上首次提出了用摆线作为轮齿的齿廓曲线。

1733年，法国数学家加缪（C. -E. -L. Camus）首次提出了共轭齿廓的等价原理（加缪定理）[CC]：两个相啮合的齿廓在啮合点的公法线通过两齿轮中心连线上的节点。1841年，英国科学家威利斯在其著作中也提出了这一结论，但是他在书出版以后才知道，加缪早已解决了这一问题[ST]。

2. 欧拉与渐开线齿廓

欧拉也对轮齿廓线产生了兴趣，先后发表了两篇文章[EL]。1765年，他提出用渐开线作为齿轮的齿廓。但当时，欧拉的贡献没有被立即注意到。他的文章通常是用拉丁语写的，又太数学化，难以让钟表制造商、水车木匠注意到。当时研究齿廓的更多的是数学家，而不是工程师[KT]。但是很快，在工业革命时期，渐开线由于它的一系列优点，成为应用最广的齿轮齿廓曲线；而摆线则仅局限在钟表和部分仪表中的齿轮上使用。图3.12是瑞士为纪念欧拉提出渐开线齿廓而发行的纸币。欧拉的这一提议是对机械工程的重大贡献。

图3.12 印有欧拉肖像和渐开线齿廓的瑞士纸币

从理论上说，齿轮啮合理论最基本的部分是这样一个几何学问题：一条曲线沿另一条曲线做纯滚动时，与该曲线固连的一点走出第三条曲线，这3条曲线的曲率之间有怎样的关系？进而还可以问：给定其中任意的两条曲线，如何求出第三条曲线？欧拉首先进行了这一问题的研究。1836年，巴黎技术学院教授萨弗里(F. Savary)继承了欧拉的研究，形成了著名的欧拉-萨弗里(Euler-Savary)方程[KT]。

欧拉是一位伟大的数学家和力学家，他对机械工程也有很多贡献，除上述的渐开线齿廓以外，他还提出了牛顿-欧拉(Newton-Euler)方法、挠性体摩擦的欧拉公式等。

3.5.3　螺旋理论的萌芽

在今天的机器人研究中非常活跃的螺旋理论(也称为旋量理论)，实际上也是理论运动学领域的一个古老课题。1763年，意大利学者莫兹首次提出了瞬时螺旋轴的存在，但他的研究曾被历史湮没，近数十年才被挖掘出来[AJ,CM]。1840年法国学者查斯里(M. Chasles)对此理论给予了严格的证明。但是，直到1900年，才由爱尔兰学者鲍尔(R. Ball)将此理论系统化，并撰写了专著《螺旋理论》[BR]。此后的很长时期内该理论无人问津，直到20世纪60年代以后才被重新认识，并成为现代空间机构运动学的重要分析工具。

应该指出，从欧拉到法国理论运动学学派，参与运动学研究的都是数学家、力学家，且他们的运动学研究还是在力学的名下进行的。

第4章

近代中期：第一次工业革命

18 世纪 60 年代,第一次工业革命开始。19 世纪 60 年代后期,第二次工业革命发生。这约 100 年间,在本书中被称为近代中期。

第一次工业革命具有世界性的影响。推动这次工业革命发展的主要角色是动力和机械。蒸汽动力的出现、机械的发明和大量使用、机械工业的建立和发展,以及本书最关注的机构理论的建立和发展,贯穿了这次工业革命的整个过程。

随着机械发明、机械设计、机械制造、机械工程教育、机械理论研究等活动的开展,在 19 世纪上半叶,机械工程学科,以及它的第一个分支学科——机构运动学学科诞生。

4.1 第一次工业革命发展概况

本书中对工业革命的介绍,着重揭示工业革命对机械工业和机械学科的发展,特别是对机构学发展的推动作用,而并不追求全面阐述工业革命及其对整个社会生活各方面的影响。

4.1.1 第一次工业革命的历史背景

1640 年,英国资产阶级革命爆发,1688 年光荣革命后,建立了君主立宪制的资产阶级政权,也是第一个具有世界性影响的资产阶级革命,这是英国工业革命的政治背景。

英国革命的胜利废除了封建制度。小农经济的消除,为资本主义大工业的发展提供了充足的劳动力和国内市场;资本主义的原始积累,提供了发展大工业所必需的资本;工场手工业的长期发展,为机器生产的出现提供了一定的技术条件。资本有了,市场有了,劳动力有了,只缺技术——动力和机器还很落后。这是英国工业革命的经济背景。

以牛顿经典力学体系为代表内容的第一次科学革命,是英国工业革命的科学背景。

图 4.1　珍妮纺纱机

1733 年,飞梭的发明大大地提高了织布机的效率,纺纱机则相对落后了。1751 年,英国皇家协会提出悬赏,征集对纺纱机的改进。1764 年,织工哈格里夫斯(J. Hargreaves)发明了珍妮纺纱机(图 4.1),使纺纱生产率提高了 40 倍以上。此后,纺纱机和织布机几经改进,使当时英国的纺织业成为了世界第一大轻工业。纺织业树立了榜样后,在冶金、采煤等其他行业也出现了发明和使用机器的高潮。因此,一般将珍妮纺织机的发明作为英国工业革命开始的标志。

4.1.2　第一次工业革命的主要内容

1. 蒸汽：强大的新动力

在当时机械化装置使用越来越多的情况下,动力成为了制约机器生产进一步发展的严重问题。要发展工业,就必须有新的动力,这促使了蒸汽机的发明。

蒸汽机的发明是一个漫长的过程。在 16、17 世纪时,煤作为燃料被广泛应用。长期以来,煤矿的井下排水只能依靠畜力带动水泵,急需开发新的动力来代替畜力。从 1690 年开始,纽科门(T. Newcomen)等数人先后进行过蒸汽机的试制、发明和使用。但是,纽科门等的蒸汽机都只能输出往复直线运动,而且耗煤量大、效率低。

瓦特(1736—1819,图 4.2)自 1759 年开始进行了一系列有关蒸汽机的试验。针对纽科门蒸汽机存在相当大的热量浪费的问题,他在汽缸外加了单独的冷凝器,而使主汽缸始终保持着高温。他还意识到活塞只能做往复直线运动才是纽科门蒸汽机的根本局限。经过多次失败后,瓦特终于于 1782 年研制出了能使所带动的机器做旋转运动、动力较大的蒸汽机(图 4.3)。后来他又增加了飞轮、离心调速器和汽缸示功器。直至 1790 年,历时 30 余年,获得了一系列专利后,瓦特终于完成了蒸汽机发明的全过程。

瓦特对蒸汽机的改进和发明是对近代科技和生产的巨大贡献,具有划时代的意义。在蒸汽机出现之前,整个生产所需的动力完全依靠人力、畜力和水力。伴随着新的动力的出现,人类进入了崭新的蒸汽时代。蒸汽机的出现促使了第一次技术革命的蓬勃发展,极大地提升了社会生产力。

图 4.2 瓦特

图 4.3 瓦特发明的蒸汽机

2. 机器的大量发明和广泛使用

动力的变革极大地推动了机器的普遍使用和新机器的发明。表 4.1 给出了当时在第一次工业革命推动下主要的新机器发明的实例。可以看到,当时新机器的发明主要集中在英国,而使用机器的领域则涉及许多工业部门。

表 4.1 第一次工业革命期间推动下主要的新机器发明

年代	国家	发 明 内 容	年代	国家	发 明 内 容
1774	英国	镗床	1835	英国	编织机
		动力织布机	1836	美国	联合收割机(康拜因)
1786		割穗机		英国	刨床(现代牛头刨床的雏形)
18 世纪90 年代		平刨床、木工铣床、木工钻床		美国	单斗挖掘机械
1795		水压机	1841	法国	实用的双线链式线迹缝纫机
1797		金属车床(现代车床的雏形)	1842	英国	蒸汽锤
1807	美国	蒸汽船	1845	美国	六角车床
1814		史蒂文森的蒸汽机车	1846		曲线锁式线迹缝纫机
1816	英国	热气机		德国	万能式轧机
1817		龙门刨床	1849		混流式水轮机
1818	美国	卧式铣床	1858	美国	颚式破碎机
1830	法国	火管锅炉	1862		万能铣床
1834	美国	以乙醚和空气为工质的制冷机			

蒸汽机的制造需要更大的锻件和较高的加工水平,动力的增大也要求更多地用金属来制造机器,这就推动了金属压力加工机械和金属切削机床的改进和发明。1774 年,英国人威尔金森(J. Wilkinson)发明了镗床,这是第一台用来加工金属的

金属机床。它成功地用于加工汽缸体,保证了瓦特蒸汽机的成功制造。1797 年,英国人莫兹利(H. Maudslay)制造了完全由金属制成的车床。它带有丝杠、光杠、进给刀架和导轨,可车削不同螺距的螺纹,已是现代车床的雏形(图 4.4)。到 19 世纪中叶,刨床、铣床等各种类型的通用机床也大体齐备,出现了水压机和蒸汽锤。

蒸汽机的缺点之一是难以小型化,因此,第一次工业革命时期的生产车间里都安装着"天轴"。它由安装在车间外部的蒸汽机带动,并通过许多皮带传动将运动和能量分配给各个生产机械(图 4.5)。

图 4.4　现代车床的雏形

图 4.5　蒸汽机时代纺织工厂中的天轴

3. 铁路和远洋轮船的出现

蒸汽机技术的不断完善,还引发了交通运输的革命。19 世纪初,人们开始研究用蒸汽机作为牵引动力。1804 年,由特列维茨克(R. Trevithick)设计的世界上第一台铁路蒸汽机车试运行,该机车负荷只有 15t,速度仅为 8km/h。然而特列维茨克死于贫病交加,其成果也未被承认。1814 年,史蒂文森(G. Stephenson)设计了他的第一台蒸汽机车(图 4.6),并试运行成功。1825 年,英国建成世界上第一条铁路。同年 9 月,史蒂文森亲自驾驶他设计制造的蒸汽机车前进,平均车速达到 24km/h。此举开拓了陆地交通运输的新纪元,人类交通进入了"铁路时代",英国也迅速掀起一股兴建铁路的狂潮。1840 年以后,欧洲大陆和美国也相继开始铁路建设。

图 4.6　史蒂文森的蒸汽机车

1807 年,美国人富尔顿(R. Fulton)发明了蒸汽船。1811 年,英国人也造出了自己的汽船。远洋货轮把英国的商品运销到世界各个角落,又运回所需要的各种工业原料。

世界性的交通运输革命改变了整个世界的产业链。铁路和远洋货轮是近代工业文明的产物,它们又反过来促进了工业文明的进一步发展。1840 年世界铁路营运里程只有 8000km,到 1870 年即达到了 21 万 km,1913 年又达到了 110 万 km。19 世纪 60 年代,由数万华人参与修建的横贯美国大陆东西部的铁路不仅推进了美国的统一,而且对于美国建立起现代资本主义制度和西部大开发,起到了不可替代的作用。

交通运输革命从根本上改变了地球上各地区彼此隔绝的状态,它迅速地扩大了人类的活动范围并加强了各地之间的交往,为世界市场的形成提供了条件。

4. 小结

第一次工业革命中最主要的变革是：

(1) 动力——用蒸汽机取代了人力、畜力和水力。

(2) 机器——用生产能力大、生产产品质量高的机器取代了手工工具和简陋机械。

(3) 工厂——用大型的集中的工厂生产系统,取代了分散的手工业作坊。

4.1.3　机械工程学科的诞生

随着机器的广泛应用,机器制造业作为一个工业部门在英国建立并迅速发展起来。

起初,英国的机械工程师和土木工程师是在同一个学术组织中活动的,这两个领域有一个统称——民用工程(civil engineering)。随着队伍的壮大,1847 年,机械工程师们在蒸汽机车发明家史蒂文森的带领下,从民用工程师学会中分离出来,成立了机械工程师学会。这是世界上第一个机械工程的学术团体,它标志着机械工程作为一个独立的工程学科得到了社会的承认。

机械工程师分离出来以后,"civil engineering"这一名称就为土木工程师们所专用,并延续至今。自此,它的含义已从"民用工程"变成了"土木工程"。

后来,在世界其他国家也陆续成立了机械工程的学术组织。中华工程师会中华工学会在 1912 年(民国元年)成立,1936 年更名为中国机械工程学会。

4.2　机构运动学的发展与命名

4.2.1　机构运动学成为首先建立的分支学科

在今天的中国,机械工程学科是一个一级学科,机械设计及理论、机械制造都是它属下的二级学科,机构学则是机械设计及理论属下的一个三级学科。但是,机构学这个三级学科却是机械工程属下的各分支学科中最早诞生的一个。这不是偶然的。

今天,发明、设计一台新机器应包含如下工作内容:选择适合的原动机;选择、设计适当的机构,以产生机器所需要的运动;进行机器的运动学、动力学计算;进行强度、刚度计算;设计机构各元件的尺寸;绘制机器的图纸;设计机器的控制系统。

蒸汽机发明以后,新机器的发明如雨后春笋。在那个时代,除了蒸汽外,还没有更先进的动力可供选择,在控制方面也还基本上未作考虑。因此,当时机器发明中的焦点问题比较单一:选用机构或发明新机构来产生机器所需要的运动。在机械工程学科的各分支中,机构运动学首先破土出芽,原因即在于此。

人类使用机构有着悠久的历史,千百年来,一直到瓦特时代,在机构方面的绝大多数的发明都是由工程师、技师和工匠们依靠直觉和灵感创造出来的。他们为解决特定的问题而开发出特定的机构,却并没有一般化的、系统的机构学理论和设计方法。这些人从实际工作中总结的经验是机构学发展的根。典型代表人物是文艺复兴时期的达·芬奇和第一次工业革命时期的瓦特。当时机构发明的顶峰是达·芬奇,他是发出"建立机构学理论"呼唤的第一人。

文艺复兴以后,有少数学者开始从事运动的研究,例如欧拉和莫兹。欧拉研究轮齿廓线,就属于机构运动学的研究;莫兹研究运动中存在的瞬时螺旋轴,虽没有指明具体的研究对象,但显然已是刚体,而绝非质点(天体)了。

在牛顿经典力学体系建立之后,甚至一直到第二次工业革命兴起,关于机器和机构的研究都还属于应用力学(或应用数学)研究的一部分,尚未形成一个独立的学科,而且连一个能概括这个领域的名称都没有。

第一次工业革命后许多机器被发明、被应用到许多行业。同时机器的功率和速度都大幅度地提高了,需要认真地进行机器的运动分析和力分析。这就要求将直觉和经验上升为理论,从而推动了机构运动学学科的建立。所以,第一次工业革命是机构学学科开始形成的大背景。

4.2.2 巴黎技术学院开设机构课程

机构学诞生的直接推动力来自两方面：一方面是从欧拉以来多位学者在机构运动学研究方面的进展，另一方面是关于机构的课程进入了大学课堂。

英国是第一次工业革命的圣地，当时绝大多数的机器发明都出现在那里。在1851年的伦敦世界博览会上，英国几乎囊括了所有的大奖。但是，机构学却不是在英国，而是在欧洲大陆的法国和德国诞生和发展起来的。

近代高等工程教育的诞生以1794年巴黎技术学院的建立为其标志。1806年，该校开设了机械方面的课程，这就是近代高等机械工程教育之肇始。

1. 英国：师徒传承式的机械技术教育

经典力学诞生在英国。伟大的科学革命熏陶了富裕的市民和技艺高明的工匠，提高了他们的科学素质，这才有了瓦特等技师的伟大创造。但是，在当时的英国，还未形成正规的工程教育，机械技术是通过师徒关系来传承的——为了竞争，他们要保守技术秘密。例如，发明全金属车床的莫兹利是发明水压机的布瑞玛（J. Bramah）的徒弟；而莫兹利又带出了龙门刨床的发明人罗伯茨（R. Roberts）和第一个螺纹标准的创始人惠特沃斯（J. Whitworth）等。所有这些了不起的工程师都没有接受过正规的工程教育。

当时只有皇家讲习所、工人讲习所对工人进行一般的技术教育，而师傅的诀窍是不会进入这些讲座的。工程教育根本还没有进入学校。

这样一种工程教育的水平看似与英国的工业革命不大相称，其实不然。当时，德国和意大利还处在分裂状态，俄罗斯还存在农奴制，法国的工程教育学校也直到18世纪中后期才出现。

当时英国试图通过禁止出口工程器材、限制人才外流来保持自己的领先地位。这造成了两个结果：技术能手想方设法奔向自由，美国借此接收了一些移民，这些移民对美国机械工业的发展作出了重要的贡献；同时，欧洲大陆国家不得不发展自己的工程教育。

著名的摩擦学专家 D. Dowson 在他的书中风趣地说[DD]：

"这是一个被历史学家们广为议论的可笑而又有趣的事实：当大英帝国在实际工程领域努力打造霸主地位之时，工程科学的研究基础却在海峡对岸的欧陆铺展开来！"

2. 法国：近代机械工程教育的先锋

欧洲大陆不得不建立起自己的工程教育体系。法国、德国先后起步。

法国的思想启蒙运动为科学的勃兴奠定了思想基础。法国大革命中建立的拿破仑政权对科学很重视。18世纪下半叶，法国科学进展很快，逐渐取代英国成为世界科学发展的中心。

18世纪中叶，法国出现了桥梁与道路建筑、采矿和工程方面的几所中等专业学校，它们在培养人才方面发挥了作用，培养了卡诺、蒙日和彭赛利等工程人才[AI2]。

受英国工业革命的推动，也是当时战争的需要，1794年，在法国大革命期间，法国成立了世界上第一所专门的高等工程学校——巴黎技术学院(École Polytechnique)，这所闻名于世界的学校，也被译作"巴黎综合工程学校"。

图4.7　巴黎技术学院

巴黎技术学院(图4.7)的建立，标志着近代高等工程教育的诞生，在高等工程教育史上占有重要的地位。它有别于以往的大学之处在于[WJ1,TS]：

（1）将师徒间的个别传授改变为集体授课。

（2）学生在接受具体的工程教育之前，都要学习数学、物理、化学和力学，这就区分开了基础课和专业课。

（3）既然是集体授课，就需要教材，该校组织出版了一批影响很大的教科书。

这些在今天的大学教师看来属于常识性的做法，在当年却是了不起的突破。

巴黎技术学院的建立使机构学领域出现了重大的变化。在1794年之前，机械工程方面的理论是由一些孤立的结论组成的。巴黎技术学院做了很多努力，要把机械转变为一个条理清晰的学科。1806年，巴黎技术学院的校长蒙日(图4.8)，决定将机械元件的课程包含在学校的教学计划之中。哈切特(J. Hachette)被指令准备教材——他就是世界上第一位机械原理教师。1811年，哈切特的教科书 *Traité élémentaire des machines* 出版[HJ]。当时这个书名不是指今天的"机械零件"，而是指构成机器的"要素"，实际上就是指"机构"。1806年，该课程刚开设时，只有6课时；到1850年，已增加到30课时[RF1]。从1808年起，哈切特等陆续发表论文讨论机器之组成。

图4.8　蒙日

蒙日是法国数学家，生于小镇，早年在家乡读书。他 16 岁成为物理教师，19 岁到梅济耶尔（Metzier）军事工程学院深造，后任该校数学教师，29 岁成为教授。在该校，他建立了画法几何学。这在当时涉及国防安全，因此，他的《画法几何学》一书 30 年以后才被允许出版，并很快流传至各国，成为该课程的奠基性教科书。蒙日 48 岁参与筹建巴黎技术学院，后任该校校长；52 岁时随拿破仑远征埃及等地，曾任埃及研究院院长；次年回国后任过参议员，并被封为伯爵；晚年随拿破仑的倒台而落难，凄寂病逝。

机构课程的开设，不仅使机械设计开始从英国式的师徒传承关系中挣脱出来，而且成为推动机构运动学被承认为一门学科的重要因素。

但是，巴黎技术学院只是开设了机械原理课程，而远没有建立起完整的机械工程教育体系。法国人把这一任务留给了德国人去完成（见 4.3 节）。

3. 近代工程教育的第一个冲击波

巴黎技术学院的建立标志着近代高等工程教育的诞生，它在欧美产生了第一个冲击波。随后工业化国家如奥、俄、美、瑞士等的高等工业学校，大都仿照以巴黎技术学院为代表的、基于科学和数学的法国模式建立，而不是借鉴基于工艺经验主义的英国模式。德国柏林、慕尼黑等地的一批学校在 19 世纪初期 30 年受法国工程教育思想的影响尤为明显。到 19 世纪后期，法国建立起一系列的工程学院，而巴黎技术学院仍是其中的旗舰。

工程，作为一个学科，到很晚，而又非常缓慢地，才"爬进"了英国的大学[DD]。直到 1840 年，才在格拉斯哥大学建立了第一个工程学科；而第二个工程学科到了 1875 年才建立（伦敦和剑桥）。

4.2.3 法国的理论运动学研究

机构学是一个理论性和实践性都很强的学科。法国人在数学方面和理论思维方面有着悠久的传统。在 19 世纪上半叶的拿破仑战争以后，出现了将工程科学应用于机器的分析与设计的趋向。首先发展起来的是以法国学者为主建立的理论运动学。巴黎技术学院成为了当时的研究中心。

法国理论运动学学派在研究方面可以说是欧拉的继承者，他们主要在两个领域进行了研究：理论运动学和啮合理论。

1. 理论运动学

1742 年，约翰·伯努利发现了速度瞬心[BJ]。1829 年，数学家查斯里（图 4.9）

图 4.9　查斯里

给出了瞬时中心存在的几何证明[KT]。他同时还证明了任意一条平面曲线可以用两条瞬心线做无滑动的纯滚动来生成。1830 年,查斯里首次将力与运动分离,提出空间任意运动均可表示为绕一轴的旋转和沿该轴的平移。查斯里的这一结论是莫兹的研究的再现,也为后来的有限位移旋量的研究奠定了基础。数学家博比利尔(É. Bobillier)研究了用作图法求解运动平面上任意点走出的轨迹的曲率中心问题[BE]。

2. 啮合理论

随着齿轮传动的广泛应用,需要建立齿轮啮合理论。欧拉早在 1765 年就首先进行了这一问题的研究,提出用渐开线作为齿轮齿廓。1836 年,巴黎技术学院教授萨弗里继承了欧拉的研究,形成了著名的 Euler-Savary 方程(详见 3.5.2 节)。该方程不仅是齿轮啮合理论的基础,也是运动平面上的曲率理论;不仅是高副机构的理论基础,在连杆机构的分析中也有所应用。它也是理论运动学组成中的一部分。

奥利佛(T. Olivier)是齿轮啮合理论几何学派的奠基人之一。1842 年,他引入了将共轭曲面的生成视为一个包络过程的思想,并应用了中间生成曲面的概念(用现代术语来说,中间曲面就是刀具曲面)。他发现了产生线接触和点接触的条件。奥利佛的局限性在于:他坚持认为齿轮理论只是一个投影几何的课题。

从欧拉到法国理论运动学学派的研究工作是推动机构运动学被承认为一个学科的另一个重要因素。

从欧拉开始,一直到法国学派的各位学者,都是数学家、力学家。他们不是机械学家,他们的研究自然地带有浓厚的理论色彩,特别是理论运动学部分,至少在当时,离在工程中应用尚有相当的距离。但是,他们走出了"将工程科学应用于机器的分析与设计"道路上的第一步,开辟了这一理论研究。后继者有 19 世纪下半叶的鲍尔、布尔梅斯特,到 20 世纪也有了更大的发展[WD]。

4.2.4　Kinematics:安培的命名

在第一次工业革命中,机械的发明和大量使用、机械工业的建立和发展是机构学逐渐被承认为一个独立学科的大背景。

从 18 世纪 60 年代的欧拉,到 19 世纪 20—30 年代的法国理论运动学学派,他们的工作是机构学被承认的研究基础。而巴黎技术学院设置的机构课程在法国社会上引起的注意,是机构学被承认的教育工作基础。

巴黎技术学院的工作引起了一位大人物的注意。1834 年,著名物理学家安培(图 4.10)在论述科学分类的文章中[AA],将研究机构及其运动的这一学科分支称为"cinematique"。他根据希腊文中的"κίνημα"杜撰了这个法文单词,到了英文里(1840 年)就变成了"kinematics"。在他的观念里,kinematics 是力学的一部分,它仅研究机构中发生的运动,而不考虑产生这些运动的力(今天机械原理课程中的说法应该就是来自这里)。

图 4.10　安培

当时安培是法国科学院多个科学咨询会的成员,他提出的观点远比蒙日和查斯里这些人更有影响力。一些文献认为,安培在学科划分中主张设立 kinematics,即标志着机构学作为一个独立学科的诞生。笔者的某些书中[ZC1,ZC2]也曾经这样讲述。今天,笔者要在这里做一点修正。

安培所说的 kinematics——运动学,当然指的是机构运动学。这一领域的研究终于有了一个名称——(机构)运动学,但这个名称不能代表整个机构学。

机构,作为人为创造的实体,首先应该揭示:机构是怎样组成的? 它的构件和构件之间是怎样连接的? 机构如何才能运动? 是否能产生确定的运动? 机构应该如何分类? 这些标志着机构有别于其他系统的基本问题还没有解决,怎么能说机构学已经诞生了呢?

近代机构学后来发展成为包括机构运动学、机构动力学和机构结构学的一个内容丰富的学科。上面一段提出的诸多问题,恰恰属于机构结构学的问题,而机构结构学却是近代机构学中最后形成的分支。完整的近代机构学的形成花费了 40 余年的时间。因此,机构学的建立是一个长期的历史过程。本书提出的观点是:在安培手下诞生的还不是"机构学",而只是机构学的一个分支学科——机构运动学。当时,还没有结构学,甚至连像样的机构分类都没有。所以,在当时,它仍然,也应该,也只能被归属于力学的门下。

从安培的命名开始,机构学开始了它作为一个独立学科逐步建立的过程。完整意义上的机构学的诞生还要等上 40 余年,等着机构学的独有特色——机构的拓扑结构被人们所认识,等着德国人和俄国人来解决。

4.3　19 世纪中叶的机构学研究

从安培给机构运动学的研究命名(1834 年),到德国科学家雷罗建立机构结构学(1875 年),这 40 余年间在机构的分类、机构运动学和机构动力学方面的研究都有所进展。

在巴黎技术学院哈切特的教材出版（1811 年）之后，英国、俄国也都有类似的教科书出版。这些书主要讨论机构的组成和机构运动学，涉及的机构类型主要是连杆机构和齿轮机构。书中关于机构的分类和组成的讨论虽然尚较为肤浅，但可以把它看作是在逐步地为 19 世纪 70 年代德国学派建立机构结构学理论进行理论准备。

巴黎技术学院的两位教师 A. Betancount 和 P. Lanz 一起编制了机构表。在他们二人，以及哈切特的工作中，越来越多的注意力被放在机构的分类上（图 4.11）。这些表的作者试图将机器和机构从运动和它们所实现的传递功能来进行分类。

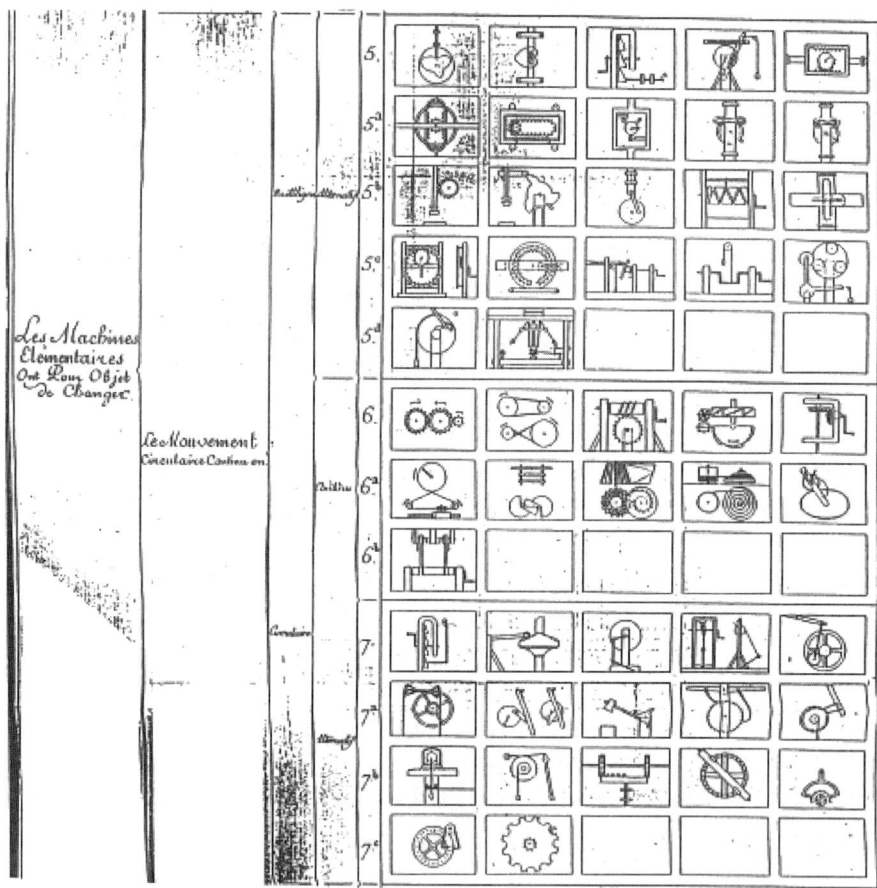

图 4.11　哈切特书中所载的蒙日的机构分类系统的一部分[KT]

自古代至近代，机构结构的类型综合在相当程度上是由设计者凭借其经验、直觉等进行的[DH1]。这种初级的方法甚至一直延续到当代的某些机构发明中。

除了前面介绍的法国学者以外，在 19 世纪中叶的欧洲还出现了 3 位著名的机械工程方面的学者和教育家：法国的彭赛利（J-V Poncelet）、英国的威利斯和德国的雷腾巴赫尔（F. Redtenbacher）。

在 19 世纪上半叶的拿破仑战争以后，尝试将工程科学应用于机器设计分析成为了一种潮流。引领这一潮流的，还是那所军事院校——巴黎技术学院。最突出的标志就是彭赛利的著作《工业机械导论》[EA,PJ3] 的出版。

彭赛利（图 4.12）是力学家、数学家和工程师。1826 年，他首次提出把位移与力的投影之积称为"功"，他关于功的概念通过泊松（S-D Poisson）的著作《力学教程》[PS1] 而得到传播。在 19 世纪上半叶，许多科学家成功地开展了机器动力学的研究。泊松（L. Poisson）、科里奥利（G. Coriolis）都研究了机器运动的一般方程。而彭赛利的工作则打开了一个机械工程的全新时代。他进行了一项非常重要的工作——开设了"应用于机械的力学"课程。他研究了计入驱动力、阻力、惯性力和重力的机器动力学；还研究了机器的不均匀运动和离心调节器的理论[AI2]。彭赛利应该被认为是机器动力学研究的第一人。

英国剑桥大学教授威利斯（图 4.13）是 19 世纪中叶著名的机构学家。1841 年他出版了 *Principles of Mechanism* 一书[WR]。他在该书中呼吁建立一门科学，"这门科学将为我们提供一些方法，用这些方法我们可以获得全部的（结构）形式和安排，来实现所期望的目的；而不是基于直觉和经验来选择机构形式。"

图 4.12 彭赛利

图 4.13 威利斯

虽然在威利斯的这句话里还没有说出"拓扑结构"或"机构结构学"这个词，但他显然是在呼唤建立机构结构学。他的书名中没有采用安培刚提出几年的"kinematics"这个词，他用的是"mechanism"！他的用词可以成为笔者的论断的一个佐证：他不认为他呼唤的这门科学的名称应该被称为"kinematics"！他认为安培的这个词包容不了他所设想的这门科学的内容。这是机构学形成过程中的第二次呼唤，第一次是达·芬奇呼唤建立机构学理论，而第二次则是威利斯呼唤建立机构结构学理论。

第 5 章将提到,德国学派的两位大师雷罗和布尔梅斯特的著作的书名中都使用了安培的"kinematics"一词;而威利斯却用了"mechanism"。威利斯的用词可以认为是"theory of machanism and machine(TMM)"这一名称的源头。很显然,mechanism 代表机构学,而 kinematics 只能代表机构运动学。

威利斯提出了一个根据其输入输出的速度比和运动转换的类型进行机构分类的方案。阿尔托包列夫斯基(Ivan I. Arrobolevsky)[AI1]认为,威利斯给出的机构分类体系是当时最好的。阿尔托包列夫斯基对威利斯评价很高,将他和雷罗、契贝雪夫并列。苏联人与美国人不同,他们不大用 kinematics 来表示整个的机构学,看来他们是尊崇威利斯的。

威利斯的书还对相对运动的分析作出了贡献。他指出了渐开线齿廓的可分性,从而推动了渐开线齿廓成为具有普遍适用性的齿廓。他还提出了著名的齿轮传动的威利斯定理(齿轮啮合基本定理),但后来被指与该定理内涵相似的定理早在百余年前已经由法国数学家加缪提出(见 3.3.2 节)。

图 4.14　雷腾巴赫尔

雷腾巴赫尔(图 4.14)是德国机械工程教育模式的创立者[WJ3],曾任卡尔斯鲁厄理工学院(Karlsruher Institut für Technologie,19 世纪德国 3 所精英大学之一)的校长。德国机构学派的领军人物雷罗、汽车的发明人本茨(K. F. Benz)都是他的学生。他既继承了巴黎技术学院的以科学教育为基础的理念,但是又要求在科学教育和机械工程教育之间建立起桥梁。法国首先开设了机械原理课程,而德国则首先建立了机械设计课程和机械专业的初步的学科体系。在 19—20 世纪中,德国机械工程技术的发展和取得的辉煌成绩,是与德国的机械工程教育分不开的。其中,雷腾巴赫尔功莫大焉!

1854 年莫斯科大学教授叶尔硕夫(A. Yershov)出版了俄国第一本机械原理教科书[GA]。

第5章

近代晚期：第二次工业革命

5.1 第二次工业革命发展概况

第二次工业革命从 19 世纪 60 年代后期开始,到 20 世纪初基本完成。电力、钢铁、内燃机、汽车和飞机极大地改变了工业的结构,也提升了人类的生活水平。

在第二次工业革命期间,近代机构学进一步发展,其学科体系走向完整化。

5.1.1 第二次工业革命的历史背景

19 世纪 50—70 年代初,欧美主要国家的民族民主运动完成:美国通过内战废除了奴隶制,俄罗斯废除了农奴制,德国、意大利分别实现了统一。在欧美主要国家,封建制度被全面摧毁,资本主义生产方式最终被确立,这是第二次工业革命的政治背景。特别是德国,它从 19 世纪初叶便开始了改革和走向统一的过程[RR]。德国的教育改革家威廉·洪堡(W. Humboldt)的教育改革推动了现代大学的建立。自 19 世纪 30 年代起,德国开始工业革命,经济、科技、教育全面快速发展,后来成为第二次工业革命的先锋和主力。

19 世纪上半叶,化学、物理学、生物学,均出现了重大的理论突破,史称第二次科学革命。1824 年,法国物理学家卡诺(N. Carnot,图 5.1)在总结蒸汽机发明的基础上给出了热机的理论计算,即著名的"卡诺循环",奠定了热机发展的理论基础。1820 年,丹麦物理学家奥斯特(H. Ørsted)发现了电流的磁效应。1831 年,英国科学家法拉第(M. Faraday,图 5.2)发现了电磁感应原理。到 60 年代,麦克斯韦(J. Maxwell,图 5.3)在法拉第发现的基础上提出了完整的电磁场理论。他们的发现与研究为电动机和发电机的发明,以及为人类进入电气时代奠定了理论和实验基础。这是第二次工业革命的科学背景。

图 5.1　卡诺

图 5.2　法拉第

图 5.3　麦克斯韦

蒸汽动力使社会生产力获得了极大的发展,但在工业进入大规模机械化的时代,它的缺点也变得越来越突出:蒸汽机不便于小型化;天轴这类传动装置降低了机械效率,而且传动的距离也有限;使用机械传动的方式传递能量不便于实现流水作业。工业的发展需要寻找更理想的动力。这是第二次工业革命的生产背景,也成为了这次工业革命的突破口。

5.1.2　第二次工业革命的主要内容

19 世纪中叶,电动机和发电机的发明,使世界进入了电气时代;内燃机、汽车和飞机的发明,开启了新的交通运输革命;炼钢技术的提高,使世界进入了钢铁时代。这些构成了第二次工业革命的主要内容。

电动机和内燃机成为驱动机器的主要原动机类型。汽轮机和水轮机随着电力工业的发展也发展起来。

汽车工业和航空工业的出现对机械设计技术和机械制造技术的发展起着多方面的促进作用。

更多的新机器被发明出来,被应用于国民经济的绝大多数部门,并开始进入人们的日常生活。

随着第二次工业革命的进行,机械日益呈现出高速化、大功率化、精密化、轻量化和自动化的发展趋势。机械设计进入半理论、半经验设计的阶段。各种机械传动、液压传动技术取得很大的进步。磨床、齿轮加工机床等各种精密机床走向齐备。

随着大批量生产模式的出现,现代管理制度也首先在机械企业中建立。

5.1.3　近代两次工业革命的特点

同第一次工业革命一样,第二次工业革命促进了资本主义经济的迅速发展。

但第二次工业革命又有一些新的特点。

1. 科学走在了前面

第一次工业革命时期,许多技术发明都来源于瓦特这样的工匠和技师的实践经验。工业革命中的英国就像一片肥沃的黑土地,撒下种子就能生长。这些能工巧匠并不一定具备深厚的科学理论知识,这一时期的科学和技术尚未做到紧密的结合。

而在第二次工业革命中,情况发生了改变:科学家走在了工程师的前面,科学理论和实验走在了技术创新的前面。科学成为推动生产力发展的重要因素。科学与技术的结合与 19 世纪德国的教育改革有关。在德国的大学中首先提出了教学与科研相结合,培养研究生。

2. 全面的工业化

第一次工业革命揭开了资本主义工业化的序幕。工业化的重点是:在以纺织工业为代表的轻工业部门中,用机器代替手工生产,实现手工工场向机械化工厂的过渡。

第二次工业革命则将工业化推进到了一个新阶段。工业化的重点是重工业,钢铁、煤炭、机械等工业部门获得了巨大的发展,并出现了石油、电气、化工、汽车等新的工业部门。

3. 欧美工业化国家的全面崛起

第一次工业革命也被称为英国工业革命,重要的新机器和新技术基本上都是在英国发明的。第二次工业革命则几乎同时发生在几个先进的资本主义国家,德国和美国即在第二次工业革命中崛起。

德国的教育改革家威廉·洪堡(图 5.4)提出了柏林大学的办学三原则:大学自治、学术自由、教学与科研相统一。威廉·洪堡的改革使得德国大学的教育超过了法国。19 世纪下半叶,德国在世界科学的发展中越来越占据主导地位,其工业化水平在很短的时间内便赶超了英国和法国。

美国的独立战争和南北战争打破了制约美国发展的枷锁。没有哪个国家像美国这样,刚诞生就充满了生机和活力。在第一次世界大战前夕,美国的制造业总产值已经跃居世界首位[SL1]。

图 5.4　威廉·洪堡

5.2　德国学派与机构学学科体系的形成

5.2.1　德国学派形成之前的机构学

机构学的德国学派形成于 19 世纪 60—70 年代,在此之前,机构学的发展存在以下几个问题。

首先,机构学的理论和应用两个方面是分别发展的,还没有很好地结合起来。纽科门、瓦特等人都是技师出身,他们发明了蒸汽机,发明了调速器和瓦特直线运动机构,但是他们未曾想过,也没有能力建立机构学的理论。至于欧拉和法国理论运动学学派的数学家、力学家们,有的虽涉足了机械问题,但基本上没有实地去接触工程。

其次,机构学独立的理论框架还没有形成。在第 4 章中,我们说到,安培对机构学方面的研究给了一个学科名称"kinematics"。虽然他指的"运动"是机械中的运动,但是,安培明确地把这一新学科划到了力学的范畴之内。巴黎技术学院的教师们对机构的概念和组成还没有形成清晰与成熟的理论,或者说,机构学还没有建立起真正的、独立于其他学科的理论框架。但是,英国机构学家威利斯已经发出了建立机构结构学理论的呼唤。

5.2.2　德国学派的创始人——雷罗

德国机构学学派的创始人是雷罗(图 5.5)。雷罗 1829 年生于德意志邦联(西德)的亚琛近郊。因其父是技术人员,他从小就受到技术教育的熏陶。1856 年,雷罗任苏黎世工业学校教授,后执教于柏林皇家技术学院,并于 1868 年起担任该学院的领导。

图 5.5　雷罗

1. 雷罗的创新

19 世纪 60 年代,雷罗开始发展其创新性的思想。1875 年,他发表的《理论运动学》[RF]对机构的运动进行了系统的分析,成为机械工程方面的名著。该书首次建立了一个系统化的机构结构学理论。

(1)雷罗引入了今天被称为"运动副"和"运动链"的概念,并阐明:机构的运动取决于机构的这种"几何形式"。他特意用了"副"这个词,是因为任何关节都需要两个元素,每个元素都和一个不同的构件刚性地连接[KS]。

由此,他用明确的方式定义了机器和机构,定义了构造机器的基本元件,并建立了已知机构类型的分类。总之,他初步建立了机构结构学,由此,才形成了完整的近代机构学的理论框架。

(2)雷罗第一个认识到:从运动学上看,固定杆和任何运动杆都是一样的。这就出现了一个非常有用的概念——连杆机构的转置(transposition)。他说明了一个四杆机构如何能通过转置和改变相对杆长而变异出 12 大类的 54 种机构[RF]。

此外,雷罗还领导设计、制作了 300 多种机构模型,供教学之用。机构模型的使用不仅对当时的西方世界有很大影响,而且迄今为止都是全世界机械原理课程教学的重要手段。雷罗还研究了鸟和鱼的嘴部结构,绘出了其机构简图,他是从仿生学的角度观察自然的第一位机构学家。

2. 对雷罗的评价

19 世纪,由术语“机构运动学”和“理论运动学”所涵盖的领域蓬勃发展。19 世纪后半叶是这一领域的黄金时代。

工业革命导致新的机构和机器源源不断地被发明出来。特别是各种连杆机构,它在牛头刨床、缝纫机、曲柄压力机、颚式破碎机、计算机械、各种液压机构,以及一些纺织机械、印刷机械、工程机械、农业机械中都得到了广泛的应用。因此,19 世纪也被称为“连杆机构的黄金时代”。

正是在这种背景下,19 世纪 70 年代,机构学开始作为一门独立的学科出现。但是,在当时的德国,关于这门学科的地位却存在着不同的观点[KT]。以长期担任德国工程师协会(VDI)主席的格拉晓夫(F. Grashof,以平面四杆机构中的曲柄存在条件(Grashof's criterion)著称)为代表,把技术科学看作是应用力学或应用数学的一部分。这显然更接近安培的观点。而另一种观点,以雷罗为代表,强调需要建立一门独立、统一的机器科学。雷罗是第一个将机构学定义为一个独立的学科的人。

美国学者弗格森(E. Ferguson)在 1963 年曾这样谈到雷罗的书:“对这本书中的许多想法和概念我们已经是如此熟悉,我们可能因此而低估了雷罗的原创性,认为他只是一个显而易见的记录者。”他还说:“虽然这些概念不多,也很简单,但值得注意的是:正是它们,使我们形成了今天思考机构的观点。”[KT]

可以这样说,安培创造的术语“kinematics”是他赋予机构运动学的名称。在他的观念中,机构运动学当然归属于力学门下。真正使机构学成为一门独立学科的人是雷罗。百余年来,在西方,雷罗被称为“运动学之父”,这个名称并不太确切,他应当更准确地被称为“机构学之父”。

5.2.3　运动几何学学派的奠基者——布尔梅斯特

基于雷罗的杰出工作,机械的拓扑学-运动学逐渐占据了机器理论研究的中心位置。在同一时期,几位数学家对此也作出了相当大的贡献,首先应提到的就是布尔梅斯特(图5.6)。布尔梅斯特是德国数学家、机构学家。他是花匠之子,14岁进入机械厂工作。1865年,他以几何学方面的论文在哥廷根大学获得博士学位。1872年,他成为德累斯顿理工大学的教授。随后,他的研究转向了运动学。

图5.6　布尔梅斯特

这一时期,随着各种新机器的发明,连杆机构得到了越来越多的应用;而另一方面,此时理论运动学的成果还没有被系统地应用到机构学中来,机构运动学还未形成一个清晰的理论框架。针对19世纪连杆机构工程设计的需要,布尔梅斯特研究了平面图形在其所在平面中运动的有限分离位置,提出了圆点曲线和中心点曲线的理论,以及以此理论为基础的机构综合图解法。1888年,他出版了讨论平面机构的《理论运动学》第1卷[BL],采用了雷罗的结构学概念,使用几何方法进行机构位移、速度和加速度的分析,从而开创了机构分析与综合的运动几何学学派,使得机构运动学在19世纪下半叶发展成为一个成熟的学科。他的书共941页,并附有863张插图。布尔梅斯特撰写此书用了7年时间。但计划中的讨论空间机构的第2卷却始终没有写出来。

德国在威廉·洪堡教育改革思想的指导下,大学教育与工业发展形成了紧密的联系。因此,在德国,工程科学在机械工程中得到了迅速的传播,这与法国有很大的不同(巴黎技术学院主要靠法国政府的财政支持)。雷罗和布尔梅斯特都有过在机械工厂实践的经历,他们不同于法国学派的学者们,他们属于新型的教授:前人已经给他们准备好了必要的力学和数学知识,他们的任务是紧密结合时代的工程需要来发展机构的理论和创造新的机构。他们是机械原理方面最早的技术科学家。

始终统治着机构学历史研究的观点是:安培的命名"kinematics"就是给机构学的命名。笔者也曾顺从这一观点。但在本书中,笔者提出的新看法是:安培的命名只能扣在机构运动学的头上。机构学真正成为一个独立的学科,应从德国学派的雷罗算起,是他开始了机构结构学的研究。没有结构学做基础的运动学,当然只能依附在力学的门下。有了结构学,机构学才成为一门独立的技术科学。

5.3　机构学的俄国学派

在 1861 年废除农奴制的改革之后，俄国走上了工业化国家的发展道路。

5.3.1　俄国学派的创始人——契贝雪夫

俄国机构学学派的创始人是契贝雪夫(图 5.7)。他在 28 岁时获得了数学博士学位，29 岁即被聘为圣彼得堡大学特级教授，后成为圣彼得堡科学院院士。他主要是一位数学家，在不等式、多项式等多个领域都有以他的名字命名的成果。

从 19 世纪 40 年代开始，他致力于连杆机构设计的研究30 余年[AI,AII]。这实际上比德国学派的形成还要早，雷罗曾将他的著作译成德文。

契贝雪夫对机构学的主要贡献及其局限性是：

图 5.7　契贝雪夫

(1) 他长期致力于连杆机构的轨迹创成问题的研究，创造了机构运动分析与综合的代数方法(插值逼近方法)。但是也有些遗憾。他写了十几篇这一领域的研究报告，时间不会比布尔梅斯特晚，但却没有发表在公开的期刊上。阿尔托包列夫斯基指出[AII]："按照契贝雪夫方法所得到的新机构，只是在 1940 年勃洛赫(З. Блох)的论文发表时才开始在苏联的文献上被披露出来。"契贝雪夫在俄国学术界(尤其是数学界)地位颇高，但在国际机构学界的影响力却有限，这应该是一个重要原因。国际上极少有人把俄国学派和德国学派并提。常常是说完德国人的几何法，就直接说美国人的解析法了，好像俄国人从来没触碰过解析方法。令人不解的是，在发表论文方面，为什么契贝雪夫还继承着几百年前达·芬奇的做法？

(2) 他第一个探讨了自由度为 1 的连杆机构的杆件数、运动副数之间的关系，这离提出机构的自由度公式已经很近了。但同样遗憾的是，他没有向前再迈出一步(详见 6.2.2 节)。

5.3.2　阿苏尔的机构结构学理论

阿苏尔(图 5.8)1906 年毕业于莫斯科工业学校，并成为圣彼得堡工学院的教师。1916 年，他在该学院答辩了学位论文《低副平面连杆机构的结构与分类研究》，提出了俄国学派的机构组成和分类的理论[AL]。他证明了机构可以用自由度为 0 的运动链(后来被称为阿苏尔杆组)依次连接到原动构件和机架上来形成。他

图 5.8　阿苏尔

还提出了机构按其结构特征分类、分级的方法。阿苏尔的理论是机构学史上第一个系统化的机构结构组成理论,在世界的机构结构学发展中占有重要地位。用阿苏尔的理论可以解决许多机构运动分析和力分析的问题。至今还是许多机械原理教材中的内容。可叹的是这位青年学者英年早逝,没有能够将他的理论拓展至空间机构。随后的苏联学者们继承了阿苏尔的工作,多布罗沃尔斯基(W. Dobrovolsky)和阿尔托包列夫斯基[AI]提出了机构分类、分级的统一体系。

今天,虽然在现代机构学的发展中又提出了新的结构学理论,但是阿苏尔理论仍然没有失去价值。笔者认为,在俄国学派的学者中,对机构学的发展贡献最大的,就是这位青年科学家。

5.3.3　俄国学派的齿轮啮合理论

1887 年,郭赫曼(H. Gochman)发表了齿轮啮合原理方面的著作。如果说法国学者奥利佛建立了齿轮啮合的几何理论,那么郭赫曼则是齿轮啮合的解析理论的建立者[AI]。他的工作开启了俄国学派在齿轮啮合原理方面的研究,建立了与 19 世纪末出现的范成法加工紧密联系的平面和空间齿轮机构严密的数学理论。苏联学者柯尔钦(N. Kolchin)和李特文(F. Litvin)都是郭赫曼的后继者[LF]。柯尔钦发展了锥齿轮、圆柱蜗杆和双包络蜗杆的几何学理论。

5.3.4　苏联时期的发展

在复杂机构的运动分析、空间机构理论、齿轮啮合理论、变位齿轮、机构精确度、自动机械理论等方面都有苏联学者独具特色的研究成果。苏联学者对机械动力学的发展作出了很大的贡献(见 6.3 节)。阿尔托包列夫斯基(图 5.9)等的专著[AI1]是俄国学派最著名的代表性著作。

阿尔托包列夫斯基对世界和苏联的机构学发展有卓越的贡献。在他的领导下,苏联的近代机构学研究和机械原理教学都取得了很大的成绩。他是 IFToMM 的发起人,并担任了 6 年的主席,推动了世界机构学的建设。他出版的教科书和专著被苏联和一些国家使用,对中国的影响很大,是中国在一段时期内该领域仅有的参考书。

图 5.9　阿尔托包列夫斯基

由于政治方面的原因，西方的文献中对俄国学派的成果介绍得不是很充分。与此同时，苏联对德国学派的敌视态度也是通过阿尔托包列夫斯基的著作反映出来的。他在其专著的绪论中一口气介绍了十几位俄国机构学家[AI1]。虽然他也用了近百页的篇幅介绍布尔梅斯特理论，但对布尔梅斯特本人，却连一句正面评价的话都没说；甚至对雷罗及其学派也有不敬之词[AI]。这虽然和"二战"后苏联的政治气氛有关，但无论如何，他在这两本书中某些问题的表述上，没有展现出科学家应有的气度。

1976 年，阿尔托包列夫斯基院士最后一次出席 IFToMM 世界大会，并宣读了关于机构学史的论文[AI2]。这次，他对 19 世纪中叶的 3 位机构学家给出了新的评价：

"由威利斯、契贝雪夫和雷罗的工作所确定了的那些基本概念，成为今天我们称之为机械原理的这门科学的基本内容……

"雷罗的工作为机构理论注入了新的内容，他引入了机构学中两个最重要的概念……他强调了闭式运动链形成机构的原理。他的《理论运动学》可以看作是一部百科全书式的著作，包含了机构学的各个方面。雷罗的思想形成了机构结构分析、运动分析和动力分析方法的基础，直到今天也没有失去它的意义。"

这是笔者第一次读到阿尔托包列夫斯基对雷罗的工作和他在机构学界地位的肯定性评价。遗憾的是，第二年阿尔托包列夫斯基就去世了。

尽管本书也对阿尔托包列夫斯基的一些做法提出了不同的意见（见 6.2.2 节），但仍认为他对苏联和世界机构学发展的贡献应该被肯定，并纳入历史记录。同时也应当指出，在当时的苏联，学术作风方面最恶劣的是李森科对遗传学的批判；而在机械工程领域，问题远没有达到那种程度。

李特文（图 5.10）是卓越的齿轮专家[LF1]，他毕生指导了超过 85 名博士研究生和来自世界各国的访问学者（含 18 位中国学者）。他指导的博士生和访问学者在美国、日本、中国、意大利和俄罗斯等国均获得了重要的研究项目或教授职位。他还特别提及了中国的张启先教授等。1979 年，他由苏联移居美国，在芝加哥伊利诺伊大学任教，2017 年以 103 岁高龄去世。众多著名的齿轮专家称赞他是"伟大的齿轮理论家，给予世界无限的激励与启迪"，"在他卓越的职业生涯中为推动齿轮啮合理论而提出的发明和专利浩如烟海，不可胜数"。

图 5.10　李特文

5.4　近代机构学形成历史的简要总结

第3～5章描述了机构学在近代的形成过程。本节简单地勾画一下近代机构学从酝酿、诞生到完成的基本脉络。

古代机构发明史，绵延数千年，到达·芬奇时，走到了一个顶点。他说"一本关于机构的性质的书必须在一本关于机构的应用的书之前出版"，这是在呼唤写出"机构的性质的书"，也就是在呼唤关于机构的理论。达·芬奇是第一个提出建立机构科学的必要性的人（见第3章）。

牛顿提供了机构学要发展所必需的力学基础（见第3章）。

科学家们零散地开始了机构运动学理论的研究（见第3、4章）：欧拉等关于齿廓理论的研究，莫兹关于旋量理论的研究，法国理论运动学学派的研究。

从达·芬奇到欧拉，这是在呼唤和酝酿机构学的诞生。

于是，在第一次工业革命期间，走来了蒙日和安培，蒙日把机构的知识放到了大学讲堂上，而安培则著文在法国科学院里发出呼吁。"kinematics"出现了，这是机构学成为一个理论的开始，或者更准确地说，机构学的一个分支——机构运动学建立了（见第4章）。

安培之后，机构学的研究主要集中在几个方面：运动学、机构分类、动力学。法国的彭赛利成为研究机构动力学的第一人。运动学有了，动力学有了，但是，机构学理论还缺少很大的一块——"机构是如何组成的"这一根本问题迟迟未被触及（见第4章）。

安培、蒙日的工作在英国、俄国和德国都得到了呼应。雷罗和布尔梅斯特都忠实地沿用着安培创造的"kinematics"这个词，但是英国的威利斯却写出了一本叫作 *mechanism* 的书。这是历史上第一本以"机构学"命名的著作。我们有理由推测，他对"kinematics"作为机构学的名称是否有些不以为然？威利斯在该书中呼吁建立一门科学："这门科学将为我们提供一些方法，用这些方法我们可以获得全部的（结构）形式和安排，来实现所期望的目的，而不是基于直觉和经验来选择机构形式。"这是继达·芬奇之后的又一次呼唤。达·芬奇是在呼唤建立机构的理论，而威利斯则更具体，他是在呼唤建立机构结构学的理论（见第4章）！

第二次工业革命期间，德国学派兴起，雷罗最主要的工作就是建立了以杆、副为单元的机构结构学基本架构。后来，俄国学派的阿苏尔又建立了以杆组为单元的机构结构学。近代机构运动学也在德国人的手中逐渐完善。至此，包含机构结构学、机构运动学和机构动力学的完整的近代机构学体系才最终形成。

第6章

近代机构学各分支领域的发展

第3~5章侧重于对机构学在近代发展的背景、总体情况、学派和人物的介绍，本章则对机构学各分支领域在近代的发展给出进一步的介绍。

6.1 近代的机构运动学研究

在近代的机构学研究中，运动学的发展程度最高。一方面，由欧拉开创，由法国理论运动学学派和德国学派所继承，开展了理论运动学的研究。另一方面，在两次工业革命中，开始对当时已得到较多应用的连杆机构、凸轮机构、间歇运动机构、机械传动机构进行了全面的研究，既研究了分析，也研究了设计，较好地满足了当时时代的需要。结合这些研究形成了以布尔梅斯特为代表的几何学派和以契贝雪夫为代表的代数学派。

6.1.1 理论运动学研究的开创与发展

理论运动学(theoretical kinematics)，也可称为运动几何学(kinematic geometry)。我们已经了解了19世纪30年代在法国出现的理论运动学学派。实际上，关于理论运动学的研究开始得更早[WD]。

远在英国工业革命之前，自达·芬奇以后，机器的使用就已有所增加，如钟表、(瓦特时代以前的)蒸汽机、印刷机、针织机等。牛顿力学出现的推动力虽然首先来自天文学，但牛顿力学出现后，运动着的已远不仅仅是天体，人们身边的运动也越来越多、越来越快。于是，以牛顿力学为基础，以机器为背景，在力学界关于运动的研究越来越多。力学家们研究的是从实际应用中抽象出来的力学问题，他们一般并没有结合哪一个具体对象进行研究，这就是理论运动学研究。今天，我们称理论运动学是机构学的经典理论，但在当时，它绝对在力学的框架之中。

安培给出"kinematics"这一命名(这个词就代表着,它是力学的一个分支),其原因之一就是看到了理论运动学的成果。我怀疑光靠查斯里等法国学者的资历还不够,因为安培1834年给出这一命名的时候,这些法国学者也才刚刚崭露头角。安培看到的理论运动学研究应该会更早,起码会关注到前1个世纪的欧拉和伯努利,这可是两个大人物。欧拉将一个平面运动看作是一个点的平动和绕该点的转动的叠加。这是很重要的、基础性的理论运动学观点。

18世纪理论运动学的代表人物有莫兹(最早的旋量概念[MG])、伯努利(最早的瞬心理论[BJ])和欧拉(曲率公式[EL])。19世纪是运动几何学理论的形成期,代表人物有萨弗里(Eular-Savary公式[SF])、柯西(A. Cauchy)(刚体平面运动瞬心线对滚[CA])、博比利尔(Bobillier定理[BE])、鲍尔(Ball点[BR])、布尔梅斯特(圆点曲线和中心点曲线[BL])等。20世纪前期,德国人穆勒(R. Müller)[MR]建立和完善了平面运动几何学的经典曲率理论。再往后,就进入现代机构学的发展时期了。

6.1.2 连杆机构

连杆机构是一种最基本的机构,只用几个构件,就能实现复杂的运动。虽然古代早就开始使用连杆机构,但是,19世纪才是它的黄金时代。当时工业革命中发明的很多新机器都是以连杆机构作为主机构的,如牛头刨床(1836年)、颚式破碎机(1858年)、曲柄压力机(19世纪末叶)、自动机床、计算机械、各种液压机构等。同时由于控制蒸汽机的需要,在连杆机构的运动学和设计方面出现了大量的研究[HR]。即使在现代教科书中的连杆机构实例,也有很多是那个时代的作品。除了四杆机构之外,六杆、八杆等多杆机构也有所应用。但是,在当时,除了内燃机等少数应用场合之外,连杆机构的速度还不高。连杆机构的高速化是在"二战"以后才出现的。

1. 连杆机构的3大综合问题

在使用连杆机构的热潮中出现了3大综合问题:实现点的特定轨迹的综合、实现杆的特定位置的综合和实现特定函数的综合。这些问题的解法已经反映在现代教科书中。

由欧拉和布尔梅斯特等建立的平面运动几何学的经典理论为平面连杆机构的综合奠定了理论基础。

1) 实现点的特定轨迹的综合问题

这类问题也被称为轨迹创成问题。瓦特是实现点的特定轨迹综合的先驱[ZC1]。为了引导活塞作直线运动,他曾经用经验性的方法设计了如图6.1所示

的机构,被称为瓦特机构。后来,曲柄滑块机构的
专利保护期结束,瓦特机构并未在蒸汽机上付诸
使用。瓦特很为这个直线运动机构而自豪,趣称
这是他的最高成就。契贝雪夫也曾痴迷于此。和
瓦特大体同时期的一些发明家(不一定是专职的
机构学家)也曾设计过不同的实现近似直线运动
的机构。

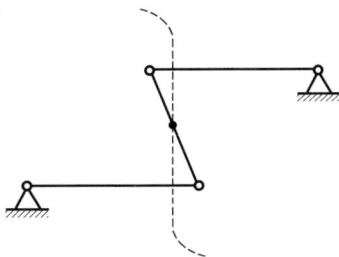

图 6.1　瓦特机构

　　从 18 世纪下半叶开始,人们热衷于使用连杆
机构实现特定轨迹有这样两个背景:①当时铣床还没有被发明出来,要制造出间
隙很小的高质量的移动副并非易事;②在没有数控机床的时代,人们可以用这种
方法实现对异形零件的加工。除了实现近似直线运动以外,实现近似圆弧和其他
形状的曲线运动的机构也有所应用。

　　这种实际应用要求建立相关的理论和设计资料。英国学者罗伯茨和俄国学者
契贝雪夫分别在 1875 年和 1878 年独立地证明了:一条连杆曲线可以分别由 3 个
不同的铰链四杆机构来生成。这在今天被称为 Roberts-Chebyshev 定理[HJ2]。此
外,还专门有人编制了四杆机构的连杆曲线图册,可以供设计时的方案初选之
用[HJ1]。文献[NH1]和文献[NH2]对轨迹综合的历史作了详细的介绍。

　　在现代,也仍有不少这类应用,如蟹爪式装载机等。

　　2) 实现杆的特定位置的综合问题

　　这类问题也被称为刚体导引问题,也有很多应用实例。例如,图 6.2 所示的铸
造造型机中的砂箱翻转机构[SY3],若点 C 绕点 D 转动到点 C',点 B 绕点 A 转动到
点 B',即可实现砂箱从位置Ⅰ运动到位置
Ⅱ,并实现翻转。

　　3) 实现特定函数的综合问题

　　这类问题也被称为函数创成问题,它
来源于仪表和计算机构。例如,可用一个
曲柄摇杆机构的曲柄转角作为自变量,而
摇杆的转角作为函数(图 6.3)。曾有研究
尝试用这类机构实现近似的平方计算、反
比例计算和对数函数计算。由于电子技术
的发展,在现代,这类应用已极少见了。

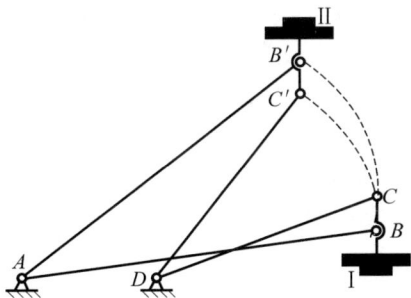

图 6.2　砂箱翻转机构

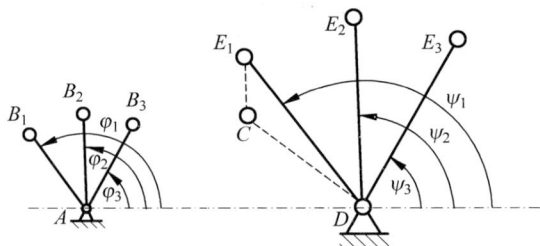

图 6.3　实现特定函数的综合问题

2. 平面连杆机构综合的布尔梅斯特理论

上述的(2)和(3)两个问题可以被归并为一个问题。如砂箱翻转机构,可以认为是实现砂箱(连杆)在固定平面中的两个分离位置的问题;而函数生成机构可以认为是将曲柄 AB 所在平面视为参考系时,实现杆 DE(原来的摇杆,现在的连杆)的数个分离位置的问题。

布尔梅斯特将这两类问题归纳为这样一个数学问题:平面图形在其所在平面中运动时的有限个分离位置。这是运动几何学中一个崭新的内容。

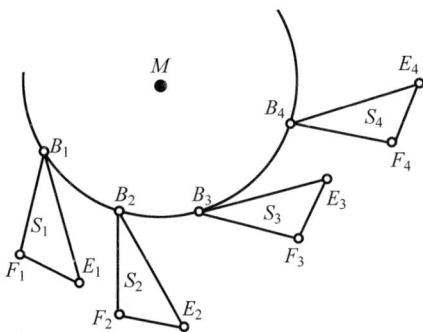

图 6.4　布尔梅斯特理论

为研究此问题,布尔梅斯特定义了两条重要的曲线——圆点曲线和中心点曲线。图 6.4 中,通过 3 个同样的平面图形上的任意一点,如 B_1、B_2、B_3,总是可以作出一个圆通过这 3 个点。如果是 4 个这样的图形就没有这样简单了。但是,布尔梅斯特指出,在这个图形上总能找到这样的一些点,如点 B_4,使 B_1、B_2、B_3、B_4 可以同在一个圆上。平面图形上这样的点的集合形成一条曲线,布尔梅斯特称其为圆点曲线;对应于圆点曲线上的每一个点,不难找出对应的圆心 M,这些圆心 M 的集合即被称为中心点曲线。不难理解,这个平面图形所代表的构件,如果将其固定铰链选在中心点曲线上,另一个铰链选在圆点曲线上对应的点处,就能实现这 4 个有限分离位置。布尔梅斯特对 5 个和 6 个分离位置的情况也进行了讨论。在此理论的基础上,布尔梅斯特建立了机构运动学综合的几何方法(图解法)[BL,AI1]。在 19 世纪末叶和 20 世纪上半叶,有数名德国机构学家(见6.4.1节表6.1)沿着布尔梅斯特开辟的道路应用并完善了运动学综合的几何方法。几何方法形象直观,在设计简单机构时不失为一种简便可行的方法,但对某些应用场合,其精度显然不够,也还存在着绘图可能超出纸面范围的问题。"二战"后,德国和苏联的一些学者用解析法研究布尔梅斯特理论,为后来在计算机上使用布尔梅斯特方法奠定了基础,克服了几何方法(图解法)的不足[AI1]。

布尔梅斯特理论属于运动几何学的重要组成部分,在20世纪50年代美国学派崛起之前,他提出的图解法几乎就是解决平面连杆机构综合问题的唯一方法。布尔梅斯特理论是机构学宝贵的理论遗产,在今天的德国、美国和中国的多部机构学专著中还能找到对该理论的长篇介绍[LK,SG1,HJ3]。

6.1.3　凸轮机构和间歇运动机构

1. 凸轮机构的演进

虽然古代中国和西亚都很早就应用了凸轮(见2.6.5节),但关于凸轮机构的理论研究却出现得很晚。例如,压力角的概念直到1829年才由德国人舒伯特(A. Schubert)提出[AJ]。

19世纪末叶自动机床被发明;同时由于轻工业的发展,各种自动化机械相继出现。这一时期,还没有"机电一体化"的概念,自动化是靠纯机械的方法实现的,凸轮机构是其中的重要角色。例如,在19世纪70年代出现的自动车床中,纵切刀具和横切刀具的运动都是由凸轮控制的。在自动机床中有一根分配轴(图1.2),它是机床的灵魂,发明人斯潘塞称其为"大脑轴"。随着分配轴的转动,其上的多个凸轮指挥着各个机构和部件按所设计的运动规律运动。

但是当时自动车床中的凸轮机构一般速度并不高。凸轮机构更重要的发展背景是它在内燃机和各种轻工业自动化机械中的应用。进入20世纪以后,内燃机速度的不断提高始终是凸轮动力学和凸轮设计发展的直接推动力(图6.5)。

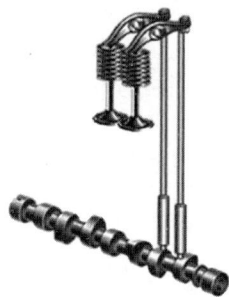

图6.5　四缸内燃机中的配气凸轮机构

2. 凸轮机构的力分析

凸轮机构的力分析早在19世纪末叶就伴随着内燃机的发展而出现了。力分析的主要目的是:①确定凸轮表面的接触力和从动件系统的受力,以便进行强度校核;②判断从动件是否会跳离凸轮,正确地进行闭锁弹簧的设计。但是,早期的这种力分析还停留在静力分析和动态静力分析的水平上。

在 20 世纪上半叶,凸轮的运转速度还不是很高。凸轮设计采用的是静态设计方法。在静态设计方法中,存在着两个基本假定:① 忽略系统中的弹性,凸轮机构被看成是一个刚性系统;②主动构件——凸轮做等速回转运动。在这样的假定条件下,可以认为从动件是完全依照选择或设计的运动规律来运动的。

3. 近代凸轮机构从动件运动规律

早期的凸轮设计者主要依靠经验和样机试验进行设计。那个时代还没有能精确加工凸轮曲线的数控机床。凸轮廓线的确定主要依靠图解方法而不是解析方法。

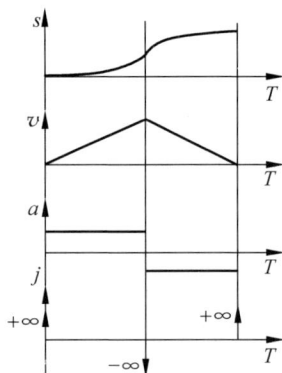

图 6.6 抛物线运动规律的位移、
速度、加速度和跃度

当时,设计者仅从运动学角度来选择或设计从动件的运动规律和凸轮廓线,很少提及动力学概念。即使考虑到动力学,也只是在选择运动规律时注意一下加速度峰值,因为它代表着惯性载荷理论值的大小。那时,完全没有认识到加速度在一个运动周期中的变化情况对动力学的影响。因此,具有最小的加速度峰值的从动件运动规律——抛物线运动规律(教科书中也称其为"等加速等减速运动规律")曾被认为是一个很好的运动规律而得到广泛应用。抛物线运动规律的加速度会产生突变,跃度会出现无穷大值(图 6.6),因此易于引起振动;而当时的人们对这一点还全无认识[PG]。

20 世纪初,内燃机转速飙升。自 20 年代起,美国、苏联、日本等国都有凸轮方面的专著和研究报告问世,一般都与内燃机配气机构相关,但还没有人计入系统弹性的影响。凸轮机构动力学的真正发展是 40—50 年代的事了(见 11.1 节)。

4. 间歇运动机构

最早开始使用的间歇运动机构是棘轮机构,但它只能用在速度很低的情况下。后来槽轮机构得到广泛应用,在国外文献中它常被称为日内瓦机构(Geneva mechanism),这是因为它是由瑞士制表中心日内瓦的一个钟表匠发明的。槽轮机构还被应用于电影放映机中,带动胶片作步进运动,如图 6.7 所示。它也被广泛应用于机床和轻工机械中,来产生多工位工作台的间歇转动。当设计槽轮机构时,在分度数确定以后,动停比(运动时间和停歇时间的比值)也随之确定而不能改变,这是槽轮机构的突出缺点。此外,虽然它的振动和噪声比棘轮机构小,但槽轮在启动和停止的瞬间加速度变化大、冲击大,因此仍不适用于高速情况下。

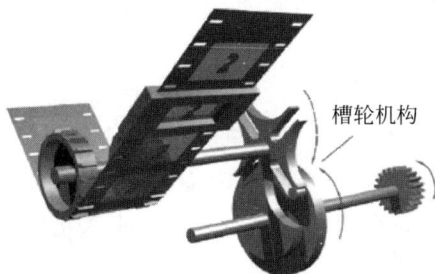

图 6.7　电影放映机中的槽轮机构

"二战"以后,高速间歇机构已多采用分度凸轮机构(见 11.1 节)。

6.1.4　机械传动机构

机械传动包括齿轮传动、蜗杆传动、链传动与带传动、无级变速器等。这些传动形式在近代均已发展得比较成熟。

1. 齿轮传动

齿轮传动是应用最为普遍的机械传动,它在两次工业革命期间取得了巨大的进步。

(1) 理论方面的发展。1733 年,法国数学家加缪首次提出了著名的齿轮啮合定律(见 3.4.2 节)。1765 年,欧拉提出使用渐开线齿廓(见 3.4.2 节)。1841 年,英国学者威利斯指出了渐开线齿轮的可分性,推动了渐开线齿廓的广泛使用(见 4.3 节)。1842 年,法国学者奥利佛建立了齿轮啮合的几何理论(见 4.2.3 节)。1887 年,俄国学者郭赫曼建立了齿轮啮合的解析理论(见 5.3.3 节)。

(2) 应用方面的发展。齿轮传动被应用于大型发电机组、大型轮船、各种金属切削机床,然后是汽车和飞机。齿轮的载荷和速度都被大幅提高。

(3) 齿轮类型的发展。为适应机器速度的提高和载荷的增加,平行轴传动由直齿轮发展到斜齿轮和人字齿轮。1880 年,德国出现了第一个行星齿轮传动的专利。1916—1927 年间,美国格里森(Gleason)公司开发出螺旋锥齿轮和双曲线齿轮,应用在汽车后桥中。

(4) 设计方法的发展。为适应载荷的增大,1893 年,美国学者路易斯(W. Lewis)提出了基于悬臂梁的轮齿弯曲应力计算公式。1908 年,德国学者威德基(E. Videky)基于赫兹理论建立了齿面接触应力计算公式[ZC1]。1899 年,德国人拉斯克(O. Lasche)首次使用了变位齿轮[XZ]。

（5）加工方法的发展。为适应齿轮速度和载荷的增大,要求提高齿轮的加工精度,在 19 世纪与 20 世纪之交,出现了基于范成法原理的滚齿加工、插齿加工和磨齿加工。

（6）动力学研究的起步。随着齿轮速度的增加,振动问题引起了学界和工业界的注意。20 世纪 30 年代,美国机械工程师协会(ASME)组织了以白金汉(E. Buckingham)为首的研究组,开始对齿轮传动的振动问题进行研究[BE2,BE3]。但是,齿轮传动的动力学研究直到"二战"后才真正走入正轨[ZC1]。

经过这样的发展,渐开线齿轮获得了广泛的应用。虽然后来出现了一些新的齿形和新的传动方式,但渐开线齿轮传动始终占据着统治地位。

2. 蜗杆传动

长久以来,关于蜗杆传动的起源问题,找不到太多参考资料(可参看 2.5.1 节)。

随着工业革命时期压力机、电梯和旋转工作台的出现,蜗杆传动获得了广泛的应用。在采用范成法原理的齿轮加工机床中,联系刀具和工件的传动链中有精度要求很高的蜗杆传动。

19 世纪末,由于电梯等机器大功率传动的需要,提高蜗杆传动的承载能力和寿命一时间成为了被关注的焦点。各种新型蜗杆传动,如双包络蜗杆传动、渐开线蜗杆传动先后出现[ZC1]。

3. 链传动与带传动

1770 年,法国人沃康松(J. Vaucanson)发明了近代的链传动。1880 年,瑞士工程师莱诺(H. Renold)将已有的销轴链和滚子链改进为现在广泛使用的套筒滚子链,1885 年,他又发明了齿形链。链传动的进步恰与内燃机的发展同步,当时最重要的链传动就是内燃机中驱动汽门凸轮的正时链。1917 年,美国人盖茨(J. Gates)发明了 V 形带。

4. 无级变速器

19 世纪末,无级变速器(continuously variable transmission,CVT)随着汽车的发展而出现。这是因为若依靠无级变速器来实现汽车的各种速度,可以使发动机燃烧得最好、排气污染最小。进入 20 世纪后,实现工业化生产的无级变速器已不下二三十种。

6.2　近代的机构结构学研究

6.2.1　两大学派初步奠定机构结构学的基础

1841 年,距离安培的命名只有 7 年,英国机构学家威利斯就发出了建立机构结构学的呼吁(详见 4.3 节)。威利斯不满足于安培的命名。他是呼吁建立机构结构学和机构设计系统化方法的第一人。

在此后的几十年里,近代的机构结构学研究奠定了机构学作为一门独立学科的基础。关键人物有两位:德国学者雷罗和俄国学者阿苏尔。在第 5 章已经对他们的贡献进行了介绍,而且在机械原理教科书中也都有较详细的介绍,所以在本节中只做一些补充。

雷罗在 1875 年发表了《理论运动学》[RF]一书,他提出了今天被称为"运动副"和"运动链"的概念。现在,机构学的研究对象可概括为:由"运动副"与"构件"组成的、被约束的、又具有确定运动的多体系统。因此,雷罗引入的这两个概念,将众多的不同形式的机械抽象为由"运动副"与"构件"组成的"运动链",是机构结构学的早期表述,也为机构学成为一门独立学科奠定了基础。

1958 年,在雷罗工作的基础上,弗兰克(R. Franke)出版了《机构结构学》[FR],该书对给定的创新构思无遗漏地罗列出了所有方案,这是连杆机构型综合理论的早期形态。

为了能够评价各种可能的机构类型,很重要的一点是要建立一个适当的数学模型。雷罗对机构的分类是基于所用的运动副的类型,这一做法到今天也还在使用。但是,他借用了类似于化学中表达元素和化合物的符号来表达机构系统,这在后来的机构型综合中并没有被采用。他还提出了描述各类机构拓扑结构的简洁的符号表示法,并说明它可用来进行机构的分类,甚至进而发明新机构。弗兰克开发出了一个简洁的图解表达方案——弗兰克标记法(Franke's notation)[FR]。1966 年有人以它为基础开发出了一种结构综合方法[DH1]。

俄国学者阿苏尔在 1913—1914 年提出的机构组成和分类的理论[AL]是机构学史上第一个机构结构组成理论,在世界的机构结构学发展史中占有重要地位。今天,虽然在现代机构学的发展中又出现了新的结构学理论,但是阿苏尔的理论仍然没有失去价值。

阿苏尔杆组理论可用于:①机构的分类、结构分析与综合;②任何一个机构可分解为它所包含的若干个阿苏尔杆组,阿苏尔杆组是静定的,机构的运动学和动力学分析可依次转化为对这些阿苏尔杆组的运动学和动力学分析,且每个阿苏尔杆组可独立求解;③阿苏尔杆组与运动分析方法之间有着内在联系,如对阿苏尔三级组进行运动分析的阿苏尔点法。

在现代,一些学者提出,机构结构学"要揭示机构的结构组成规律,机构的拓扑结构特征,以及它们与机构运动学、动力学特性之间的内在联系"[YT]。近代的机构结构学研究还比较粗浅,至于说到建立"与机构运动学、动力学特性之间的内在联系",如果说在近代有谁在这方面做到了一些的话,那就是阿苏尔。阿苏尔杆组在力学上是静定的,这就使得它可以在机构的运动分析和力分析中发挥作用。一直到现代,应用计算机所编制的运动分析程序中还应用了阿苏尔杆组的原理[SC2]。

阿尔托包列夫斯基虽然根据阿苏尔的理论提出了机构分类的方法,但是仅涉及了二级组的5种型的运动分析和力计算,三级组以上的机构研究得不多。中国学者曹惟庆教授在阿苏尔理论的基础上,提出了平面杆组的型转化理论,其意图是将杆组再分解归纳为最基本的结构形式,为机构的组成、运动学和动力学提供一个研究的体系[CW]。

当然,雷罗和阿苏尔的成果只是近代的成果,机构结构学更大的发展是在现代。

6.2.2　关于机构自由度问题的早期研究

机构的自由度当然是机构结构学中的重要问题之一。笔者在这个问题上想多用一些笔墨。

众所周知,机械原理教材中的自由度公式在西方被称为 Grübler-Kutzbach 公式(G-K 公式),但是笔者也在一些文献中多次见过另一种说法,称这个公式为 Chebyshev-Grübler-Kutzbach 公式。

在阿尔托包列夫斯基的机械原理教科书中[AI](中译本第 91 页)有以下一段文字:

"在一般情况下这种机构的结构公式为下面的形式:

$$w = 3n - 2p_5 - p_4$$

这公式是在 1869 年初次为俄国科学院院士契贝雪夫提出来的,所以称为契贝雪夫公式。"

阿尔托包列夫斯基的书中对这段文字未给出任何参考文献作为佐证。

后来,笔者在黄真教授的书中见到了不同的说法:

"最早触及这一问题的是俄国科学院院士契贝雪夫。他研究了平面铰链机构,给出了如下的公式：

$$3m - 2p = 1$$

式中，m 表示活动杆件的数目，p 表示运动副的数目。"[HZ]

这个公式当然还不能被称为机构的自由度公式，但是也正如黄真教授所指出的，"契贝雪夫用这个公式分析了自由度为 1 的平面铰链机构的结构条件"[HZ]。

再后来，笔者又读到了阿尔托包列夫斯基 1976 年在 IFToMM 大会上的发言[AI2]。他又提及了这个公式，但是，改嘴了："契贝雪夫找到了机构的杆件数目和运动副数目之间的解析关系，也即，他给出了机构结构学的基础。"[AI2]

阿尔托包列夫斯基的前半句不如黄真说得精准，后半句正确地肯定了契贝雪夫的贡献。应该说，契贝雪夫给出的这个公式，离自由度公式已经很接近了。通俗些说，已经到了"窗户纸一捅就破"的程度。但很遗憾，契贝雪夫没有捅这一下。平面机构的自由度公式是由格吕布勒（M. Grübler）在 1917 年提出的[GM]，将此公式扩展到空间机构是由库茨巴赫（K. Kutzbach）在 1929 年完成的[KK]。因此，西方将自由度公式称为 Grübler-Kutzbach 公式（简称为 G-K 公式），并无不妥。

G-K 公式已成为所有教科书都要介绍的自由度公式。然而，在机构学的发展历程中，该公式虽然成功地计算出了许多机构的自由度，但是，也会不时地发现，它在计算某些机构的自由度时，得不到正确的结果。特别是"二战"以后机构学的研究对象出现了很多变化，一些空间机构、多环机构、多自由度机构、过约束机构大量出现，这更凸显了 G-K 公式的局限性。到了现代，自由度问题成为机构学界一个持久的研究热点（见 9.3.1 节、9.4.10 节、10.3.4 节）。

6.3　近代的机械动力学研究

6.3.1　关于机构动力学、机械动力学等不同称谓

对于机构中动力学领域的研究，文献中多将其纳入"机器动力学"或"机械动力学"两个术语之下；也有使用"机构动力学"一词的，但较少。这个术语应该走向统一。笔者在这里谈一下个人之管见，试图为这个术语的统一做一点努力。

实际上，最早提及"机构动力学"的正是阿尔托包列夫斯基。而动力学的研究一般，或多数情况下，要针对包含原动机的系统。这种系统一般称为机器或机械系统。

"机构动力学"的研究一般包括如下问题：①机构的力分析（包括求出原动机的驱动力矩）；②机构的平衡；③机构的振动（或机构的弹性动力学）。在不使用"机

构动力学"这一术语的文献中,这3个问题都被涵盖在"机械动力学"的名下。

机构动力学是机械动力学的一个分支。本节中谈动力学问题,用"机械动力学"代替"机构动力学"做标题更准确一些。例如,正动力学必须将原动机考虑进去,这就不是一个单纯的机构动力学问题了。但机械动力学是一个十分宽广的领域,如转子动力学、车辆动力学等都包含其中。本节中所称的"机械动力学"仅局限在机构、机器人以及简单机械系统的动力学。

6.3.2　机械动力学发展的力学理论准备

牛顿之后,对经典力学作出重大贡献的是3位科学家——欧拉、达朗贝尔和拉格朗日,他们为机械动力学的发展奠定了力学理论基础。

在机器发展的早期,速度不高,构件的惯性力可以忽略不计,故可将机器作为刚体系统,采用静力分析方法进行分析。

1743年,法国数学家、力学家达朗贝尔将静力学中研究平衡的方法与牛顿第二定律相结合,计入惯性力,形成了以达朗贝尔原理为基础的动态静力分析方法(在现代也常被称为逆动力学)。1760—1765年,瑞士数学家、力学家欧拉导出了描述刚体绕定点转动的动力学方程,从而将牛顿第二定律从质点扩展到刚体,奠定了刚体动力学的基础。18世纪,随着机器的迅速发展,迫切要求对受约束的机械系统进行分析。1788年,法国数学家、力学家拉格朗日成功地将力学理论与数学分析方法结合起来,导出了形式极为简明的动力学方程——拉格朗日方程。这是经典力学发展历程中的一个里程碑。19世纪,机械的速度有所提高,德国学派建立了机构力分析的图解方法(第3章)。法国力学家彭赛利(J-V Poncelet)等建立了机器动力学的一般方程(第4章)。

在机械的过渡历程中,会产生较大的动载荷;此外,启动和制动所需要的时间也常常是人们感兴趣的问题。这就需要了解机器的真实运动,出现了动力分析方法(在现代更多地被称为正动力学)。近代的机械动力分析有很大的局限性:正动力学的求解基本未能解决。

从20世纪初开始,内燃机速度的提高,使得机构惯性负载的平衡问题变得突出起来。比较简单的振动力平衡问题是首先被研究的课题。完全平衡的基本理论和方法虽然已有进展,但为了避免加很大的配重,研究的重点转向了部分平衡。

随后出现的蒸汽锤和颚式破碎机等机器,工作负载变化很大,导致在运转中会产生很大的速率波动,严重地影响了纺纱机等机器的工作质量。瓦特使用了飞轮,发明了离心调速器,以减小速率波动。

6.3.3　机械动力学分析方法的早期发展

在本节中将粗略地描绘一下机械动力学早期发展的轨迹。

机器要运动,要传递力和力矩,因此,最先发展起来的是机构的运动分析方法和机器的静力分析方法。在机器发展的早期,速度不高,构件的惯性力可以忽略不计;制造零件的材质也较差,为保证强度,构件的截面不能太小,因此构件的刚度较大。在这种背景下,将机器和构件作为刚体系统,用静力分析(static analysis)方法是完全可行的。

各构件之间相互作用力的大小和变化规律是设计运动副的结构、分析支承和构件的承载能力,以及选择合理润滑方法的依据。

各构件的惯性力(或惯性力矩)与原动构件转速的平方成正比。随着速度的提高,惯性负载不能再被忽略。19世纪,力学中的达朗贝尔原理被应用到机械的力分析中来,形成了动态静力分析(kineto-static analysis)方法,即已知作用于机构上的外力,求施加于原动构件上的平衡力(或平衡力矩)和各运动副中的约束反力。作为选择原动机功率和计算构件强度的依据,这一分析方法在现代更多地被称为逆动力学(inverse dynamics)。德国学派建立了机构力分析的系统的图解方法。维登鲍尔(F. Wittenbauer)于1923年出版的《图解动力学》[WF]是德国学派动力学方面的代表性著作。

19世纪上半叶,一些科学家成功地开展了机器动力学的研究,代表人物有法国力学家、数学家彭赛利等(详见4.3节)。

茹科夫斯基(Н. Жуковский)、密尔查洛夫(Н. Мерцалов)等俄国学者在机械动力学方面的研究起步比德国学派更早。密尔查洛夫在1914年就出版了世界上第一本《机构动力学》教材[AI],但是关于此书的详情没有找到更多的信息。

俄苏学者在机械系统动力学方面作出了重要贡献。若仅仅是为确定原动机的功率或进行飞轮设计的需要,则只需知道应加于原动构件上的平衡力(或平衡力矩),而不需要求出约束反力。如果用前述的动态静力分析方法,则无法回避各运动副间的反力,这会增加很大的工作量。茹科夫斯基是俄国力学家、机械学专家,也是宇航事业的先驱。1911年,他根据虚位移原理提出了利用机构的速度多边形直接求出平衡力(或平衡力矩)的方法,即所谓的"茹科夫斯基杠杆法"[AI]。在没有计算机的时代,这一方法极大地简化了力分析,因而具有重要意义。

设计飞轮需要了解机器的真实运动。在机器的过渡历程——启动阶段和停车阶段,会产生较大的动载荷。在进行机械零部件的强度计算时,需要知道这一动载荷。对启动频繁的机器,启动和制动所需要的时间也常常是人们感兴趣的问题。

这些都需要了解机器的真实运动。动力分析(dynamic analysis)方法的研究因此被提上日程(这一分析方法在现代更多地被称为正动力学,direct dynamics)。

如果只是进行速度波动的分析和飞轮设计,一般不需要求出真实的运动副约束反力,最好的力学工具就是拉格朗日方程。但是在差动轮系、五杆机构和机器人这些多自由度机构出现之前,一般的机械系统都是由一个原动机驱动的单自由度系统。对单自由度系统,现在的机械原理教科书中采用的等效力学模型(等效构件、等效力和等效力矩、等效质量和等效转动惯量)实质上就是拉格朗日方程在单自由度机械系统中的应用。这种等效力学模型最早是由俄国学者列黎赫(K. Peрих)在1916年提出的[AI]。

6.3.4　早期分析方法的局限性：正动力学的欠缺

应该指出的是,近代在机械动力分析领域取得的进展有很大的局限性。

到20世纪50年代时,机械动力分析方面的研究工作几乎停顿。当时的研究主要局限于动态静力分析,或称为逆动力学问题——根据系统的运动确定驱动力矩和约束反力,而且,逆动力学的计算基本依赖图解方法。那时所有的英文教科书中完全没有提到如何求解正动力学问题——根据作用力确定系统运动的实际步骤[SJ2]。

只有一个例外,但当时还不太为人所知,这就是埃克斯尔吉安(R. Eksergian)在1930—1931年发表的连载文章,他在文中用分析力学方法对机器进行了正动力学分析。那时还没有计算机,这迫使埃克斯尔吉安在求解的很多中间步骤中都依靠图解方法,这是十分烦琐的。但是他的求解思路在计算机时代得到复活,他对这一领域的贡献也得到了肯定[SJ2]。

直至20世纪50年代,还不能很容易地计算机器的暂态运动,而不得不满足于在安装飞轮情况下的稳态运动。因而,实际上不可能精确地估计在不稳定运动状态下机械部件中的应力和轴承力,这就无法进行真正的动态设计,而不得不经过设计、制造、实验、再设计这样的循环,从而拉长了新机器的开发周期。

在这一时期,苏联在解决正动力学问题方面却走在了英语国家的前面。密尔查洛夫和阿尔托包列夫斯基的著作中都讨论了机组在外力作用下的真实运动问题[AI]。1964年,苏联出版了济诺维也夫(B. Зиновьев)和别松诺夫(A. Бессонов)的著作《机组动力学基础》[ZW],其中引用了作者自己的和阿尔托包列夫斯基的文献,它们多是20世纪50年代和60年代初期发表的。但是,苏联学者的这些研究局限于外力和系统等效转动惯量的少数几种便于求解的组合情况,虽然包含了一些常用的组合情况,但不具有普遍性。这部著作从出版时间上看虽已进入了现代机构学时期,但分析、计算方法都还属于近代时期。

正动力学问题在当时无法取得进展的困难在于:这种问题需要求解高度非线性的微分方程组。而另一方面,动态静力分析则只需要求解代数方程组,因此可以用图解方法来求解。

6.3.5 机械动力学综合方法的早期发展

动力学研究的早期还没有采用"动力学综合"这个术语。为了对近代和现代的分析和综合进行同样分类,笔者在讲述近代时也借用了"动力学综合"这个现代术语。

1. 关于机构平衡的研究

除了转子的平衡之外,蒸汽机,特别是内燃机的出现和速度的提高使得作往复运动的活塞引起的振动、噪声和磨损问题也变得突出起来。这就将机构惯性负载平衡问题的研究提到了日程上。

在机构运动过程中,由于运动构件周期性变化的惯性力和惯性力矩的作用,机构传给机座一个振动力(shaking force)和一个振动力矩(shaking moment)。机构的平衡就是通过构件质量再分配等方法消除(完全平衡)或减小(部分平衡)作用于机座上的动载荷。笔者在拙作[ZC3]中使用了这样一个提法:"机构平衡问题,在本质上是一种以动态静力分析为基础的动力学综合,或动力学设计。"

关于机构平衡的研究是从 20 世纪初开始的,那正是内燃机速度提升最快的时期。首先研究的是比较简单的振动力平衡问题。德国人费舍尔(O. Fischer)是现在已知的研究机构平衡理论的第一人。1902 年,他就提出了现已众所周知的著名结论:机构振动力完全平衡的充分必要条件是机构运动构件的总质心保持不动[AV1,FO]。他还提出了分析振动力完全平衡的"主矢量法"。

但是,费舍尔关于完全平衡的观点似乎只如火光之一闪,关于平衡的研究随后却转入了对振动力部分平衡的研究,它成为"二战"以前平衡研究的主流方向。关于完全平衡的研究一直到 20 世纪 40 年代才旧事重提。这是因为,从 20 世纪初开始至 30 年代,内燃机的转速从 1000r/min 迅速提升到 3400r/min。在当时,内燃机的平衡成为了压倒一切的课题,曲柄滑块机构成为平衡研究的主要对象。显然,此时人们已经知道,要完全平衡曲柄滑块机构的振动力,需要加很大的配重——这是转向部分平衡研究的主要原因。

内燃机平衡的主要方法是基于谐波分析的方法。在这一时期发表了很多文献,文献中包含各种类型的发动机曲柄滑块机构的谐波分析和平衡问题的研究[AV1]。不平衡惯性力被分解为傅里叶级数。通过平衡惯性力的一次谐波来实现惯性效应的消减。这种方法得到了广泛应用,因为它可以通过在曲柄上安装旋转的平衡配重来实现一阶振动力的平衡。为解决由二次谐波产生的不平衡,工程师们成功地应用了"兰彻斯特平衡器"(Lanchester balancer)[LF2]。著名汽车工程师兰彻斯特(F. Lanchester)提出的原理是经典性的,直到今天仍然具有实际意义。在现代汽车中,平衡二阶谐波的设计原理与当初的兰彻斯特平衡器是一样的。

近百年来关于内燃机平衡方法的基本思想沿用至今并无本质性的变化。单缸和多缸、直线排列和星形排列的发动机的动平衡问题,至今仍是美国机械原理教科书中的内容。

一般连杆机构的完全平衡,作为一个理论问题,直到 20 世纪 60 年代才得到解决(详见 11.1.2 节)。

2. 速度波动调节理论的发展

蒸汽机出现以后,为适应大型构件锻造的需要,1842 年出现了蒸汽锤。1856年出现了颚式破碎机。19 世纪末叶,以电为动力的压力机快速发展起来。这类机械的工作负载变化很大,导致其在运转中会产生很大的速度波动。同时,由于工作负载变化很大,用峰值负载来选择原动机容量也很不合理。

速度波动还严重地影响着纺纱机、发电机和精密机床的工作质量。运动副中产生的附加动压力,会引起系统的振动,降低机械工作的精度和可靠性。

在蒸汽推动力作用下,即使有多个汽缸并列,曲柄的转动也不是一个等速回转运动。1781 年,瓦特为了增加输出轴的惯性,使其回转运动更加均匀,在输出轴上加装了一个飞轮。由于对传统机构的这一重大革新,瓦特的这种蒸汽机才真正成为能带动各种工作机的原动机。飞轮虽不是瓦特发明的,但近代关于飞轮的研究和应用可认为是由他开始的。

对于非周期性的速度调节,则以瓦特发明的离心调速器(图 6.8)为代表。1788 年,瓦特获得了调速器和节气阀的专利,最终完成了蒸汽机发明的全过程。调速器是蒸汽机能够普及应用的关键因素之一,人们只有能自由地控制蒸汽机的速度,才能使其应用于火车和轮船。调速器是人类应用最早的自动调节装置。

用飞轮和调速器调节机械的速度,德国学者[LK]和苏联学者[ZW]都进行了研究。在德国的教科书中将机构的平衡问题称为"质量平衡"问题,而将速度调节问题称为"功率平衡"问题。

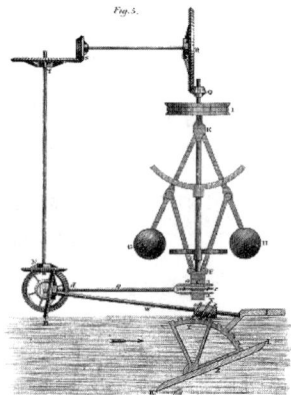

图 6.8　瓦特的离心调速器

6.4 近代机构学小结

6.4.1 近代的机构发明和机构学发展大事记

近代的机构发明和机构学发展大事记见表 6.1。

表 6.1 近代的机构发明和机构学发展大事记

年代	国家	人物	贡　献
15 世纪末叶—16 世纪初叶	意大利	Leonardo da Vinci	提出许多机构和机器的概念性构思,如车床、镗床、无级变速器、直升机、机器人等。当今最常用的许多机构在他的时代已经被知晓
1674	(不详)	Roemer	首次展示了外摆线轮齿的优势*
1675	荷兰	C. Huygens	
1694	法国	P. D. L. Hire	首次提出用摆线作为轮齿的齿廓曲线
1733	法国	M. Camus	提出齿轮啮合基本定律
1742	瑞士	J. Bernoulli	发现了速度瞬心
1763	意大利	G. Mozzi	提出瞬时螺旋轴的存在
1765	瑞士	L. Euler	首次提出使用渐开线作为齿轮的齿廓曲线[EL,KT]
18 世纪末叶	英国	J. Watt	发明蒸汽机、瓦特机构、离心调速器
1806	法国	G. Monge	在巴黎技术学院决定开设机构方面的课程
1808	法国	P. Lanz 和 A. Betancourt	发表论文讨论机器的组成
1811	法国	J. Hachette	出版教科书讨论机构
1826	法国	J-V Poncelet	首次提出把位移与力的投影之积称为"功"
	英国	C. Babbage	首次提出一个连杆机构的功能和几何关系的完整符号表达
1829	德国	A. Schubert	引入了凸轮压力角的概念
1834	法国	A-M Ampère	将机构运动学命名为"kinematics"
19 世纪上半叶	法国	J-V Poncelet	研究了计入驱动力、阻力、惯性力和重力的机器动力学。开设了"应用于机械的力学课程",在机械工程史上具有重要意义
1829—1862	法国	M. Chasles、E. Bobillier、E. Savary、T. Olivier、A. Resal 等	以查斯里为首的法国理论运动学学派活跃时期。研究了旋转瞬时中心、轨迹的曲率中心、欧拉-萨弗里公式、共轭曲面生成等问题。1862 年 A. Resal 的著作《纯运动学》是法国理论运动学学派的理论总结[RA]

续表

年代	国家	人物	贡　献
1840	意大利	M. Chasles	严格地证明了莫兹提出的螺旋轴的存在
1841	英国	R. Willis	出版著作 *Principles of Mechanism* [WR]。他在该书中呼吁建立机构学(mechanism,而不是 kinematics)
1842	法国	U. Olivier	建立齿轮啮合的几何理论
1840s—1870s	俄国	P. Chebyshev	致力于连杆机构综合的代数方法的研究
1854	俄国	A. Yershov	出版了俄国第一本机械原理教科书
19 世纪前期与中期	德国 德国 法国	J. Weissbach F. Redtenbacher J-V Poncelet	拿破仑战争后出现将工程科学应用于机器分析与设计的热潮。出版著作,涉及机器设计、机构运动学和动力学等稍宽泛的领域。雷腾巴赫尔在德国进行机械工程教育的改革
1872	德国	S. Aronhold	发现三心定理
1875	德国	F. Reuleaux	出版《理论运动学》[RF],建立德国机构学学派
1875	英国	S. Roberts	各自独立地证明了 Roberts-Chebyshev 定理[HK]:一条连杆曲线可以由 3 个不同的铰链四杆机构来生成
1878	俄国	P. Chebyshev	
1883	德国	F . Grashof	提出铰链四杆机构的曲柄存在条件
1886	英国	A. Kennedy	独立发现三心定理
1887	俄国	C. Gochman	建立齿轮啮合的解析理论
1888	德国	L. Burmester	出版《理论运动学》[BL],建立德国运动几何学学派
1890s—1950s	德国	G. Alt、R. Kraus、W. Lichtenheldt、R. Beyer 等	基于布尔梅斯特理论进行连杆机构运动学综合的研究。1953 年,R. Beyer 出版《机构运动学综合》,这是布尔梅斯特学派的总结性专著[BR1]
1900	爱尔兰	R. Ball	出版《螺旋理论》[BR]
1916	俄国	L. Assur	提出俄国学派的机构组成和分类的理论[AL]
1917	德国	M. Grübler	提出平面机构自由度公式[GM]
1929	德国	K. Kutzbach	将自由度公式扩展到空间机构[KK]
1958	德国	R. Franke	以雷罗的理论为基础,撰写并出版了《机构结构学》[FR]

注:本表中部分内容引自文献[AJ]。

* 不同文献中表述不同。

我们用了 4 章(第 3～6 章)来讲述机构学在近代的发展,其中最重要的时期当然是 19 世纪。此处引用哈顿伯格(Hartenberg)和丹纳维特(Denavit)在 1964 年所说的一段话作为小结[HR]:

19 世纪,"是机构学形成时期的终结,在这个时期中,发现了许多的原理,建立了多种分析方法,并打开了通往综合的道路。这些思想的后续发展将不再局限于欧洲,其所涉及的领域会是如此之广,只用一个简短的概述是说不清楚的……要正确地评价许多从事机构学学术研究并为之作出贡献的人,关于机构学的这个完整的故事,还没有写出来"。

6.4.2　机械传动日益发展成一个独立领域

应该指出的是,机械传动机构主要是用来改变机器速度的,而连杆机构主要是改变运动形式的。

机械传动比连杆、凸轮机构的使用量更大,提高其承载能力、减小其尺寸、延长其寿命等方面的要求比其他机构更为迫切。

在机械传动中涉及的问题也比一般的机构更为广泛。以齿轮机构为例,齿轮的材料和热处理、失效形式、强度计算、加工方法都是重要的研究内容。在其他机构中虽然也要考虑这些问题,但其研究远没有在机械传动中那样深入和细致。在这种情况下,机械传动涉及的知识领域和连杆、凸轮等机构涉及的知识领域的重合度就会越来越小。

这两个领域的研究论文还可能同时出现在一次学术会议里,但机械传动领域单独举行自己学术会议的情况却越来越多。连杆机构和齿轮传动作为同一本书中的内容,一般只是出现在大学的教科书中和机械设计手册中。机械传动脱离机构学领域而独立的倾向已越来越明朗。因此,在本书后半部论及现代机构学的发展时,就不再提及机械传动领域的新发展了。

第7章

现代机构学发展的背景和概况

经历了两次世界大战后,世界进入现代。从 20 世纪 50 年代中期开始,机构学的发展进入了现代机构学阶段。

两次工业革命对近代机构学的发展起到了巨大的推动作用。要了解现代机构学的发展,也要先对时代的大背景有一个概括的了解。

7.1 第三次科技革命概述

20 世纪 40 年代末期,"二战"的硝烟刚刚散去,在全球范围内就兴起了第三次科技革命。这次科技革命无论从涉及的领域和卷入的地域方面,还是从变革的深度和对现实与未来的影响方面,都是前所未有的。

关于这次科技革命的背景,应该了解 4 件大事:新的科学革命、"二战"的催生作用、战后的世界和平,以及新时期的哲学进展。它们是这次科技革命发生的前提和重要条件。

7.1.1 新的科学革命

在第一次工业革命之前,发生过第一次科学革命,经典力学的创立是那次科学革命中最重要的内容。在第二次工业革命之前,发生过第二次科学革命,电磁学理论的出现是那次科学革命中最重要的内容。在第三次科技革命之前当然也应该有一次科学革命,这就是 19 世纪末 20 世纪初兴起的新物理学革命[ZC1]。在这次物理学革命中,发现了电子、放射性现象和激光,建立了相对论、量子力学和原子核物理学。新物理学革命为后续的科技革命奠定了科学基础。没有新物理学革命,又何谈激光加工、核能技术、航天器和电子计算机?许多著作(包括本书)都将"二战"结束作为现代时期的开端,也有的论者则以新物理学革命作为现代时期的开端。

新物理学革命的代表人物是提出相对论的爱因斯坦(A. Einstein,1879—1955,图7.1)和提出量子论的普朗克(M. Planck,1858—1947)等。

但是,这次科学革命和技术革命从时间上并没有直接连接起来,它们被两次世界大战隔断了。好像是为了弥补这个不足,在"二战"后,科学(如计算机科学、控制理论等)和技术再次一起发展,且联系得更为紧密。这应该就是这次革命被称为"科技革命"的原因。

图7.1　爱因斯坦

7.1.2　"二战"催生了第三次科技革命

如果说,前两次技术革命分别是蒸汽动力革命和电气动力革命,那么这次科技革命则是一次信息化革命。第三次科技革命以信息技术为统领,涉及原子能技术、航天技术、新能源技术、新材料技术、生物技术和海洋技术等诸多领域。

无论是对正义的一方,还是对非正义的一方,科技都是战争的重要基础。第三次科技革命的科学基础和技术雏形虽然早在"二战"前的和平时期就已经孕育,但是如果没有"二战"中军事需求的推动,一些新技术就不会出现并得到迅速发展。战争的双方都发展了火箭技术,原子能技术的出现是为了遏制纳粹的需要,计算机的出现是为了解决核裂变和弹道的计算的需要(尽管第一台电子通用计算机建成已是1946年,没有赶上在"二战"中应用)。计算机技术、原子能技术、航天技术正是这次科技革命的核心领域。因此,从某种意义上说,正是"二战",催生了第三次科技革命。[PS,CB]

一般认为,第三次科技革命是在20世纪40—50年代发展起来的,最早的就是计算机技术和原子能技术。1946年,人类历史上的第一台电子通用计算机ENIAC在美国研制成功。有的文献就将这一事件作为第三次科技革命的起点。

7.1.3　战后的世界和平

"二战"后,由于当时许多社会矛盾还没有解决,发生过多次局部战争。虽然这些战争有时很激烈,但多数在时间上比较短暂,在地域上也局限在一个不大的范围,卷入的国家一般也不多。由于世界对全面战争的恐惧,以及人民维护世界和平的巨大努力,近80年来,世界在大范围内维持了和平的局面。

和平的环境有利于经济和科技的发展,有利于激烈的、正当的竞争。在和平的环境下,人们才有精力和财力去探索未知世界,才有条件开展大型的全球科研合作。经济的发展、生活水平的提高刺激了人们的欲望,使他们对产品提出了更高、更全面的要求。这也是持久地推动技术不断更新、提高的最主要的社会原因。

7.1.4　新时期的哲学进展

20 世纪 40 年代末期诞生的信息论、控制论和系统论,是新时期的哲学进展,在中国被称为"老三论"。在机器的分析中,把一个部件或机器,甚至一个复杂的机电液耦合系统当作一个整体,建立其数学模型进行动力学分析——这在现代看来已经太普通、太广泛了,其理论源头则出自系统论的思想。信息论则指导了信息技术的发展,而信息技术又对新时期的机械制造、机械测试的发展有极大的影响。控制论与机械制造和机器人的密切关系则更是毋庸置疑。20 世纪 70 年代前后,又诞生了耗散结构论、协同论和突变论等新三论。后来,又出现了"系统科学"的提法,将运筹学和非线性科学都包含在内。所有这些理论都为后续的科技革命提供了新的世界观和方法论[QL]。

7.1.5　与机械工程相关的技术与理论领域的进步

1. 与机械工程相关的技术领域的主要进步

在第三次科技革命中,对机械工程发展推动最大的相关技术领域,就是电子技术、计算机技术、控制技术、信息技术和传感器技术领域,这几个领域各自都有一个为时不短的进步过程,最后,与机械工程汇聚,形成了新学科——机械电子工程(图 7.2)。这个新学科的出现极大地改变了机械工程的面貌。没有机械电子工程,就没有机器人,现代机构学也就绝不会是现在的样子。

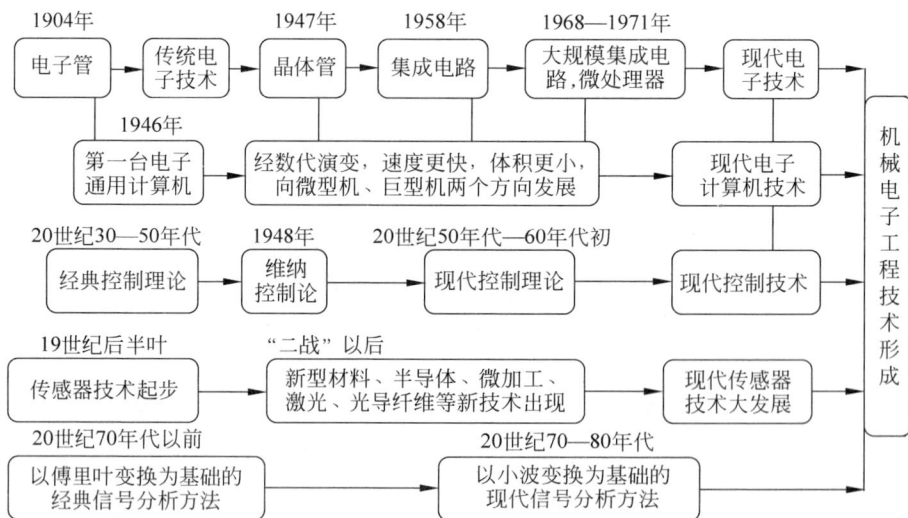

图 7.2　机械电子工程技术的形成

除此以外,如下几项技术进步对机械工程也有巨大的影响:

(1) 在人工智能领域,出现了符号运算、专家系统和人工神经网络,它们早已应用于机构学和机械设计领域。

(2) 网络技术把世界连成一体,使资本、技术、知识和信息在全球得以迅速地流通和交流,成为工作和生活中不可或缺的工具。网络协同设计和网络协同制造得到发展。

(3) 各种新型材料和新型能源的出现,给机械设计带来了新的选择可能和新的问题。

(4) 航天事业的发展,需要发展新型的航天器;海洋工程、新型能源领域的发展,需要发展相关的机器人装备等。所有这些,都对机器人机构学、机构动力学的发展有巨大的推动作用。

2. 与机械工程相关的基础理论的主要进步

机械工程,特别是机构学的发展得到了数学、力学等基础理论的新的、巨大的支持:

(1) 多体动力学的诞生,为机构和机器的建模提供了强有力的、崭新的力学理论。

(2) 出现了以数学规划法为基础的优化方法,并被广泛地应用于机构综合中。

(3) 数值计算方法取得巨大进步,微分方程的数值求解方法、有限元法和边界元法已得到广泛的应用。

(4) 振动理论取得新进展,连续系统振动、随机振动和非线性振动的理论取得进展,且均已被应用到机械动力学中。

7.1.6 机器人的诞生和发展

在 7.1.5 节中介绍的是与机械工程相关的技术与理论领域的进步,它们的影响固然很大,但对现代机构学影响最大的,当属机器人的诞生和发展。

现在,机器人不仅被用于工业生产,而且被广泛地用于对外空间和深海的科学探索,以及服务、助残等人类生活的各个方面。

机器人的兴起给机构学领域带来了巨大的冲击和发展。机器人学和机构学交叉,形成了机器人机构学。几十年来,这个交叉领域一直在扩大。相当多的从事传统机构学研究的学者转到了机器人机构学领域,使机构学领域的研究课题成倍地增多,难度也大为增加。机器人是将机构学从传统推向现代的最重要的力量,它使机构学更加绚丽多彩(详见 10.1 节)。

7.1.7　机械工程在新时期的地位

在近代的两次工业革命中,机械工程是主角和骨干。

"二战"后的这次科技革命是一次信息化革命,机械工程已不再处于它的核心位置,但在整个科技进步中仍然起着十分重要的作用,而且机械工业依然是国民经济的重要支柱。

科技革命带来了新的工业革命[RJ1,SK2]。学界对第三次科技革命和第三次工业革命的意见比较统一。但是对后续的第四次科技革命和工业革命,论著的数目就不那么多了,论者的意见也不那么一致了。本书中只简单提及第三次科技革命的概况,落脚点是它怎样影响了机械工程和现代机构学的发展。对于科技革命带来的工业革命,就不再涉及了。

受到计算机技术、控制技术和新材料技术的影响,机械设计技术和制造技术日益表现出高端化、综合化的趋势,对理论指导的需求远比前两次工业革命时期更为强烈。

在和平的环境中,高等教育、科学研究发展迅速。世界上出现了更多的研究型大学,实现了教育与科学研究的紧密结合。尤其是培养了大量博士生,他们是从事机械理论研究的生力军。

7.2　现代机构学发展概况

7.2.1　现代机构学发展的特征

现代科学技术的发展强烈地影响着新时期的机构学。与机构学初创时期相比,与德国学派、俄国学派两大学派的发展时期相比,现代机构学具有了完全不可同日而语的新的发展特征。

这背后,相关科技领域对机构学的发展施加了巨大的推动力。最突出的有两点:①电子计算机技术全面、广泛的应用;②机器人的诞生和发展。

现代机构学具有如下特征。

1. 全面依靠计算机辅助设计技术

20 世纪 50 年代中期,美国学者将计算机引入平面四杆机构的尺度综合。这在当时美国的机构学研究中掀起了一个巨大的进步的浪潮。这一事件被视为进入现代机构学阶段的标志。

计算机技术迅速、全面地应用于机构分析与综合的各个方面,包括数值计算、计算机制图、计算机公式推导以及机构设计的专家系统,而且全面渗入到运动学、动力学和结构学这3大分支领域的研究之中。

2．机器人机构学起到了巨大的引领作用

文献[DJ2]指出:由于研究经费的压力,20世纪末美国的机构学研究一度出现了队伍缩减的危机。笔者则推测,这种缩减是否主要是由分流造成的,即相当一批机构学家转向了机器人机构学的研究。2000年,考虑到这种情况,美国机械工程师学会(American Society of Mechanical Engineers,ASME)的"机构学双年会"改名为"机构学与机器人学双年会",克服了队伍缩减的危机。后来,于2005年又由双年会改为年会[DJ2]。

将机构学有力地拓展到机器人学这一重要的理论与应用领域后,机构学的内涵和外延都发生了很大的变化,并在21世纪初得以快速发展。研究的广度得到极大的扩展:从平面机构为主扩展到空间机构,从单自由度、单环的闭环机构扩展到多自由度、多环的开环机构。研究的深度得到极大的增加:推进了机构自由度问题的研究和解决,将拓扑结构综合推向更深,把控制引入了机构学,推进了机构运动学和动力学的发展(详见第10章、第11章)。

3．机构分析与综合的难度大为提升

机构类型的扩展,机构复杂程度的增大,使机的结构学、运动学、动力学的分析与综合难度陡然提升。机器人机构的拓扑结构综合、考虑构件弹性和运动副间隙的动力学分析与综合等,都要比传统的分析与综合难得多。即使过去看似简单的机构自由度计算,其最新的发展恐怕也远超一般的想象。

4．机构学的数学力学基础理论更加宽广坚实

在近代机构学阶段,德国学派主要用几何方法,俄国学派则主要用代数方法。他们所掌握的数学基础理论有限。在现代机构学阶段,则出现并使用了多种数学工具,如矩阵、四元数、图论、数学规划法、旋量理论等。其中有一些是新时期出现的,也有一些是古老的工具、全新的使用。弹性机构的动力学研究使得机构学与机械振动学的关系更为紧密。当基于数学规划法的优化技术刚刚出现时,它被应用的第一个试验场就是连杆机构的综合。20世纪60年代在力学领域发展起来的多体动力学,特别地适应了机器人机构学的发展。在美国出现的计算运动学(更恰当的名称应该是"计算机构学")在相当长时期内是美国机构学研究中最大的分支。

5. 出现多种新型机构

在现代机构学阶段,出现了多种新型机构,有不少新型机构是通过将构件、运动副和机构输入的广义化而实现的。

并联机构的使用大大地增加了。除了传统的刚性构件之外,把弹性构件、挠性构件、微小构件等概念引入机构之中,出现了弹性(elastic)机构、柔顺(compliant)机构、挠性(flexible)机构和微型机构等。在近代机构学中,运动副中的间隙是被忽略的;而在现代机构学中,则进行了含间隙机构的研究。除了原有的运动副外还引入了柔性铰链[ZH],柔性铰链在结构上是和构件一体化的。近代机构学研究的机构一般均为定速输入,而现代机构学研究的许多机构的输入常常是可变的,也因此被称为可控(controllable)机构。近年来又出现了机构拓扑结构可变、自由度数也可变的变胞(metamorphic)机构。

6. 关于机构与机器概念的再阐明

有一个问题需要再次加以阐明。机构与机器是两个概念,不应被混淆。机器人机构中广泛应用伺服电机驱动,使机构的运动具有了可控性。在进行机器人的运动分析和动力分析时需计入驱动元件的运动,这时进行的分析就是把机器人系统看成是一个"机器"在进行分析。但当进行拓扑结构分析时则不必计入驱动元件的运动,这时就是将其作为一个"机构"来研究。有的文献将输入运动可调整的机构称为"有源机构",似乎并不妥,因为传统机构的定速输入也是"有源"的。

这种情况在近代的机构学研究中是存在的,当研究机构的平衡时,可以称之为"机构动力学";但当研究速度波动时,就应该称之为"机器动力学"了。

机构和机器概念的这种混淆,主要出现在机器人机构大量出现之后。现在,并没有人要彻底修正"机构"这一概念,那么,笔者认为,还应该沿用传统的机构与机器的定义为好。

7.2.2　现代机构学研究的 3 大中心地区

在"二战"结束后的半个多世纪中,现代机构学蓬勃发展,世界上形成了机构学研究的 3 大中心地区:美国、欧洲和中国。

19 世纪末的新物理学革命发生在美国,"二战"以后的"老三论""新三论"等新的哲学理论都出现在美国,"二战"中的 3 大技术突破有两个(计算机、原子能)出现在美国。"二战"以后,美国的实力一家独大,成为一系列新的科技革命的长期领军者,机构学的中心也转移到了美国。现代机构学新的理论和方法、新的机构类型几乎都首先出现在美国。美国始终引领着现代机构学的发展潮流。

近代机构学的诞生地,蒙日、安培和雷罗建立了机构学学科、建立了它的 3 大分支的欧洲,曾经诞生了德国、俄国两大机构学学派的欧洲,依然是世界机构学发展的重要中心。当然,欧洲将数百年的领军者的地位让给了美国。而且,曾经繁荣一时的俄国学派的地位也大为降低了。

中国的机构学从 20 世纪 80 年代开始崛起,成为了一支新秀、一支劲旅,在现代机构学的许多领域都有良好的发展。中国机构学研究者的队伍庞大,在各种国际性机构学会议上,都有很多中国学者参会,有时甚至是参会人数最多的。无论是在传统的连杆机构、凸轮机构等领域,还是在机器人机构学、机构动力学等新兴领域,中国机构学都有不俗的表现。

现代世界的机构学形成了以美国为首,美、中、欧三足鼎立的繁荣局面。

7.2.3 现代机构学的国际组织与国际活动

1969 年,由苏联学者阿尔托包列夫斯基院士和美国学者克洛斯利(Erskine F. R. Crossley)教授发起,在波兰成立了国际机构学与机器科学联合会,英文名称为 International Federation for the Theory of Mechanisms and Machines,简称 IFToMM。1999 年更名为 International Federation for the Promotion of Mechanism and Machine Science,但简称仍为 IFToMM。目前它是机械工程领域最具权威性的国际学术组织之一。开始时只有以欧洲为主的 13 个国家参加,现在有 48 个国家或地区委员,主要集中在欧、美、亚几个大洲。

IFToMM 组织由全体大会(General Assembly)、执行委员会(Executive Council, EC)、永久委员会(Permanent Committee,PC)和技术委员会(Technical Committee, TC)组成。全体大会为最高机构,负责制定 IFToMM 政策。执委会由主席、副主席、秘书长、司库和 6 名会员组成。永久委员会有 4 个,分别为交流、出版和档案委员会,教育委员会,机构与机器科学史委员会和技术标准化委员会。技术委员会有 14 个,分别为生物机械技术委员会、计算运动学技术委员会、发动机与动力传动技术委员会、齿轮与传动技术委员会、联动和机械控制技术委员会、微机械技术委员会、多体动力学技术委员会、可靠性技术委员会、机器人与机电一体化技术委员会、转子动力学技术委员会、可持续能源系统技术委员会、运输机械技术委员会、摩擦学技术委员会、振动技术委员会。

IFToMM 的领导人(图 7.3)均为国际知名学者,历任主席的名单见表 7.1。现任主席是德国学者 A. Kecskemethy(参见 8.4.1 节)。

表 7.1　国际机器与机构理论联合会（IFToMM）历届主席

时　间	主　　席	时　间	主　　席
1969—1975	I. Artobolevsky（苏）	2000—2003	K. Waldron（美）
1975—1979	L. Maunder（英）	2004—2007	K. Waldron（美）
1979—1983	B. Roth（美）	2008—2011	M. Ceccarelli（意）
1984—1987	G. Bianchi（意）	2012—2015	Y. Nakamura（日）
1988—1991	G. Bianchi（意）	2016—2019	M. Ceccarelli（意）
1992—1995	A. Morecki（波）	2019—	A. Kecskemethy（德）
1996—1999	J. Angeles（加）		

　　中国学者黄田（天津大学教授）曾两度出任副主席。中国学者陈永（西南交通大学教授）、秦大同（重庆大学教授）、张宪民（华南理工大学教授）都曾任执行委员会委员。陆震（北京航空航天大学教授）曾任机构与机器科学史委员会副主席、机器人与机电一体化技术委员会委员。

I. Artobolevsky　　G. Bianchi　　K. Waldron　　M. Ceccarelli　　A. Kecskemethy

图 7.3　IFToMM 首任、曾任两届和现任的几位主席

　　在 4 个永久委员会中，中国学者参与较多的是技术标准化委员会。顾名思义，它要不定期地进行名词术语标准化的修订工作。中国最早出任该委员会委员的是蓝兆辉（福州大学教授）。后来，余跃庆（北京工业大学教授）也曾出任该委员会委员。2018 年，在福州大学承办的第 27 届技术标准化委员会工作会议上增补张俊（福州大学教授）为委员。蓝、余两位教授因年龄原因申请退休不再担任委员。在 2019 年波兰克拉科夫举办的 IFToMM 世界大会上，选举张俊为技术标准化委员会新一任主席。同时，刘婧芳（北京工业大学副教授）当选为委员。该委员会委员，主要负责机构学与机器科学领域名词术语的简体中文定义与诠释。目前 IFToMM 官方颁布的是 *Terminology for the Mechanism and Machine Science*。国内沿用的是这个版本的中文版《机构与机器科学词汇》（GB/T 10853—2008）。

　　此外，方一兵（中国科学院自然科学史研究所研究员）任机构与机器科学史永久委员会副主席；赵亚平（东北大学教授）任齿轮与传动技术委员会副主席。

　　国际机器与机构学理论世界大会（IFToMM World Congress）是 IFToMM 主

办的国际性顶级学术会议,是国际机器科学领域规模最大、最具权威的学术会议,每 4 年举办一次。

IFToMM 的永久委员会和技术委员会还举办各种专题的讨论会或学术报告会,如由机构与机器科学史永久委员会组织的机构学史研讨会,由各技术委员会组织的计算机构学、机械传动的应用、转子动力学、机器人、多体动力学等方面的学术报告会。此外,还有欧洲和亚洲的机构学地区性学术交流会。

由 ASME 召开的学术大会历来都是对全世界开放的,但其对论文的筛选更严格。

7.2.4　现代机构学相关领域的著名期刊

目前,国际机构学界公认的几个高水平核心期刊是: *Mechanism and Machine Theory*(MMT); *Transaction of ASME*, *Journal of Mechanical Design*(JMD); *Transaction of ASME*, *Journal of Mechanisms and Robotics*(JMR); *IEEE Transaction on Robotics*(TRO); *International Journal of Robotics Research*(IJRR)。

2009 年,为适应机器人机构学的并入,原有的 ASME 期刊 *Journal of Mechanical Design*(JMD)一分为二:JMD 和 JMR。多数国际期刊中都有中国学者担任副主编。

Mechanism and Machine Theory(MMT)是 IFToMM 组织主办的学术刊物。其首任主编是美国学者 F. Crossley 教授(见表 8.1、表 8.2),他也是 IFToMM 创建时期的副主席。

据统计[FP1],1990—2020 年的 30 年间,按在该刊登载的论文数目排序,排在前几位的国家(地区)的基本数据如表 7.2 所示。

表 7.2　1990—2020 年间在 MMT 期刊上发表论文最多的国家(地区)

排序	国家(地区)	在该刊发表的论文总数/篇	平均每篇文章被引用的次数/次	排序	国家(地区)	在该刊发表的论文总数/篇	平均每篇文章被引用的次数/次
1	中国	1145	26.90	5	中国台湾	262	25.67
2	美国	603	34.30	6	印度	235	37.83
3	加拿大	293	36.04	7	法国	207	35.30
4	意大利	263	32.52	8	英国	193	29.17

中国学者发表的文章数目是最多的,但应注意到:①中国机构学学者群体的人数远多于其他国家;②美国机构学学者更属意的刊物不是 MMT,而是 ASME 和 IEEE 属下的刊物。还应引起中国学者注意的是,我们的文章被引用的次数是相对较低的,即使在排名前 30 的国家中也是处在中下的位置。

第8章 现代机构学在美国和欧洲的发展

8.1 现代机构学在美国的创立

"二战"以前,德国学派和俄国学派主导了机构学的发展;"二战"以后,美国的经济实力和科技发展水平在世界上独占鳌头,机构学的研究中心也转移到了美国。

直到 20 世纪 50 年代,机构的运动分析和综合基本上仍限于德国学派的几何(图解)方法。俄国学派虽然建立了分析的代数方法,但在没有计算机的时代,它无法表现出强大的威力。

1954—1955 年间,在哥伦比亚大学刚完成其博士论文的美国青年学者弗洛丹斯坦发表了两篇关于平面四杆机构解析法综合的论文[FF1,FF2],他在两个方面站在了当时机构设计的最前列:①他建立了机构综合的解析方法;②他第一个使用了电子计算机进行机构综合。

1946 年,由美国宾夕法尼亚大学设计制造的人类历史上第一台电子通用计算机问世。20 世纪 50 年代中期弗洛丹斯坦就用计算机进行了机构学的计算,当时他使用的就是第一代的电子管计算机。笔者曾看到有的文献介绍,第一代电子管计算机只用于军事和原子能部门,看来这种说法并不准确。50 年代,数字计算机已经被引入了大学和工业部门。弗洛丹斯坦迅速登上了这辆快车,开辟了用计算机进行机构运动学综合的道路。

此后,他的学生桑多尔(G. Sandor)、罗兹(B. Roth)等许多学者继续开展了以解析方法为基础、以计算机上的数值计算为手段的尺度综合的研究。

可以认为,弗洛丹斯坦的工作即标志着现代机构学的诞生,标志着美国学派的诞生。弗洛丹斯坦成为美国学派的领军人物,并于 1972 年和 1978 年分别获得 ASME 的机械设计学术成就奖和机构学学术成就奖。

8.2　美国对现代机构学作出的主要贡献

美国学者对现代机构学作出了全面的、开创性的贡献，主要包括以下几个方面。

8.2.1　创立了基于计算机的分析与综合的现代解析方法

这是美国学派带给国际机构学界的第一个贡献。

弗洛丹斯坦的两篇论文，开辟了用计算机进行机构运动学综合的道路。这两篇论文标志着机构学美国学派的诞生，也标志着现代机构学的诞生。

很快，基于计算机的解析方法便占领了机构运动学领域，后来又占领了机械动力学，甚至机构结构学领域。不仅占领了分析领域，而且占领了综合领域。应该说，美国机构学界及时抓住了计算机开始在工程领域得以应用这一契机，让机构学这一传统学科迅速地跟上了时代发展的步伐。

8.2.2　创立了机器人机构学——现代机构学的最前沿领域

机器人在 20 世纪 40—50 年代出现在美国。机器人机构一般均由数个伺服电机驱动；有平面机构，但多为空间机构；有串联机构，也有并联机构；有单环机构，也有多环机构。其结构学、运动学和动力学的研究都比一般的平面机构难度更大。伴随着机器人的出现和迅速发展，机器人机构学也必须快速发展，才能为机器人的分析与设计提供理论依据。在美国，大量从事一般机构学研究的人员迅速转向机器人机构学领域。几十年来，机器人机构学的深入发展，对于整个机构学领域来说是一股强劲而持久的推动力。一方面，它极大地扩展、丰富了现代机构学所研究的机构的类型；另一方面，它极大地提升了机构学 3 大分支领域的研究水平。罗兹、达菲（Duffy）、K. Waldron 等美国机构学的领军人物都加入到机器人机构学的研究中。

8.2.3　开辟了现代机构动力学新的研究内容

随着机构的高速化、精密化和轻量化，美国开始拓展机构动力学，考虑构件和运动副的真实情况，即将构件作为弹性体，以及计入运动副间隙。20 世纪 50 年代，两名美国学者分别用理论和实验揭示了内燃机中凸轮机构的异常失效，从而使凸轮机构的动力学研究走上了正轨。齿轮机构的动力学、行星齿轮传动的动力学也都在 20 世纪中叶起步。20 世纪 70 年代初期，A. Erdman 等开始研究连杆机构的弹性动力学,后来一批机构学家加入这一潮流。沉寂已久的"机构动力学"一词重新被正名,"机构弹性动力学"成为机构动力学的一大分支。1971年,Dubowsky和弗洛丹斯坦发表了第一篇考虑了运动副间隙的连杆机构动力学问题的文章[DS]。机构平衡问题是一个古老的机构动力学问题,但是在新时期,在优化平衡和完全平衡等方面又有新的进步,其中,美国学者的贡献也是最大的(详见11.1.2节)。

20世纪60年代在力学领域发展起来的多体动力学,成为了机器人动力学研究的强劲工具。与此同时,困扰学界数十年的正动力学问题也迎刃而解。

8.2.4　创造和发掘了适用于机构学的多种新数学工具

美国的机构学中有"计算运动学"这样一个分支,它包含很多机构学中涉及计算的课题。从某角度来看,它也许是最大的一个分支。曾经有过这样的统计:在约半个世纪中(1961—2013年)美国国家自然科学基金支持的机构学项目中,与计算运动学相关的项目竟占了1/3[WG]!一些计算课题并不是由数学家,而是由机构学家自己解决的。这一分支中包含了太多的方法,涉及机构学的全部3个分支领域。在中国,张纪元、沈守范等学者曾称这一领域为"计算机构学"[ZJ],笔者认为这个名称比"计算运动学"更准确。

非线性规划、有限元方法和图论等也都是美国科学家开发的数学方法,它们有着更广泛的应用场合,也被分别应用到机构的优化设计和机构动力学的建模中来。

综上所述,美国现代机构学研究的主要特征是:

将机构学研究与计算机技术相结合,引入图论等新的数学工具描述机构的拓扑结构和运动,全面研究平面机构和空间机构的型综合、基于解析方法的运动学和动力学分析与综合,特别是通过机器人机构学全面地提升了机构学的研究水平。

半个多世纪以来,美国一直是世界机构学发展的主导力量。应该承认,如果现代机构学的创新点总数可以统计出来的话,美国机构学界会占一个很大的点数,也许是绝大多数。

8.3　美国机构学的主要代表人物

8.3.1　美国学派的创始人——弗洛丹斯坦

机构学美国学派的创始人弗洛丹斯坦(图8.1)是犹太裔。他10岁时(纳粹党迫害犹太人时期)即随双亲逃离德国;16岁时(1942年)随母亲去到美国。

弗洛丹斯坦除了开辟了机构的解析法综合和引入图论理论这两大贡献以外,

在齿轮五杆机构、球面机构、凸轮动力学、机构设计中的计算数学、新型机器人构型等 30 多个领域都曾有所贡献或涉猎[SG,EA2]。

1979 年,弗洛丹斯坦当选美国国家工程院院士。1991 年 7 月,为祝贺他的 65 岁诞辰,ASME 在美国明尼阿波利斯举行了纪念性的学术会议。会后,由近 80 位学者参与撰写并由 A.Erdman(图 8.2)担任主编,于 1993 年正式出版《四十年来现代运动学的发展》[EA2]一书。

图 8.1 弗洛丹斯坦

图 8.2 A.Erdman

2006—2007 年间,笔者在撰写另一本书时曾上网搜索关于他的信息,竟意外读到了他去世的讣告。

在美国机构学界,有不少人都趣称弗洛丹斯坦为 F^2(有的在论文中也这样直呼此名[EA,SG]),他本人也欣然接受。一些学术上的顶峰级别的人物,往往是很亲切随和的。这也是他们备受爱戴的原因之一。数次修改到这个地方,笔者总是情不自禁地联想到张启先先生。

在这一段的最后,笔者要指出:Erdman 主编的这本名为《四十年来现代运动学的发展》的书,其内容却不局限于运动学,不仅包含了从运动学到动力学、从型综合到创造性设计、从平面机构到空间机构的内容,还包括了凸轮机构、齿轮机构、弹性机构等。该书讲述范围十分广泛,实际上若称为"四十年来现代机构学的发展"似乎更名正言顺。对此,在 8.5 节中有进一步的讨论。

还应指出,纳入 Erdman 这本书中的,绝不仅仅是美国学者的贡献;欧洲、中国学者的贡献也都纳入了(当然,不一定很完整)。它有资格被称为"四十年来世界现代机构学的研究进展",而且,它对古代希腊、文艺复兴时期,以及机构学初创时期也都有一定的描述。

弗洛丹斯坦培养的多位博士成为美国机构学界的著名人物,例如 G.Sandor (1959 年博士,图 8.3)、罗兹(1962 年博士,图 8.4)和 A.T.Yang(1964 年博士)等。当代美国机构学的领军人物之一的 A.Erdman 已是他的隔代学生。罗兹是美国斯坦福大学的教授,世界著名的机构学家,曾任 IFToMM 主席(1979—1983),他对运动学、动力学、控制和计算机控制的机械设备的设计都作出了原创性的贡献。(关于他们的介绍详见表8.1和表8.2)。弗洛丹斯坦和他的学生共培养了近200位博士。这个学术家族共约500人,是美国机构学界的骨干力量。世界上100多所大学中都有这个学术家族的成员[SG,RB1]。

图 8.3　G. Sandor

图 8.4　罗兹

8.3.2　ASME 学术成就奖获得者

在美国现代机构学的发展中,出现了众多的著名人物。这些著名人物一般均出现在 ASME 的学术成就奖的颁奖名单中。

ASME 有两项学术成就奖与机构学有关:

(1) ASME 机构学与机器人学大会颁发的机构学与机器人学术成就奖(Mechanisms and Robotics Award),每届1人。他们多是某个领域的初创者或是在理论方面作出较大贡献者。表 8.1 中给出了历届获奖人,以及他们的主要研究领域和代表性的专著。

表 8.1　ASME Mechanisms ＆ Robotics Award 获奖者
（由机构学与机器人学大会颁发）

时间	获奖者	涉及的研究领域与专著
1974	**A. hall**	Tolerances and clearances；[HA1]
	R. Hartenberg	D-H matrix，multi-body system，precision point synthesis，symbolic notation，tolerance effects，kinematic synthesis，application of complex number，spatial linkages，computer engineering programs；[HR]
	J. Shigley	Computer engineering programs，topological synthesis，graph theory；[SJ1]

续表

时间	获奖者	涉及的研究领域与专著
1976	**F. Crossley**	Graph theory, spatial mechanisms, creative design, number synthesis; [CF1]
1978	**F. Freudenstein**	见 8.3.1 节
1980	**G. Sandor**	Planar curvature theory, optimization, function generation, selective precision synthesis, planar dynamics, elastodynamics, adjustable mechanism; [SG1]
1982	**B. Roth**	Modeling and vibration of cam system, continuation theory, curvature in spatial kinematics, multi-finger grasping, precition point synthesis, screw theory, spatial dimensional synthesis; [BO]
1984	**G. Lowen**	Balancing of linkages, elastodynamics, high speed dynamics
1986	K. Hunt(澳)	Kinematic geometry, kinematics of robot-arms, workspace, coupler curve, screw system; [HK]
1988	**A. Erdman**	Elastodynamics, type synthesis, kinematic synthesis, planar dynamics, sensibility synthesis; [EA2, SG1]
1990	**K. Waldron**	Overconstrained linkages, hybrid series-parallel manipulation, mobility of linkages, walking vehicles, three fingered manipulation; [WK]
1992	**J. Duffy**	Spatial linkages, parallel robot manipulators, robot hand, multi-fingered hand; [DJ8, DJ9]
1994	**A. Soni**	Type synthesis, coupler curves, mechanism synthesis and analysis, structural analysis and synthesis, intelligent mechanism, flexibility in manipulator, curvature theory; [SA]
1996	A. T. Yang	Spatial mechanisms, dual numbers, dual quaternions, epicyclic gears, spatial mechanisms, kinematic curvature theory
1998	A. Midha	Harmonic motion generation, mobility, synthesis of linkages, flexible cam mechanism, elastic machine system, parametric vibration stability, cam dynamics, elastodynamics of linkages
2000	**J. Angeles(加)**	Robotics, redundant manipulators, optimization, rigid-body guidance, Grashof's mobility criteria, path generator, spatial kinematic chains; [AJ1, AJ3]
2002	K. Gupta	Optimization in mechanism synthesis, spatial linkage synthesis, cam profile, bevel gear trains, robot kinematics, manipulator workspace, position analysis of manipulator
2004	**J. Uicker**	Equivalence of kinematic chains, displacement analysis, spatial mechanism, computer-aided design; [UJ]
2005	J. Davidson	Robot workspace, human-robot interaction, industrial manipulators; [DJ10]

时间	获奖者	涉及的研究领域与专著
2006	K. Kazerounian	Spatial linkages, inverse kinematics of robots, redundant manipulators, robot dynamics, computational kinematics
2007	C. Wampler	Redundant manipulators, kinematics of planar mechanisms, Dixon determinant, numerical continuation method
2008	**C. Gosselin(加)**	Workspace of manipulators, redundant manipulators, function generators, inverse dynamics, parallel manipulators; [KX, BL1]
2009	**L. Howell**	Compliant mechanisms; [HL, HL1]
2011	**J. McCarthy**	Synthesis of six-bar linkages, metamorphic linkages, curvature theory, spherical kinematics, differential kinematics; [MJ1, MJ2]
2012	V. Kumar	Workspace, kinematics of parallel manipulators, walking vehicles, motion planning, force analysis, multi-fingered and multi-legged robots
2013	**S. Dubowsky**	Clearances in mechanisms, flexible spatial linkages, application of FEM
2014	**G. Chirlkjian**	Robotics, applications of group theory; [CG, CG1]
2015	**J. S. Dai(戴建生)**	见表 8.2,也见 9.4.6 节和 9.5.1 节
2016	S. Agrawal	Seminal contributions to design of robotic exoskeletons for gait training of stroke patients

（2）ASME 的设计工程部（Design Engineering Division）颁发的机械设计学术成就奖（Machine Design Award），每届 1 人。该工程部覆盖了设计自动化、设计理论与方法论、机构学与机器人学、机电一体化等 16 个领域。表 8.2 中给出了其中机构学领域的获奖人，以及他们的主要贡献，包括在国际和国内组织中担任过的重要职务。

表 8.2　ASME Machine Design Award 获奖者
（由设计工程部颁发）

时间	获奖者	涉及的研究领域、贡献、代表性的专著
1968	C. Musser	他是广泛应用于机器人中的谐波齿轮传动的发明人,并建立了谐波驱动公司
1972	**F. Freudenstein**	美国现代机构学之父(详见 8.3.1 节)
1974	**A. Hall**	普渡大学(Purdue University)教授。1953—1962 年间,普渡大学与《机械设计》(*Machine Design*)期刊组织了 7 次机构学会议,直至 1964 年 ASME 接管会议。在组织这 7 次会议过程中,A. Hall 贡献很大。涉及的研究领域与专著见表 8.1
1975	**G. Sandor**	佛罗里达大学(University of Florida)教授。他提供了在连杆机构综合中应用数字计算的基础,在平面运动学中使用复数来表达向量。涉及的研究领域与专著表 8.1

续表

时间	获奖者	涉及的研究领域、贡献、代表性的专著
1976	C. Radcliffe	加利福尼亚大学伯克利分校(University of California, Berkeley)教授,被称为假肢生物力学之父。他制造出了"Radcliffe 膝",并在和人工腿部的配合方面作出了许多贡献。与苏(C. Suh)合作,出版了著名的研究生教材[SC2]
1982	D. Tesar	得克萨斯大学(University of Texas System)教授。他开始将机器人中的智能驱动器作为一个标准化驱动模块。他更完整地提出并使用了影响系数的概念,并发表数篇文章,影响系数的概念遂为美国学术界所周知。他还出版了凸轮系统的著名专著[TD]
1984	**B. Roth**	斯坦福大学(Stanford University)教授。世界著名的机构学家,曾任IFToMM 主席(1979—1983)。他对运动学、动力学、控制和计算机控制的机械设备的设计都作出了创始性的贡献。涉及的研究领域与专著见表 8.1
1985	**J. Shigley**	密歇根大学(University of Michigan)教授。出版了 8 本专著,包括《机械原理》《实用材料力学》《机械设计》等,被全球广泛引用;[SJ1]他还是《机器设计标准手册》(麦格劳-希尔公司 1986 年出版)的联合主编
1986	**A. Soni**	俄克拉荷马州立大学(Oklahoma State University)教授。在运动学、生物工程、制造和机器人学领域都做出了杰出的研究,曾出版专著[SA]。涉及的研究领域与专著见表 8.1
1987	**G. Lowen**	纽约市立学院(The City College of New York)教授。他还是美国陆军机械和军械安全装置设计方面的技术顾问。在平衡、动力学等多个领域都有所贡献。涉及的研究领域与专著见表 8.1
1988	**H. Mabie**	弗吉尼亚理工大学(Virginia Polytechnic Institute and State University)教授。他在运动学、齿轮和滚动轴承等方面作出了杰出贡献,出版了影响较大的机械原理教科书[MH]
1989	**A. Erdman**	明尼苏达大学(University of Minnesota)教授。美国机构弹性动力学领域的主将。1993 年主编了《四十年来现代运动学的发展》一书[EA2]。他创建了一个被广泛使用的机构设计软件包——LINKAGES,也是《机构设计:分析与综合》一书的作者之一[SG1]。涉及的研究领域与专著见表 8.1
1991	**F. Crossley**	耶鲁大学(Yale University)和佐治亚理工学院(Georgia Institute of Technology)教授。IFToMM 的第一任副主席,期刊 MMT 的第一任主编。他将图论引入机构学,出版了两部涉及动力学的著作[CF1,CF3]。涉及的研究领域与专著见表 8.1

续表

时间	获奖者	涉及的研究领域、贡献、代表性的专著
1992	E. Haug，Jr.	爱荷华大学（The University of Iowa）教授。曾任该校计算机辅助设计中心主任（1980—1995）和国家高级驾驶模拟器实验室主任（1992—1998），出版了影响较大的计算机辅助设计图书[HE1，HE2]
1994	**K. Waldron**	斯坦福大学（Stanford University）教授。曾任 IFToMM 主席（2000—2007），ASME 设计工程部主席，ASME《机械设计》期刊主编（1988—1992），涉及的研究领域与专著见表 8.1。1981 年（早于波士顿动力公司 20 多年），他在俄亥俄州立大学时和另一位教授合作打造了一款足式机器人，该机器人可以在坦克履带无法行进的地形中完成任务（详见第 10.1.1 节）
2000	**J. Duffy**	佛罗里达大学（University of Florida）教授。在空间机构分析方面作出了重大贡献
2001	**S. Dubowsky**	麻省理工学院（Massachusetts Institute of Technology）教授。他为机械手灵活性建模技术的发展以及优化和自学习的自适应控制程序的开发作出了重大贡献。涉及的研究领域与专著见表 8.1
2002	R. L. Norton	伍斯特理工学院（Worcester Polytechnic Institute）教授。他在消费品的设计和产品自动化制造的机械设计方面作出了重要贡献；[NR1]
2004	S. Kota	密歇根大学（University of Michigan）教授。他在仿生工程设计和柔顺机构领域作出了重要贡献，曾任白宫顾问（2010—2014）
2009	**J. McCarthy**	加利福尼亚大学欧文分校（University of California，Irvine）教授。他对机器人和机械系统的运动学理论、计算机辅助机构综合和机器人机构学的研究作出了杰出贡献，出版了多本著作[MJ1，MJ3]，涉及的研究领域与专著见表 8.1。他是《ASME 机械设计学报》的前任主编和《ASME 机构与机器人学报》的创始主编
2013	**C. Gosselin（加）**	加拿大拉瓦尔大学（Laval University）教授，加拿大皇家科学院院士，加拿大国家机器人与自动化领域研究主席。谷歌论文质量指标 h 因子为 90，在国际机构学界排名第一，且总被引次数在 3 万次以上。他曾担任《IEEE 机器人与自动化快报》和《ASME 机构与机器人学报》的副主编。涉及的研究领域与专著见表 8.1
2014	**L. Howell**	杨百翰大学（Brigham Young University）副校长、教授，曾任 ASME 机构与机器科学史委员会主席和 ASME《机械设计》的副主编。在柔顺机构和微型机构以及微机电系统方面有杰出的研究，涉及的研究领域与专著见表 8.1
2015	**J. Angeles（加）**	加拿大麦吉尔大学（McGill University）教授，IFToMM 前主席，加拿大工程院院士。他在动态静力学的各向同性、定性综合和基于模型的设计方法方面作出了杰出的贡献。涉及的研究领域与专著见表 8.1

续表

时间	获奖者	涉及的研究领域、贡献、代表性的专著
2018	**J. Uicker**	威斯康星大学麦迪逊分校（University of Wisconsin-Madison）教授。曾任 MMT 期刊的主编。他开发出了金属铸件凝固模拟的几何建模和计算机辅助设计技术[UJ1]
2019	**G. Chirikjian**	约翰斯·霍普金斯大学（Johns HopkinsUniversity）教授、新加坡国立大学（National University of Singapore）教授。他以在机器人的运动学和运动规划方面的工作而闻名，自 2005 年起担任 *Robotica* 的主编，出版了关于随机模型、信息论和李群方面的书籍[CG,CG1]。涉及的研究领域与专著见表 8.1
2020	**J. S. Dai（戴建生）**	英国皇家工程院院士（笔者注：他曾任英国伦敦国王学院教授，2022 年起任中国南方科技大学机器人研究院院长）。他建立了可重构机构领域的基本理论和技术，这是一个领先世界的创新和实践；他通过各种各样的活动将该领域的创新让全球学术界知晓，从而作出了卓越的贡献。他是著名的 ASME/IEEE 可重构机构与机器人国际系列会议（每 3 年 1 次，自 2009 年开始）的创始人。在过去的 20 年里，他在倡导机构和机器设计方面付出了巨大的努力，他倡导将美、欧、亚的机构学和机器人学团体联合起来，并通过他所创建的国际会议成功地实现了这种联合。他是 *Robotica* 期刊的主编和 MMT 期刊的主题编辑。他发表了 600 多篇论文，出版了 10 本书，其中包括具有里程碑意义的关于旋量理论的著作[DJ]。也见 9.4.6 节和 9.5.1 节

注：此表中第三列"涉及的研究领域、贡献、代表性的专著"中的许多文字参考了文献[FH1]中的叙述。

从表 8.1 和表 8.2 可以看出，机构学界有 30 余位学者曾获奖，有近 20 位学者（表中姓名用加粗字体表示者）这两个奖都获得了。两个表中，方括号中为获奖人的代表性专著的文献号。

"ASME 机构学与机器人学年会"是美国影响最大的机构学会议。欧美这些会议，特别是 ASME 的机构学会议具有很强的国际包容性，参加会议的学者不局限于美国人。尤其是，有些国家没有很大的机构学学者群体，这些学者经常来参加美国的机构学会议，例如加拿大的 J. Angeles 和澳大利亚的亨特（K. Hunt）。

还可以看出，ASME 奖项的获得者不一定都是美国学者，它还被颁发给了加拿大、澳大利亚和英国学者。获得 ASME 的奖项不会比获得其他国际奖项更容易。

美国机构学的部分代表人物还将在第 10 章和第 11 章中陆续介绍。

8.3.3　关于"学派"和"美国学派"

在本书中，从法国理论运动学学派开始，我们就使用了"学派"一词，后来又有了德国学派、俄国学派。我们也有节制地使用了"美国学派"一词。个中因由,要解释一下。

在科学理论研究中,对所研究问题的观点一致或相近的一群学者,通过不时地相互交流、切磋,推动学术的发展,他们就常被称为一个"学派"。学派一般有 3 个特征:①学派所研究的问题有一定的范围,不会、也不能过分扩大;②群体中对研究的主要问题的学术观点大体一致;③会产生一个领袖人物。法国学派研究的问题局限在理论运动学,德国学派和俄国学派研究的问题局限在机构结构学和运动学。学派内观点也基本一致,德国学派是采用几何方法研究机构运动学,俄国学派则采用代数方法。这 3 个学派都产生了领袖人物。

"美国学派"在形成之初就很自然地形成了以弗洛丹斯坦为领袖和以解析方法和计算机技术求解机构的运动分析与综合问题这样的共识。这和德国学派形成了对比,当然可以称为"美国学派"。但是后来,现代机构学在美国全面开花,机械动力学、机器人机构、微型机构、柔顺机构、拓扑结构学都繁荣发展起来,内部观点也不尽统一,就不好都纳入"美国学派"的名下了。因此,"美国学派"这个词,我们只用来描述美国在 20 世纪 50—70 年代机构学的部分发展,再往后就不大用了。同样的道理,我们可以肯定中国学者作出的很大贡献,但是也不好笼统地称为"中国学派"。

8.4　现代机构学在欧洲的发展

欧洲是机构学的发祥地。古希腊的科学萌芽,古罗马的技术发展,文艺复兴时期的达·芬奇、伽利略,牛顿的经典力学,英国的工业革命,法国、德国兴起的机构学,这都是一幅幅精彩的画卷,展现在世界机械工程的发展史上。

谈到现代机构学在欧洲的发展,有的国家落后了,但英、法、意、德等传统的工业化国家仍然紧跟着美国的脚步,他们作为一个整体,仍然与美国、中国形成鼎足之势。

从总体上看,中国学者主要还是重点关注着美国机构学,对欧洲机构学的了解较少。戴建生赴英国学习、工作以后,仍积极参与国内的机构学活动,这对中国机构学学者群体认识欧洲机构学的发展很有助力。

欧洲有欧洲机构科学会议(European Conference on Mechanism Science,EUCOMES)、机器人运动学新进展(Advances in Robot Kinematics,ARK)会议和计算运动学(Computational Kinematics,CK)会议 3 个主要的机构学学术会议[DJ2]。

8.4.1　欧洲现代机构学的代表人物

文献[CL1]中列出了 13 位欧洲机构学和机器人方面的重要专家，涉及法、意、德、英、奥、荷等国。笔者从中选择了一部分，又增加了几位，供读者一窥欧洲机构学的概貌。

1. V. Gough 和 D. Stewart

D. Stewart 这个名字大家并不陌生，长久以来被认为是 Stewart 平台的发明人[SD]（1965 年）。Stewart 发明它的主要目的是为飞行员驾驶模拟器提供一种主机构。但是，后来人们发现，V. Gough 有同样的发明，时间却要更早：1947 年开始制定方案，1955 年制造完成了基于这个平台的轮胎检测系统，1962 年又发表了论文[GV]。

这段公案，有的文献[BI,LG5]花了不少的文字加以介绍，这里就不更多地讨论了（实际上，在 Stewart 的论文[SD]中也已经提及了 Gough 的工作）。总之，这个平台确实应该改称为"Gough-Stewart 平台"（简称为 G-S 平台，图 8.5），如有的作者已经做的那样。笔者把这两个人排在前两位，是因为他们的贡献要早得多。这个机构的发明者可能没有想到，它会启发澳大利亚的亨特教授，让他提出"可以用来做机器人"。G-S 平台有资格被称为"No.1 并联机构"。

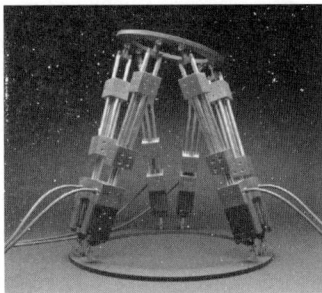

图 8.5　Gough-Stewart 平台

2. Marco Ceccarelli

Marco Ceccarelli 是意大利卡西诺大学（Università degli Studi di CASSINO）教授。他在许多国际学术组织中和重要期刊担任重要职务，曾任 IFToMM 机构与机器科学史委员会主席（1998—2004）、IFToMM 主席（见第 7 章）。他的研究范围十分广泛，包括陀螺动力学、机器理论、平面机构分析、机器人、机械工程史等。

3. Burkhard Corves

Burkhard Corves 是德国亚琛工业大学（RWTH Aachen University）教授，机构理论与机器动力学研究所所长。主要从事机构学理论与机电系统、机器人、振动理论和机械动力学的研究。21 世纪初曾任 IFToMM 德国区主席、IFToMM 连杆与凸轮机构技术委员会主席和 *Mechanism and Machine Theory* 期刊的副主编。

4. Jian S. Dai（戴建生）

他曾任英国伦敦国王学院（King's College London）机构学和机器人学首席教授，其间也曾在天津大学现代机构学与机器人学中心任兼职教授；现为深圳南方科技大学机器人研究院院长。他还曾任 ASME 的英国区主席，此外也在一系列国际学术组织和重要期刊中担任职务。2021 年他当选为英国皇家工程院院士。

英国皇家工程院专门给出了对戴建生院士的介绍，全文如下：

"戴建生教授对机械工程作出了开创性的贡献，最显著的是他对机构和机器人系统的基础理论、设计和应用作出了卓越贡献。

"他特别著名的是引入了变胞和可重构机构的概念，这些机构可以通过艺术折纸技术进行折叠和重新展开，以形成移动和多功能机械装备。这些机构中的许多已经被一些创业公司和主要行业推向商品化。他获得了 1974 年设立的机构学顶级奖'DED 机构学和机器人学终身成就奖'，也是 1958 年设立的整个机械工程领域最负盛名的'ASME 机械设计终身成就奖'的第 58 位获奖者。"

近 30 年来，他一直从事机构学和机器人机构学，特别是旋量理论等方面的研究，建立了融合旋量理论的李群、李代数的一体化机构理论，为机器人机构学提供了系统有效的数学工具和方法。他出版了多部专著并发表了 600 余篇学术论文（其中被 SCI 收录 400 余篇）。他和 J. Rees Jones 在 1998 年的 ASME 机构学与机器人学会议上宣读论文，提出了变胞机构（metamorphic mechanism），获得了该届会议的最佳论文奖，并为国际机构学界所瞩目。（关于戴建生教授和变胞机构，参见 9.3.2 节和 11.2.7 节。）

5. Grigore Gogu

Grigore Gogu 是法国克莱蒙费朗第二大学教授。他的研究方向包括机器人运动学和动力学、机构综合和奇异性分析、机构自由度和机构结构学、并联机器人等[GG1,GG2,GG3]。出版专著 4 部。

6. Jacques Hervé（图 8.6）

Jacques Hervé 是巴黎中央理工学院（Ecole Centrale Paris）教授。1978 年，他首次将李群理论应用于机器手的结构分析[HJ5]，后来又将其应用于结构综合[HJ6,HJ7]，并一直坚持这一方向的研究 20 余年，其研究成果受到国际机构学界的瞩目。

图 8.6　J. Hervé

7. Andrés Kecskeméthy

Andrés Kecskeméthy 是德国杜伊斯堡-埃森大学（University of Duisburg-Essen）的首席教授。他的研究方向十分广泛，包括多刚体系统运动学和动力学、生物力学、车辆系统动力学。发表学术论文约 400 篇。曾任著名的 MMT 期刊的主编。2019 年起担任 IFToMM 国际组织的主席（见 7.2.2 节）。

8. Teun Koetsier

Teun Koetsier 是荷兰阿姆斯特丹自由大学（Vrije University Amsterdam）教授，曾任 IFToMM 历史委员会主席和 IFToMM 执行委员会秘书。他在 2004 年获得了 IFToMM 卓越成就奖，以表彰他在机器和机构历史方面的工作。2019 年，他的著作《全球智能机器 GIM 的崛起》获得了 ASME 颁发的"工程师历史学家奖"。

9. K. Luck

K. Luck 是德国学者，曾任 IFToMM 连杆机构分会主席，是国际知名的老一辈机构学家。他和 K-H Modler 在 1990 年出版的机构学教材[LK]系统地总结和发展了布尔梅斯特开创的德累斯顿机构学学派的理论，是德国机械原理课程的著名教材之一。

10. Jean-Pierre Merlet（图 8.7）

Jean-Pierre Merlet 是法国国家信息与自动化研究所（INRIA）的高级科研人员，IFToMM 法国区主席。他的研究范围十分广泛，涉及区间分析、代数几何、机构理论、并联机构等。他从 1988 年就开始对并联机械手进行研究，涉及其控制、工作空间和奇异位形；2002 年出版了关于并联机器人研究的专著[MJ]。他曾获得 2011 年的 IFToMM 卓越成就奖。

图 8.7　J-P Merlet

8.4.2　欧洲现代机构学发展的主要特点

欧洲现代机构学的发展具有以下几个特点：

（1）欧洲现代机构学研究与欧洲近代机构学研究的特点有很大的不同。无论在全欧范围内，或者在一个国家的内部，都没有出现像近代那种影响很大的"学派"。有几个研究方向是由欧洲学者所开创的，有自己的特色。例如，创建 Gough-Stewart 平台、将李群应用于机构分析（J. Hervé）、创建可重构机构领域、将旋量理论与李群/李代数理论统一起来（Jian S. Dai），等等。但这样的方向并不是很多。更多的则是以个体或师生团队的方式对国际机构界的热点问题进行了独立的研究,参与了讨论。如在旋量在机构学中的应用(Dai)、并联机械手(Merlet)、自由度问题(Gogu)、机构结构学(Herve,Gogu)、机构运动学分析与综合等方面,欧洲学者都深入地参加了研究,并涌现出一批知名的学者。

(2)欧洲对并联机器人的研究强调注意新机构在工程实践中的应用。具有代表性的实例是瑞士和法国的并联机构研究应用于高速并联操作手,以及德国的并联机构研究应用于高精密度的并联机床。欧洲军方启动了仿生军用机器人、连续体及软体机器人的研究,许多一流大学都在参与[DJ2]。机构学家也注重机构学在医疗、康复和工程实践中的应用,如帮助轮椅爬楼梯或克服障碍的平面四杆机构和具有变胞手掌的多指机器手等[CL1]。

(3)由于历史传统,欧洲机构学界对理论运动学非常重视(理论运动学的先驱莫兹、查斯里、鲍尔等都是欧洲人)。由前南斯拉夫学者在 1988 年创办的"先进机器人运动学双年会"成为世界范围内研究机构理论和理论运动学的高级论坛。欧洲还主导了每 4 年 1 次的"计算运动学会议",也成为了国际上一个重要的理论研究论坛。

附录：编后随笔

关于机构学的英文名称

1834 年,安培给当时的机构学研究领域起了一个名称——kinematics。本书前面已经讨论过,安培所命名的应该是机构学下属的一个分支学科"机构运动学";到 19 世纪 70 年代,才由德国学者雷罗开始了机构结构学的研究,机构学才真正成为一门独立的学科。

但是国际学术界的认识似乎并不统一,具体表现在"机构学"的外文名称上的分歧。举几篇文献为例：

[WR] Willis R. *Principles of Mechanism*,1841.

(这是相当早的一本书,它用了 mechanism,而不用 kinematics,此书中有机构分类的讨论。)

[YA] Yershov A. *Foundation of Kinematics or Elementary Theory about Motion in General and about Mechanisms of Machines Especially*,1854.

(这本书书名很长,是俄国的第一本机械原理教科书。在文献[GA]中有原俄文版的照片,但书名不清晰。从这个书名中不难揣测到,kinematics 在这里是作"运动学"用的。)

[RF] Reuleaux F. *Theoretische Kinematik*,1875(英文翻译版：*The Kinematics of Machinery*,1876)

(这本书历来被译为"理论运动学",但其最重要的贡献是关于"机构结构学"的论述。这可能是因为,当时还没有"机构结构学"或"机构拓扑学"这样的术语。它的书名应该是沿着安培的命名拟定出来的。)

[BL] Burmester L. *Lehrbuch der* **Kinematik**. 1888.

(布尔梅斯特此书历来被译作"运动学教科书"或"理论运动学",它倒确实是真正的运动学。)

[BR1] Beyer R. **Kinematische** *Getriebesynthese*. 1953.(英文版:***Kinematic Synthesis of Mechanisms***).

(这个 kinematische 确实是个形容词,"运动的"或"运动学的"。)

[AI] Артоболевский *И.* ***Теория Механизмов и Машин***. 1953.(英译名:***Theory of Mechanisms and Machines***)

(从阿尔托包列夫斯基开始,俄国学派都用 Теория Механизмов и Машин 这个词组来表示机械原理了,他们不用 kinematics 来代表这么大的一个学科。在这个名称的基础上,产生了 IFToMM 的术语 TMM 和 MMS)。

从上述例子中可看出,多数作者还是把"kinematics"当作"运动学"来使用的。雷罗遵循着安培的命名,威利斯则不用安培的那个词,而俄国学派干脆沿着威利斯的路线另起炉灶了。

倒是现代的美国学派中的一些学者,他们更愿意用"kinematics":

(1)他们称雷罗为"father of kinematics"。

(2)他们称弗洛丹斯坦为"father of modern kinematics"。

(3)他们为弗洛丹斯坦祝寿后出版了一本反映弗洛丹斯坦和他学生研究成果的专著,叫

Modern Kinematics:*Developments in the Last Forty Years*[EA]。

这个"modern kinematics"都包括什么呢?除了包括运动学的内容外,它还包括 dynamics、elastic mechanisms、type synthesis 和 optimization,是名副其实的现代机构学。

美国学者在上述 3 例中就是把"kinematics"当作"机构学"来使用的。在美国,也有不少学者并不这样用。笔者举出几本书的书名,例如[EH,HA1,HR,SC2,SJ1,UJ,WC,WK]等。

可是在任何英汉字典中,"kinematics"都只有一个词义:运动学。所以,美国学者把"kinematics"当"机构学"使用,是不规范的。这是怎么回事呢?一种怀旧情绪?笔者由此猜测:一些美国学者是否还忠实地尊崇着安培的命名,把机构学就称为"kinematics"?笔者认为,IFToMM 是世界公认的学术组织,它还设立了专门的负责制定名词术语的委员会。机构学的英文名称还是应该都统一到 IFToMM 的 TMM 或 MMS 上去。

第9章

现代机构学在中国的
起步和发展

在古代中国,机器和机构的发明有着辉煌的成就。欧洲经历了文艺复兴运动以后,又陆续经过了一系列社会变革和两次工业革命的大发展;而此时的中国,由于明、清两代的闭关锁国、故步自封而日益落后。直到甲午战争以后,洋务运动兴起之时,中国才开始兴建铁路,建设机械制造工厂;到了19世纪末,才开始建立高等教育。但是,在整个近代,中国在机构学方面几乎完全是空白。

本章着重介绍中国现代机构学的发展,也涉及机械原理教学的概况。

9.1 中国机械原理教学和研究的起步

9.1.1 中国机械原理教学与研究的奠基人

1. 刘仙洲

中国机械原理课程的教学可追溯到刘仙洲先生(图9.1)。他1918年毕业于香港大学机械工程系。1924年,年仅34岁的刘仙洲就担任了中国近代第一所大学——北洋大学(现天津大学)的校长。1928年,他辞去校长职务。抗日战争时期则辗转于东北大学、唐山交通大学和西南联合大学等校任教。新中国成立后曾任清华大学副校长。

图9.1 刘仙洲

在北洋大学任教期间,刘仙洲就认为:中国工科高等教育带有浓厚的半殖民地色彩,大学教学中都采用外国教材,长此下去,我国学术永无独立之日。他发奋编写中文教材,教一门课,便写成一本教材,从《普通物理》《画法几何》到《机械原理》[LX1]《热机学》《热工学》等,编写了 15 本中文教材。他是中文版机械工程教材的奠基者,编写的《机械原理》教材长期广泛地被各院校使用,哺育了我国几代工程人才。当时,清华大学工学院院长顾毓琇先生为刘仙洲的教材撰写序言,评价他"于教学之暇,孜孜不倦,努力著述,将大学机械工程之课本一而再、再而三地贡献于国人",并表示了钦佩。

刘仙洲在编书过程中,深感我国机械名词的混乱,遂于 1932 年接受中国机械工程学会的委托,编订了《英汉对照机械工程名词》。刘仙洲教授还是中国机械工程史研究的开拓者,1961 年他完成了专著《中国机械工程发明史》第一编[LX]的初稿,并于 1962 年正式出版。1955 年当选中国科学院学部委员。

2. 张启先

张启先教授(图 9.2)1948 年毕业于厦门大学。1958 年在苏联列宁格勒大学留学,师从著名的李特文教授(见 5.3.4 节),1962 年获得技术科学副博士和博士学位。1978 年他成为中国机构学界的第一位博士生导师,1995 年当选中国工程院院士。早在 1962 年,他就开始了有自己特色的空间机构分析与综合的研究,1984 年写成专著《空间机构的分析与综合(上册)》[ZQ],对我国的空间机构学研究起到了奠基性的作用。张启先教授被公认为中国机构学研究的开创者。他毕生培养了 44 名博士和博士后,其中有 15 人成长为博士生导师。由于"文革"的影响,当时中国在机器人方面远远地落后于

图 9.2　张启先

世界水平。他敏感地预见到必须迅速跟踪这项技术[ZY](也参见 9.4.2 节)。他所创建的北京航空航天大学机构学研究团队半个世纪以来始终是中国最重要的机构学团队之一。

3. 机械原理教学与研究的其他老一辈带头人

中华人民共和国成立初期,为了培养自己的教师队伍,中国举办了由苏联专家授课的机械原理和机械零件两门课程的教师培训班。机械原理的教师培训班于 1958 年在清华大学举办,由苏联机械原理方面的领军人物阿尔托包列夫斯基院士的学生季罗维耶夫博士授课。全国百余所高校的老一辈机械原理骨干教师,如黄锡恺、张启先、陈永等都参加了这一培训班。随后,我国即仿照苏联建立了这两门课程的教学模式。

张启先、唐锡宽、于东英等数名机械原理教师和研究者还被派遣到苏联留学。这是新中国成立以后的第一次"走出去""请进来"。几年工夫,便形成了一支

优秀的机械原理教师队伍,涌现出新中国成立后第一批机构学专家。从新中国成立初期到改革开放初期,对中国的机械原理教学和研究作出较大贡献的老一辈著名学者还有很多,如:

- 白师贤(1925—2022,北京工业大学教授),[BS];
- 曹惟庆(1924—2011,西安理工大学教授),[CW];
- 陈 永(1933—?,西南交通大学教授),[CY1,CY2,CY3];
- 干东英(1927—?,中国科学院长春光学精密机械与物理研究所研究员),[GD];
- 黄锡恺(1917—2008,南京工学院教授),[HX];
- 李华敏(1927—2012,哈尔滨工业大学教授),[LH,LH1];
- 李学荣(? —?,中国铁道科学研究院研究员),[LX6,LX8];
- 梁崇高(1932—2019,北京邮电大学教授),[LQ,LQ1];
- 孙 桓(1922—2018,西北工业大学教授),[SH];
- 唐锡宽(1930—1998,清华大学教授),[TX];
- 杨基厚(1927—?,东北重型机械学院、大连轻工业学院教授),[YJ2,YJ3]。

(依姓氏拼音排序,最后为代表性著作的文献号。)

在 9.4 节关于中国机构学研究的代表性团队的介绍中,有更多的关于老一辈学术带头人的简介。

9.1.2　改革开放前中国的机械原理教学和研究

"文革"前的 10 余年,以苏联教学模式为榜样,中国锻炼出了一支很不错的教学队伍。机械原理的学时很多,最多时曾达到 120 学时。后来中国教师开始自己编写教材,最著名的是南京工学院(现东南大学)的黄锡恺先生和西北工业大学的孙桓先生,他们两人的机械原理教材分别在 1956 年和 1959 年出版了第 1 版,现在已经分别出到了第 7 版和第 9 版。(黄锡恺先生去世后曾由郑文纬和吴克坚两位教授接任主编,孙桓先生去世后由葛文杰教授担任实际主编。)

"文革"前几乎没有多少人开展机构学研究,出国留学的人数也屈指可数,张启先教授的空间机构研究开始于 1962 年。笔者也没有查到我国在"文革"前招收机构学领域硕士研究生的记录。那些老一辈教师写出的专著(见 9.1.1 节)虽然是多年研究的积累,但基本上都是到"文革"以后才出版的。

阿尔托包列夫斯基的《机械原理》[AI] 和《平面机构综合》[AII] 是当时中国机械原理教师手头仅有的国外教材和参考书,几乎是他们了解世界机构学的唯一渠道。中国学者主要接受了俄国学派的影响,知道契贝雪夫,更知道阿苏尔;而对于机构学是怎样在工业革命中诞生,法国和德国的学者们曾作出了什么贡献,当时的大多数机械原理教师几乎一无所知。至于 20 世纪 50 年代兴起的美国学派,更是过了 20 多年后,直到打开国门以后才逐渐了解的。

当时的政治氛围不利于教师开展科研工作,不少倾心于研究工作的教师被批判为"只专不红"。笔者也多少沾上过一点边,虽不再心有余悸,却恍如隔世。可能现在的青年教师对这 4 个字更为陌生。笔者用计算机敲出这 4 个字后,计算机的词库中已经蹦不出"只专不红"这个"成语"了。

9.2　改革开放带来了中国机构学的新局面

1978 年以后,中国的改革开放迈开了越来越大的步伐。国门打开后,中国机构学也经历了一场飞速发展前夜的酝酿和积聚[ZH1]。

在国家改革开放政策的鼓舞下,中国机构学界开始与世界接轨,发生了很大的变化。

9.2.1　上海交通大学等校邀请外国专家讲学

经过一段时间的策划,上海交通大学校方,特别是邹慧君教授(图 9.3),下大力气,成功地在 1979 年夏天邀请了美国机构学专家罗兹和 A. T. Yang 两位教授来华讲学。时任国务院副总理、上海交通大学校务委员会主席的王震会见了美国专家。这一次讲学活动是新时期中国机构学界开始与世界接轨的第一个历史性事件,标志着中国机构学界逐步开始与国际同行进行学术交流,并开始恢复机构学研究。

此风气一开,美国的 D. C. Tao,日本的小川洁、加藤一郎(世界仿人机器人之父)、牧野洋(SCARA 机器人发明人),澳大利亚的亨特,英国的达菲和德国的 O. Dittrich 等著名学者先后受邀来华讲学。

图 9.3　邹慧君

9.2.2　机构学专业委员会成立

1982 年,在中国机械工程学会机械传动分会属下,成立了机构学专业委员会,负责策划、组织、推动全国的机构学研究和学术交流。首任主任委员为干东英(中国科学院长春光学精密机械与物理研究所研究员)。邹慧君从 1992 年起主持机构学专业委员会工作 10 余年,为推动我国机构学的现代化和国际化作出了重要的贡献[ZH,ZH1]。后由高峰(上海交通大学教授)继任。该专业委员会的主要工作是策划与组织两年一度(早期曾一年一度)的机构学学术研讨会和机构学应用会议。此外,曾在 21 世纪初组织了两套共 14 册的机构学丛书的出版。

中国机构学专业委员会积极邀请香港、台湾和国外的学者参与中国大陆(内地)的机构学学术活动。曾就职于英国伦敦国王学院的戴建生教授被聘为中国机构学专业委员会委员,积极参与了学会的各种活动。美国纽约州立大学石溪分校的葛巧德教授曾任 ASME 机构学与机器人学专业委员会主席等职,是新兴学科"计算运动几何学"的开拓者之一。台湾成功大学的颜鸿森教授,专长为创造性设计、机构与机器设计,以及中国失传古机械的复原,是台湾此领域的首席科学家。他曾分别与天津大学和上海交通大学的教师合作指导研究生,并参与过中国大陆的一些机构学学术活动。

9.2.3 机构学界教师出国访问和进修

从 20 世纪 70 年代末开始,中国机构学界大批中青年教师走出国门,到美国、欧洲和日本攻读学位或作为访问学者从事研究。这是中国机构学界开始与世界接轨的第二个历史性事件。图 9.4 为张启先教授访问美国斯坦福大学时的照片,右为美国著名机构学家罗兹。当时西南交通大学的陈永教授正在罗兹那里做访问学者,他拍摄了这张照片。这些出国访问和进修的学者归国以后一般都成为了机构学研究的带头人和骨干。稍晚一些,中国的青年学子开始赴美攻读硕士和博士学位。

图 9.4 罗兹接待张启先来访

9.2.4　IFToMM 中国委员会成立

IFToMM 中国委员会于 1983 年由中国机械工程学会批准设立,作为机械设计和传动分会的对外组织,挂靠在天津大学。IFToMM 中国委员会以 IFToMM China-Beijing 的英文称谓在 IFToMM 中代表中国出任会员单位。IFToMM 中国委员会历任主席见表 9.1。

表 9.1　IFToMM 中国委员会历任主席

姓　　名	单　　位	任　　期
丁敬华	中国机械工程学会	1983—?
石则昌	天津大学	?—1993(?)
张　策	天津大学	1995—2004
黄　田	天津大学	2005—2016
张宪民	华南理工大学	2017—2020
刘辛军	清华大学	2020 至今

IFToMM 中国委员会的设立宗旨是:通过举办和参加 IFToMM 组织的国际学术交流活动,增进国内外学者之间的交流与合作,对外展示我国的学术成果,提高中国机构学在国际学术界的影响力;并通过积极参与 IFToMM 组织的事务,巩固和增强中国学者在 IFToMM 组织中的话语权。目前,中国学者已在 IFToMM 中担任了重要职务(表 9.2),获得了 IFToMM 的重要荣誉。

表 9.2　中国学者担任的 IFToMM 重要职务

姓　　名	IFToMM 任职
黄　田	副主席(2004—2007,2018—2019),执行委员会(2000—2003,2016—2017)
秦大同	执行委员会(2008—2015)
张宪民	执行委员会(2020—2023)
雒建斌	摩擦学技术委员会首届主席(2007—2010)
赵亚平	齿轮与传动技术委员会副主席(2020—2023)
张　俊	技术标准化永久委员会主席(2020—2023)
方一兵	机构与机器科学史永久委员会副主席(2020—2023)

9.2.5　中国举办大型国际会议

1997 年 7 月,由中国机械工程学会机械传动分会、IFToMM 中国委员会主办,天津大学承办的国际机械传动与机构学会议(MTM97)在天津成功举行,与会人数达 300 余人。这是中国学术组织第一次承办机构学方面的国际会议。在取得经验后,2004 年,IFToMM 中国委员会又成功地举办了第 11 届 IFToMM 世界大会(图 9.5)。继美国学者来华讲学和大批学者出国访问和进修之后,这两次大会的成功举办是中国机构学界开始与世界接轨的第三个历史性事件。在承办这两次世界大会的工作中,黄田教授均出任了大会主席(图 9.6),为确保大会的成功举办作出了贡献。后来,黄田曾两度出任 IFToMM 国际组织的副主席(2004—2007,2016—2019)。2012 年,戴建生在天津大学举办了 3 年 1 次的第二届国际可重构机构与可重构机器人(ReMAR)大会(图 9.7),美国与欧洲机构学界的许多专家都参加了这次会议(图 9.8)。2014 年,戴建生、黄田又举办了 6 年 1 次的第三届并联机构基础理论与未来研究方向国际会议,吸引了众多国外学者前来参加。

图 9.5　开幕式上合唱队唱 IFToMM 会歌

图 9.6　黄田主持第 11 届 IFToMM 大会开幕式

图 9.7　第二届 ReMAR 大会盛况

图 9.8 天津大学校长李家俊与百余位专家合影

聘请外国专家、派出学者访问和进修、主办国际会议这 3 个历史性事件,是新中国成立后中国机构学界的第二次"走出去""请进来"。中国学者开始越来越多地了解世界的变化,了解色彩缤纷的现代机构学。改革开放带来了全新的局面,促成了 20 世纪 80—90 年代开始的中国机构学研究的大发展。

9.2.6 各级政府大力支持科学研究工作的开展

改革开放以后,中国各级政府都开始大力支持各种科研工作的开展。最重要的举措有两点:①国家层面和各省、自治区、直辖市层面都设立了科研基金,给研究者以资金支持;②设立科研奖励,给研究者以鼓励和表彰。

国家自然科学基金是机构学研究获得资金支持的主要来源。据不完全统计,在 1986—2013 年间,共资助与机构学相关的各类项目约 650 项,资助经费近 2.4 亿元,资助经费占机械工程领域全部项目经费的 7%。同时,机构学单个项目的资助经费也在不断提高。1986 年机构学第一个项目的资助经费只有 1 万元,而后来的资金支持则动辄数十万元甚至更多。除了一般的项目外,还设有支持经费更多的重点项目,截至 2014 年,邓宗全、黄田和高峰这 3 位学者获得过重点项目资助。此外还设立有国家杰出青年科学基金(杰青),截至 2014 年,有 8 位学者获得过这项基金的资助,包括机构学界的高峰、张宪民、王树新、丁希仑、刘辛军等。

国家自然科学基金对机构学项目的资助数量逐年增加。资助项目所在的单位有近百所,但 70% 的项目落在了 20 家左右的优势研究单位。从资助项目的统计中可以发现,国内机构学的主要研究方向集中在并混联机构理论及应用、仿生机构和机器人、特种机器人、一般机构学理论、计算运动学、机器人操作、柔顺机构和变胞机构等领域,其中并混联机构理论及应用方向的研究占据压倒性地位,而仿生机构和机器人、柔顺机构和变胞机构方向的研究增长趋势明显。

上述资料均取自国家自然科学基金委员会机械组原主任王国彪教授等撰写的文章[WG]，该文中还有更多的资料，可以透过基金的资助观察中国机构学的发展。

9.2.7　改革开放后的教学工作简述

学时一再地精简，教材也需要变化。"文革"以后，教学和科研宛如获得了解放，大为活跃起来。最早出版的教材是由天津大学等 6 所院校联合编写，祝毓琥教授主编的《机械原理》[ZY1]。该教材内容丰富，虽然选用它作为本科教材的院校不多，但它却是一本不错的参考书。后来的 20～30 年间又出版了数十本机械原理教材（或机械原理与机械设计合并的教材）[ZC9]。一些教材确实有一定的创新性，但是教材的种类也的确是偏多了一些。

"文革"以前，教育部对一些重要课程就设有教材编写委员会。"文革"后更是设立了教学指导委员会（简称"教指委"），为教育部领导的专家组织。教育部要求教指委"在推动课程建设和教学改革中发挥研究、咨询和指导作用"。此外，一些高校还针对一些课程组织发起了教学研究会。教指委和教学研究会一般都密切配合地开展工作。

教育部高等学校机械基础课程教学指导委员会（简称"机械基础课程教指委"）涵盖机械原理、机械设计、金工等 3 门课程，该委员会在课程建设方面做了很多工作。天津大学的张策教授自 1995 年左右开始担任该教指委主任数年，继任者有邓宗全（哈尔滨工业大学，2006—2010）、阎绍泽（清华大学，2016—）等。

2002 年，由机械基础课程教指委发起，机械原理、机械设计等几门课程的教学研究会开始联合举办"全国大学生机械设计创新大赛"，迄今已历 10 届。该大赛是新时期中国机械原理教学中的一件大事，对培养学生的创新精神和创新能力作出了很大的贡献。在机械基础课程教指委的会议上首先倡导举办这一大赛的是时任委员会副主任委员的翁海珊（北京科技大学教授）。2005 年，教育部高等教育司发文组建大赛组委会，由中国科学院院士杨叔子出任学术委员会主任。20 年来，主要由大赛组委会秘书处承担了 10 届大赛的组织工作，王晶（西安交通大学教授）、牛鸣岐（贵州大学教授）等同志做的工作最多。

1978 年，白师贤等三名教授获批开始招收机构学的硕士研究生。1981 年，张启先教授首先招收了博士研究生。

9.3　中国现代机构学研究的主要成绩

改革开放使得中国机构学界的创造力得到了空前的解放。1992 年，机构学专业委员会主任委员干东英研究员曾著文指出："早在 20 世纪 80 年代，中国在空间机构、机器人机构学、机构弹性动力学、机构平衡等方面就已经接近或达到世界先进水平。"[GD]最近30余年,中国机构学研究的发展速度之快,参与的学者之众,发表的论文、专著之多,在国际学术界十分突出。

《机械工程学报》《机械科学与技术》《机械设计》《机械设计与研究》《机械传动》等国内学术刊物发表了大量有很高或较高水平的机构学论文[ZQ1]。中国学者也开始积极地向国际学术刊物投稿(参见7.2.4节)。

经过几十年的努力,中国机构学研究的总体理论水平已位居世界前列,与美国、欧洲鼎足而立[DJ2],成为我国机械工程领域在国际学术界享有较高声誉的学科之一[LZ1]。

中国机构学理论主要在如下几个方面取得了重要成绩,这些研究所获得的奖励均见9.5节。

9.3.1　自由度理论和结构综合理论:中国机构结构学突出的创新点

国际机构学界围绕着机构的自由度计算已经进行了150多年的研究,提出了众多的自由度公式,但是没有一个公式能解决全部机构的自由度计算问题,总是对少数或个别特例不能得出正确的结果。众多机构学家,包括一些国家的机构学领军人物,都投入了这一课题的研究。燕山大学的黄真教授(图9.9)提出了基于螺旋理论的自由度分析方法,解决了困扰机构学界150多年的疑难问题[HZ,HZ1](也见9.4.10节和10.3.4节)。

杨廷力教授(图9.10)毕业于清华大学,长期在中国石化金陵石化公司任工程师,但他在中国是以成就斐然的机构学家而知名的,曾先后兼任东南大学和常州大学的博士生导师。杨廷力教授构造了一种"单开链单元",以新的拓扑特性(单开链的约束和机构的耦合度)为基础建立了一种新的机构组成原理。在此基础上,他和他的团队正在创建现代机构学的一种新理论体系,即包括拓扑结构设计、运动学设计、动力学设计的系统的理论与方法[YT1,YT2,YT8](也见9.4.11节和10.3.2节)。

图9.9　黄真

图9.10　杨廷力

机器人机构出现以后,机构的结构和类型大大地复杂化了,这也推进了机构结构学理论和自由度理论的创新。

9.3.2　变胞机构:国际机构学的创新与突破

戴建生教授(图9.11)是当前在国际机构学界最知名的华人学者。他毕业于上海交通大学,后赴英国留学,获得博士学位。曾就职于伦敦国王学院,也曾受聘于天津大学,2022年起担任南方科技大学机器人研究院院长、讲席教授。他在国际学术界担任多项职务,获得过众多奖项,其中包括ASME的两大终身成就奖(详见8.3.2节)。2021年,戴建生被增选为英国皇家工程院院士,为当年新晋院士中仅有的两位华人学者之一。

图9.11　戴建生

戴建生教授最突出的贡献是发明了"变胞机构"(metamorphic mechanism),进而衍生至更广泛类型的可重构机构(reconfigurable mechanism)。变胞机构能够根据环境和工况的变化和任务需求,进行自我重组和重构。它的自由度数是可变的,构件数目也是可变的。metamorphic这个名字是受到了生物学中的胞胎进化、组合和再生的启发。在现代机构学的发展中,戴建生提出的变胞机构是极具轰动效应的一种新机构(也见8.4.1节、9.5节、11.2.4节)。

新的机构自由度理论、拓扑结构理论和变胞机构理论是中国机构学界3个最具代表性的突出的创新点。

9.3.3　机器人理论与技术的研究成果令人瞩目

燕山大学的黄真教授是我国最早从事并联机器人研究的学者。1985—1986年间发表了国内该领域的第一篇学术论文,培养了该领域的第一批研究生。1997年,他带领两位青年教师出版的专著[HZ2]系统、深入地论述了并联机器人的机构学理论,是国际上第二部论述此问题的专著[WG]。2014年他又带领两位青年教师撰写了英文版的新著作[HZ3],基于螺旋理论和影响系数理论,建立了系统的并联机器人机构学理论。

有几位机器人研究学者做到了理论与工程实践有机结合,成绩斐然。哈尔滨工业大学邓宗全院士是国内最早从事月球车研究的学者之一,提出了多种新的构型,他在空间大型展开机构的研究方面也卓有建树。天津大学的黄田教授与清华大学的汪劲松教授合作,于1997年开发出中国第一台大型6自由度并联数控机床,他还创新出多种具有工程实用价值的并联构型装备。华南理工大学的谢存禧教授是我国最早从事机器人研究的学者之一[XC,XC1],开发了国内第一条机器人喷涂生产线和机器人装配生产线。上海交通大学的高峰教授提出了并联机器人型综合的 G_F 集理论,形成了并联机器人全域定量评价和尺度综合的可视化方法,此方法也可应用于工程产品的设计[GF1,GF2,GF3]。

戴建生教授于 2014 年出版了专著《机构学与机器人学的几何基础与旋量代数》[DJ11]。同年他以一位非数学家的身份在"现代数学基础"丛书中出版了专著《旋量代数与李群、李代数》[DJ12](见 10.3 节)。这部专著首次以工程师的语言描述了李群、李代数,展示了最新的理论研究成果,提出李群、李代数在机构学与机器人学中的应用。该专著的出版受到了机构学界与机器人学界的极大欢迎,引发了许多学者对旋量代数的研究热情。该专著影响力很大,3 年即售罄,于 2020 年出版了修订版[DJ12]。

香港科技大学的李泽湘教授和北京航空航天大学的丁希仑教授[DX1,DX3]是两位高水平而多产的中年学者。

李泽湘教授从 20 世纪 80 年代开始研究机器人灵巧手的操作理论,在此领域的研究处于国际前沿[LZ6,MR1],是这一领域少数的几位权威学者之一。机器人在非完整约束条件下的运动规划的研究[LZ7]是由他所创立的一个重要的学术领域,他发表了这一领域的第一篇论文,组织了这一领域的第一次国际学术研讨会,出版了这一领域的第一本专著。截至 2024 年,他在国际核心刊物和核心会议上共计发表论文 200 多篇,出版专著 4 本。2007 年李泽湘教授被选为 IEEE Fellow。

丁希仑教授自 1999 年以来研制了多种特种机器人[DX3]。他研制了国内第一台球形机器人样机,可用于水面、沙滩等复杂环境探测。2004 年,他搭建了面向空间舱内作业的拟人双臂/灵巧手机器人系统平台,提出了"单机-单操作者-多人机交互设备-多机器人"的新型机器人遥操作系统体系结构。2010 年他提出并研制了一种四旋翼双臂多功能飞行机器人,在实现旋翼飞行的同时,能够借助本体上配置的双臂(双腿)实现空中操作或壁面行走等作业功能。

更年轻的学者如刘辛军教授[LX2,LX4]、于靖军教授等也在机器人领域迈出了坚实的步伐。

刘辛军教授(清华大学)系统地开展了并联机构构型综合理论、性能评价体系、多参数尺度综合方法、装备研发技术及其共性基础理论的研究。他发明了多种新型实用的并联机构,提出了综合考虑运动和力传递特性的并联机构性能分析理论和评价体系,以及相应的机构参数设计的思想,补充了并联机构的设计理论。截至2024 年,刘辛军教授共计发表 SCI 检索论文 70 余篇,他和黄真教授是国内学者中评价论文质量的指标——h 因子最高的学者。目前他还担任着 IFToMM 中国委员会主席。

于靖军教授(北京航空航天大学)主要从事柔性及并联机器人机构学基础理论和应用研究工作,出版了多本专著和译著[LX2,KX]。

可以看出,黄真教授当年首先选择并联机器人作为长期科学研究的方向,在很大程度上主导并影响了中国的机器人研究,形成了中国自己的机器人机构学的特色。

9.3.4　广泛深入地开展了机构动力学的研究

随着机器的高速化、精密化、轻量化和自动化,机构动力学的研究越发被重视。平面与空间连杆机构的完全平衡在理论上得到了较好的解决,其中,也有不少中国学者的贡献(详见 11.1.2 节)。

天津大学的张策教授 20 世纪 80 年代初期在美国做访问学者时开始了连杆机构弹性动力学的研究。他在美国发表的两篇论文[ZC5,ZC6]对连杆机构的弹性动力综合领域作出了一些贡献(当时在该领域发表的论文总数也不过数篇)。1982 年回国后,张策教授通过讲学和出版专著[ZC4]推动了国内该领域的研究。除连杆机构[SY4]以外,后来又指导研究生唐力伟、宋轶民、杨玉虎、孙月海、王世宇等将研究领域拓宽到凸轮机构[CZ1,CZ2]、齿轮传动[SY9]、行星齿轮传动[ZC7]等其他机构的弹性动力学研究[ZC3]。

北京工业大学的余跃庆教授和华南理工大学的张宪民教授在连杆机构弹性动力学领域都做了更深入、更全面的研究(详见 11.1.3 节)。北京工业大学的李哲教授[LZ2,LZ3]、天津工业大学的冯志友教授[FZ]、中国海洋大学的常宗瑜教授[CZ]都对含间隙的连杆机构的动力学问题进行了研究。

余跃庆教授专注于机械动力学研究 30 余年。弹性连杆机构和柔性机器人是他重点关注的研究领域。他的研究涉及:冗余度柔性机器人动力学与控制、柔性机器人的协调操作动力学与规划、柔性并联机器人和欠驱动机器人的动力学与控制等(也见 9.4.1 节)。

"二战"后,机构完全平衡和优化平衡得到圆满解决,其中,中国学者的贡献颇丰,位居世界前列[GD](详见 11.1.2 节)。

9.3.5　连杆机构和凸轮机构:传统的主题,崭新的成果

连杆机构在中国的机构学研究中是一个传统主题,该方向除有大量论文发表外,还有多部专著[ZQ,CW,BS,HD,WD,XC1]和研究生教材[HJ2,HJ3]出版。张启先教授的《空间机构的分析与综合(上册)》[ZQ]是中国在该方向的第一本专著,也是奠基性的专著。

曹惟庆教授(西安理工大学)的专著《平面连杆机构分析与综合》[CW]中针对苏联学者在机构结构理论方面的缺陷,提出了平面机构阿苏尔杆组的型转化原理,以及其运动学与动力学分析的显著降维、型转化的一般性方法。该方法早于国外的同类研究成果。

1986 年,廖启征(北京邮电大学教授,图 9.12)在梁崇高教授和张启先教授的指导下,以同伦法为工具,导出了空间 7R 闭环机构的运动分析方程[LQ],解决了弗洛丹斯坦所称的机构学的"珠穆朗玛峰问题"[FF],这是中国机构运动学研究的一大亮点。

2014 年,王德伦教授(大连理工大学)出版了专著《机械运动微分几何学分析与综合》[WD, WD1],这是近年来中国机构学界的一本大作(也见 10.4.4 节)。

图 9.12　解决 7R 问题时的廖启征(左)和导师梁崇高

中国的机构学早年受俄国学派影响较大,而该学派在运动几何学研究方面并不发达。因此,中国学术界(特别是青年学者群体)更应该重视对这一领域的学习和探讨,争取在这一领域打开更广阔的一片天地。

凸轮机构是中国机构学研究的另一个传统主题。随着更多高速自动化机械的应用,不少学者开展了对分度凸轮动力学的研究。在凸轮机构领域,也有数本专著[PG, KW, ZH3, SY8, LC]出版,以及大量论文[ZH1]发表。在凸轮机构领域进行较多研究的学者有彭国勋教授和萧正扬教授[PG](陕西科技大学)、曹聚江教授[CJ1](陕西科技大学)、赵韩教授[ZH9](合肥工业大学)和杨玉虎教授[YY7](天津大学)等。

9.4　中国现代机构学研究的主要团队简介

中国现代机构学研究相对集中地分布在几所大学中,这些大学不仅有学术水平较高的带头人,而且较早地被批准为机械学(后更名为机械设计及理论)学科的博士学位授予点。在现代的学术研究中,研究生是一支重要的生力军。许多学校都形成了师生三代同堂的力量强大、后继有人的学术队伍。相应的这些学校在机构学研究中的成绩就相对突出。下面介绍 11 个大学和团队的研究领域及成果,依校名和团队的拼音顺序排列。

9.4.1　北京工业大学机构学研究简介

北京工业大学机构学学科始建于 1978 年,奠基人是我国机械原理教学和机构学研究领域的前辈白师贤教授。他是 1978 年中国机构学界首批招收硕士研究生的 3 名导师之一,所出版的《高等机构学》[BS] 在国内研究生教育和机构学研究领域很有影响力。

高速、精密、轻质是现代机械的重要特征和发展趋势,由此引出的惯性作用和变形问题就成为了连杆机构和机器人机构动力学领域的前沿课题。白师贤教授指导研究生围绕这一主线开展了系统、深入的研究,形成了显著特色,取得了丰硕成果,在国内外产生了一定影响。其主要研究领域有以下两个方面。

1. 连杆机构动力平衡与分析

连杆机构动力平衡研究是 20 世纪 70 年代国际机构学的研究热点之一,历来主要集中在平面机构范围。20 世纪 80 年代初,陈宁新将问题扩展到空间机构,他首先采用线性无关向量法实现了空间机构振动力的完全平衡[CN]。余跃庆(图 9.13)提出基于附加杆组的相对平衡原理和方法,攻克了空间机构振动力矩完全平衡的难题,还完成了空间机构振动力和振动力矩的最优平衡[YY1]。这些创造性工作推动了空间机构动力平衡的发展。

图 9.13　余跃庆

弹性及柔性机构的动力平衡将机构平衡问题发展到一个新阶段。20 世纪 90 年代后期到 21 世纪初,余跃庆在深入研究了弹性机构的动力学特性与设计问题之后,创新性地提出了用附加扭簧和冗余驱动的方法,有效地解决了柔性机构振动力、振动力矩和输入扭矩的综合平衡[YY1]。这些成果进一步丰富了机构动力平衡的研究内容。

柔顺机构是在柔性机构的基础上发展起来的一类新机构,已成为 21 世纪的一个研究热点。其中,基于伪刚体模型的研究充分体现出机构学的特点和优势,但基本都集中在柔顺机构的运动分析方面。从 2005 年开始,余跃庆团队首先用伪刚体模型建立了柔顺机构的动力学模型,并进行了频率特性分析,然后分别提出了从直梁到带拐点柔顺杆的 2、3、4、5 自由度的 2R、PR、PRR、RRHR 和 5R 伪刚体新模型,又以此为基础建立了相应的动力学模型,并进行了动力特性分析[YY1,YY5,YY6,ZS1],为深入开展柔顺机构的分析与设计提供了有效工具。

2. 柔性机器人机构动力学与控制

柔性机器人是机构学和机器人学领域的前沿方向之一。为解决构件柔性变形引起的误差和振动等问题,余跃庆团队将柔性机器人与其他机器人类型有机结合起来,充分发挥各种机器人优势,共同提高机器人性能,开拓出几个交叉新方向:

与冗余度机器人结合开发了冗余度柔性机器人新分支,从机构角度为机器人提供冗余位形,有效抑制了机械臂的柔性振动;与协调操作机器人结合形成了新的柔性机器人协调操作系统,克服了单机械臂的弱点,提高了机器人系统的操作性能;与欠驱动机器人结合开拓出了欠驱动柔性机器人新领域,有效减轻了机器人重量,从内部机械结构和外部控制两个方面共同提高了机器人的整体运动和动力特性;与并联机器人结合拓展出了柔性并联机器人新方向,有效提高了机器人整体刚度和工作性能。在 21 世纪初的 10 余年间,余跃庆团队在柔性机器人机构动力学的模型建立、特性分析、运动规划及动力控制等方面开展了一系列理论和实验研究,取得了丰硕成果[YY1]。

9.4.2　北京航空航天大学机构学研究简介

1. 历史渊源

北京航空航天大学(以下简称"北航")是国内最早从事机构学研究的高校之一。张启先院士是中国机构学的奠基人(详见 9.1.1 节)。1978 年,他在中国率先开展机器人技术的研究,负责主持了 7 自由度机器人、新型 3 指灵巧手等国家级科研项目,为中国机构学和机器人领域培养了一批优秀的科研骨干,他们现在大多还活跃在科研第一线,包括并联机器人专家高峰(上海交通大学)、柔性机构学专家张宪民(华南理工大学)、空间机器人专家孙汉旭(北京邮电大学)等。张启先还参与了被称为机构学的"珠穆朗玛峰问题"的空间 7R 机构的位移分析(见 9.3.5 节)。

宗光华教授(图 9.14)是北航机构学第二代领军人物。他更加注重机构学与特种及服务机器人之间的有机结合,在国内开创了柔性机构学、微操作机器人、擦窗机器人等方向,并取得了卓有成效的研究成果。例如,他成功研发了面向生物医学工程的微操作机器人系统;自主开发出了多个型号的高层建筑玻璃幕墙清洗机器人,并得到广泛应用。他还长期担任"中国青少年机器人竞赛"和"全国大学生机器人大赛"的专家委员会主任,为机器人向青少年的普及作出了重要贡献。

陆震教授在欠驱动和过驱动机构、柔性冗余度机器人动力学、中国古代机械史等方面也做出了若干开创性的研究。他曾两度在 IFToMM 的永久委员会和技术委员会中任职(见 7.2.3 节)。

图 9.14　宗光华在机器人大赛上

2. 主要研究方向

经过数十年的积淀和几代人的努力,北航机构学研究团队形成了空间机构与机器人、柔性机构学、仿生机构与机器人 3 个优势研究方向,部分已产生一定的国际影响力。3 个方向近 10 年来取得的标志性成果如下。

(1) **空间机构与机器人**:他们提出了航天器大型太阳翼展开机构(图 9.15)与着陆缓冲机构的构型设计与尺度综合方法,发明了模拟月面环境深层(2.1m)钻取采样机构运动综合性能测试装备,完成了探月工程三期嫦娥五号 200 次以上模拟月壤钻取试验。研究成果有力保障了嫦娥五号任务的圆满完成,并在月壤钻取采集任务中作出了重要贡献。他们攻克了空间极端工况模拟和舱门锁/舱门开闭机构(图 9.16)复杂序列运动动态性能综合测试等关键技术难题,保障了载人航天任务的顺利完成和航天员的生命安全。该研究成果获 2018 年国家技术发明奖二等奖,发表了我国星球探测机器人领域的首篇 *Nature Astronomy* 论文,提升了我国空间机构领域的国际影响力。

图 9.15　二维展开太阳翼根铰驱动装置

图 9.16　舱门锁/舱门开闭机构

(2) **柔性机构学**:柔性机构在精密工程、仿生机器人等领域扮演着重要角色。为有效解决设计过程中的精确建模和创新等难题,他们建立了具有普适性的机构图谱化构型综合方法;通过揭示瞬心(线)与其他性能之间的内在联系,开辟了大转角、高精度柔性铰链创新设计的新途径;构建了多轴柔性机构刚度设计理论,实现了柔性轴承、纳米工作台、天线指向机构等多种精密装置的创新设计(图 9.17、图 9.18)。研究成果获教育部自然科学二等奖 2 项,全国百篇优秀博士学位论文 1 篇。

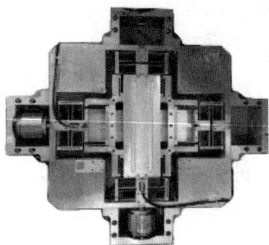

图 9.17 大行程 XY 纳米工作台

图 9.18 常值刚度二维转台

（3）**仿生机构与机器人**：他们以岩羊、章鱼、鲫鱼、飞鼠等为仿生对象，开展了生物高效运动机理与仿生机构设计研究；模拟生物骨骼-肌肉-皮肤生理结构，融合机构学、力学、材料等学科知识，形成了一系列仿生机器人创成式设计新方法，包括高稳定、高承载的变构型仿生足式机器人（图 9.19）设计准则、仿生扑翼飞行器设计方法、仿章鱼触手软体机器人（图 9.20）新设计，等等。研究成果大多发表于 *Science Robotics*、*Nature Astronomy* 等顶刊，产生了重要的国际学术影响。

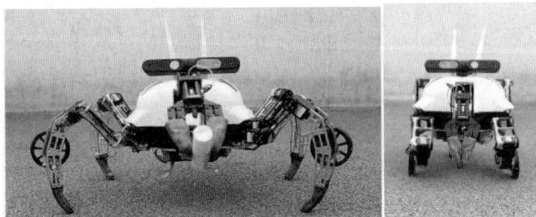

图 9.19 变构型仿生足式机器人

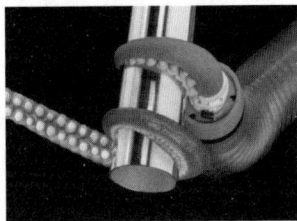

图 9.20 仿章鱼触手的软体手

3. 当代团队的代表人物

丁希仑教授：国家级人才计划入选者，国家自然科学基金委"仿生机器人基础理论与关键技术"创新研究群体负责人。在柔性变胞机构、空间可展机构、空间机器人和仿生机器人等方向取得了大量开创性的研究成果，其中 30 余项已成功应用到多个国家航天重大型号工程和民用大型工程机械的研制中。获国家技术发明二等奖 1 项。

于靖军教授：深耕柔性机构学 20 余载，在精密柔性设计理论、构型设计图谱法、柔性连续体机器人等方向取得了若干开创性的研究成果。培养的博士生（1 名）曾获全国百篇优秀博士学位论文，著有多部学术专著与教材[YJ5-YJ9]。

文力教授：中国软体机器人研究领域的代表人物之一。获国家优秀青年科学基金、斯提夫·沃格尔青年探索者奖。主要致力于构建高效、安全、与人类和自然界交互的仿生软体机器人研究,研究成果已在轻工业、医疗、深海极端环境中得到应用,相关成果孵化了国内首家软体机器人 SRT 公司(国家级专精特新企业)。

吕胜男教授:国家优秀青年科学基金获得者。主要致力于兼顾机构的构型与构件几何形状的空间折展机构综合与性能调控研究,研究成果已在航天器太阳翼展开机构中获得应用。

北航机构学团队近年来编著了代表性学术专著 5 部[ZQ,DX3,ZY,YJ5,YJ6]、教材 14 部[YJ7,YJ8,GW2,ZG,DX1,ZQ2,YJ9]、译著 7 部[KX,ZG1]。

9.4.3　大连理工大学机构学研究简介

大连理工大学于 20 世纪 80 年代开始机构学及其运动几何学的研究。最先开展研究工作的是刘健教授,他采用现代微分几何学方法从齿轮加工工艺角度研究齿轮啮合原理,以活动标架和外微分的思想编写了"齿轮啮合原理"讲义;与其博士生出版了学术专著《鞍点规划与形位误差评定》。

肖大准教授 20 世纪 80 年代在美国 A. T. Yang 教授处做访问学者,熟悉了旋量方法。后来,刘健教授和肖大准教授共同指导了博士研究生王德伦、董惠敏等。

王德伦教授(图 9.21)将微分几何学引入机构运动几何学研究,开辟了机构运动微分几何学研究的新领域。他带领其团队经过 30 余年研究,出版了专著《机械运动微分几何学分析与综合》[WD] 和对应的英文专著[WD1],形成了独具特色的机构运动微分几何学研究流派。

具体有以下两个研究方向。

图 9.21　王德伦

1. 机构运动分析与综合

以微分几何学方法研究不同类型连架杆(平面、球面和空间二副杆)的约束曲线和曲面的广义曲率(不变量),首次提出基于瞬轴面(瞬心线)的从平面、球面到空间运动的统一曲率理论体系。基于广义曲率理论和二副杆约束曲面不变式,以最大误差最小为目标,首次建立了从平面、球面到空间机构的运动综合统一方法(少位置精确综合和多位置近似综合)。其研究成果为不同类型(运动副组合)的机构运动几何学分析和综合提供了理论基础[WD3,WD4]。

机构统一曲率理论可转化为特例——平面运动曲率理论和球面运动曲率理论,无论在表达形式上还是几何意义上都对仗完美,因此被称为统一曲率理论。白师贤教授和张启先院士在王德伦的博士论文的评语中称此为"机构学领域沉寂多年的重大突破"；亨特和罗兹将其称为"机构学领域的挑战"。

机构运动统一综合方法的特例——平面机构运动综合和球面机构运动综合，无论是误差评价指标，还是数学模型表达形式和求解方式，以及少位置精确综合和多位置近似综合，都具有对应一致性，因此被称为统一综合方法。

参与此方向研究的青年学者有：王智博士[WZ5,WZ6]（大连理工大学副教授），汪伟博士[WD1,WD2]（景德镇陶瓷大学副教授）。

2. 真实机构的精度分析与综合

该团队自 2012 年开始研究用于真实机构及其零部件装配的精度检测的运动几何学原理，建立真实机构（运动副）装配体的几何（误差）-物理（载荷/变形）-装配工艺参数间的关系模型，揭示真实机构典型运动副（回转副、移动副、螺旋副、齿轮副等）的实际运动约束特性及其变化规律，研究真实机构的精度特性（输入输出构件 6 自由度弹性误差运动及其变化规律），为真实机构精度检测、分析和设计提供理论基础和精度（装配工艺）设计提供方法。

参与此方向研究的青年学者有：王智博士[WZ7,WZ8]（大连理工大学副教授）、申会鹏博士[SH4]（河南工业大学副教授）。

9.4.4　哈尔滨工业大学机构学研究简介

哈尔滨工业大学（以下简称"哈工大"）机械原理教学与机构学研究的良好基础是由李华敏、王知行和邓宗全等教授奠定的。

李华敏教授（图 9.22）曾任教育部高等学校机械基础课程教学指导委员会主任委员、中国机械工程学会机械传动分会主任委员、IFToMM 齿轮与传动技术委员会委员等。

李华敏教授是国内公认的齿轮研究的开拓者之一，在齿轮理论与加工领域建树颇丰[LH,LH1,LH2]，获省、部级科技奖励 7 项，其中"中模数航空齿轮标准"等项目获得全国科学大会奖、教育部科技进步二等奖。1991 年，李华敏教授被原航空航天工业部授予有突出贡献专家的荣誉称号。在他的领导下，哈工大的机械原理教学和科研一直走在全国高校的前列。他编写了新中国成立后较早的一本《机械原理》教材。

图 9.22　李华敏

王知行教授是国内著名的机构学专家，主编了国家级规划教材《机械原理》，获国家级教学成果二等奖 2 项。他在平面连杆机构综合方法的研究方面有很深的造诣。获省、部级科技奖励 3 项，共培养博士 17 名。

图 9.23　邓宗全

邓宗全教授(图 9.23)是我国著名的宇航空间机构及特种机器人专家。现任中国机械工程学会副理事长兼空间机构学分会主任委员。曾任哈尔滨工业大学副校长,教育部高等学校机械基础课程教学指导委员会主任委员。

邓宗全教授长期从事宇航空间机构及特种机器人设计理论与技术的研究,重点研究机械系统的极端环境适应性与高可靠性服役问题。他在国内率先开展了月球车移动系统关键技术的研究,建立了月球车移动与转移机构设计的理论体系;提出了空间大型折展机构模块化组成理论,为我国嫦娥三号和四号月球车、天问一号火星车的研制以及先进武器型号机构创新应用作出了重要贡献。邓宗全教授创建了宇航空间机构及控制技术国防重点学科实验室,带领团队入选了"科技部重点领域创新团队"。他还带领哈工大机械工程迈入了 A＋学科,培养了入选国家高层次人才计划、国防科技卓越青年科学基金计划等项目的一批拔尖创新人才,共培养博士 52 名。2017 年当选中国工程院院士。

邓宗全教授主持完成的科研成果获国家技术发明二等奖 2 项、国家科学技术进步奖三等奖 1 项和省部级一等奖 6 项,著书 2 部[DZ,DZ1],发表 SCI/EI 论文 190/460 篇,获授权发明专利 185 项,并获得国家级教学成果二等奖 2 项,荣获全国高等学校教学名师、全国优秀科技工作者等荣誉。

9.4.5　华南理工大学机构学研究简介

华南理工大学机构学的良好基础是由谢存禧、郑时雄等教授奠定的。他们在 20 世纪 70 年代末开始利用回转变换张量对机器人机构进行分析、设计和控制方面的研究。和日本学者牧野洋合作撰写的专著《空间机构及机器人机构学》于 1987 年分别在中国和日本出版,得到了国内外学者的广泛关注。

谢存禧教授(图 9.24)是全国早期从事机器人研究的学者之一,华南理工大学机器人研究的创始人。他在该校建立了机器人研究中心,系统地开展了机器人和机构学相关理论的研究工作,带领团队开发了机器人喷涂和机器人装配生产线。

张宪民教授(图 9.25)及其团队聚焦柔顺机构前沿研究领域,在国家杰出青年科学基金项目、国家自然科学基金重大研究计划重点项目、国家自然科学基金重点项目等的支持下对柔顺机构的创成机理与设计方法进行了深入研究,厘清了柔性铰链、多输入多输出柔顺机构构型以及分布式柔顺机构的形成机理,提出了能够良好平衡柔顺机构柔性与刚性、计算效率与稳定性的优化设计策略与方法,给出了有效消除柔顺并联机构的输入耦合的设计方法。他与青年学者朱本亮教授(广东省杰出青年项目获得者)合著的英文专著[ZX6]于 2018 年由 Springer 出版社出版,这是国际上系统研究柔顺机构拓扑优化方法的首部专著,产生了广泛的影响。

图 9.24 谢存禧

图 9.25 张宪民

张宪民教授及其团队将研究领域扩展至精密装备领域,面向经济主战场,对接国家和广东省对典型精密装备核心技术的需求,基于机构精密定位和机器视觉技术研制了跨尺度微小零件自适应装配实验系统,与企业合作研制了印刷电路板贴装、插装、自动化光学检测、微焦点 X 射线检测等系列装备,两次获得广东省科技进步奖一等奖;研制了国内首套晶硅光伏太阳能电池自动化生产线,该成果获得广东省技术发明 等奖。

张宪民教授十分重视教学工作,作为主编先后出版了《机械原理》《机械工程概论》《机器人技术及其应用》等教材,并获得了全国模范教师等称号。

9.4.6 南方科技大学机构学研究简介

南方科技大学(以下简称"南科大")作为深圳在中国高等教育改革发展的时代背景下创建的一所高水平新型研究型公办大学,于 2022 年入选"双一流"建设高校及建设学科名单。由融亦鸣教授创建了南科大机械工程专业并筹建了南科大机器人研究院。该研究院由模块化机构学与机器人领域专家陈义明教授担任首任院长。在机构学理论与先进机器人技术领域的良好基础由戴建生、付成龙、王峥等教授奠定,并逐渐形成了南科大机器人研究院在机构学理论与机器人应用方面的研究团队。

2022 年 2 月,戴建生教授全职回国并担任南科大机器人研究院院长,将原有的团队扩展为机构理论与机构学机器人应用的大团队,90%的团队成员有在国际排名前 50 的大学研究或者教学的经历。团队开展的研究如下。

(1)变胞机构理论:研究过约束单闭环多连杆机构的设计理论,提出了基于运动学奇异点的可重构机构设计理论,设计了 Bricard 型过约束六杆机构与四杆 Bennett 机构之间的运动学可重构方法;研究 Bennett 型-单自由度-单闭环-过约束-六连杆空间机构运动学可重构方法。

（2）刚柔耦合折展原理：研究单自由度硬质折纸机构的空间折展运动理论，以及平面和管状构型运动解析，建立弹性高分子材料快速成型实现多种折展机构和软体机器人驱动器的构建。

（3）外肢体机构：研究机构于外肢体的应用，研制智能义肢系统用于可穿戴外骨骼机构、外肢体机器人。

（4）高适应、可重构机构：面对包括陆地、海洋等复杂场景的重大需求，研制了多种品类机器人样机系统，开发了首台 Bennett 机构过约束足式机器人。

（5）软体可重构机构：研究大输出力新型折纸构型直线软体驱动器，设计实现了具有大负载模式和精细操作模式的软体机器夹爪，开发了具有剪纸限制层的可穿戴仿生外肢体。

（6）古典机构的现代开发：研究基于古典机构的现代机构创新设计，提出了古典机构可重构反向设计和全域重构方法。

团队主要代表为 5 位。

戴建生：自 1992 年访问旋量理论专家达菲（图 9.26）后，一直长期从事理论运动学、旋量代数与李群/李代数的研究，提出了变胞机构系列并衍生出可重构机构系列，建立了数学理论一体化的机构分析理论，应用于抓持、包装、康复等领域。

付成龙（图 9.27）：从事仿生机器人与机构学、可穿戴机器人、外肢体机器人与机器人智能义肢系统等人体增强与康复机器人的相关研究。现任南科大机械与能源工程系主任、机器人研究院副院长，IFToMM 中国委员会委员。

图 9.26　戴建生与达菲夫妇在一起

图 9.27　付成龙

王峥：现任南科大机器人研究院副院长，曾任香港大学助理教授，主要从事柔性机器人设计、柔性机构建模与力学仿真分析、柔性仿生设计与精密加工，以及特种环境(医疗/水下/能源)机器人系统方面的研究。

宋超阳:曾任澳大利亚莫纳什大学(Monash University)助理教授,提出了过约束机器人学理论,研发了首台基于 Bennett 机构的高性能过约束全向足式机器人,并将其拓展至所有过约束机器人肢体设计,研发了可重构水下外肢体可穿戴机器人。

冯慧娟:曾任英国诺森比亚大学(University of Northumbria)高级讲师,主要研究古典机构可重构理论和现代先进机构设计方法,解决了空间机构多闭环网络运动协调问题,首次提出了手性机构设计理论,并用于手性机器人和折纸机器人的开发。

团队与国际机构学专家有多方位交流,图 9.28 是戴建生与国际著名柔顺机构专家 L. Howell(右一)、著名折纸机构专家 S. Magleby(右二)、ASME 第 43 届机构学与机器人大会主席 C. Lusk(左一)的合影。

图 9.28　戴建生与美国机构学专家合影

9.4.7　清华大学机构学研究简介

中国机械原理教学的创始人刘仙洲教授在新中国成立前即已在清华大学任教,新中国成立后曾任副校长。20 世纪 50 年代,唐锡宽教授赴苏联进修,后来成为清华大学机械原理教学的带头人。他去世后,由申永胜教授继任。唐锡宽教授的《机械动力学》[TX]在较长时期内是中国该领域仅有的研究生教材。申永胜教授的《机械原理》[SY3]是改革开放后一本著名的本科生教材。

承担清华大学机构学研究工作的主体是"现代机构学与机器人化装备实验室"。该实验室的起源可追溯至汪劲松教授于 1995 年在清华大学原精密仪器与机械学系开展并联机床研究的实验室。1997 年,汪劲松教授联合天津大学的黄田教授,成功研制出中国第一台大型镗铣类并联机床。

图 9.29 刘辛军

目前,该实验室负责人是刘辛军教授(图 9.29)。他在并联机构构型设计、性能评价、尺度综合等方面做出了开创性的工作,为机器人化装备的研制与应用奠定了坚实的理论基础;他所研制的 DiaRoM、CraftsRobot、X4 等并联和混联机器人成功地应用于航空航天高效高精制造、物料高速分拣等领域,为机构学的发展和高端制造装备的自主可控作出了重要贡献。同时,实验室也培养了多名青年骨干,如谢福贵副教授、赵慧婵副教授等。面向科技前沿,服务于国家发展战略需求,实验室相继开辟了移动加工机器人、软体机器人、医疗机器人等新方向。

刘辛军教授在并联机构设计理论研究方面获得了一系列的研究成果:①实现了特色少自由度并联机构的创新设计[XF];②提出了并联机构运动和力传递与约束性能评价的新方法和指标体系,解决了困扰并联机器人领域近 30 年的性能评价难题;③发现了传递和约束特性对并联机构奇异的影响机理,破解了并联机器人性能优异工作空间设计难题[LX5];④揭示了尺度参数与各种性能间的映射关系,实现了多性能指标和多优化结果的并联机构参数优化设计[LX7];⑤发现了并联机器人机构设计三要素(构型、性能、尺度)的共性核心参数,以运动和力的传递与约束机制为核心,将机构设计三要素统一起来,创建了"型-性-度"交互设计理论,为并联机器人构型优选、尺度优化提供了新途径[LX9]。尤其是第②项,所提出的指标被国际同行评价为"公认的(widely recognized)评价并联机器人静态性能的最佳指标"以及"并联机构性能评价领域的第一个通用指标"[WJ4]。

基于并联机构设计理论,刘辛军教授和他的团队取得了重要的工程成果。面向高端制造,提出了以机器人化、小型化、便携式为主要特征的大型复杂结构件原位加工新模式,发明了具有姿态耦合大摆角输出特色的轻量化并联机构。基于该机构研发的多轴并联加工装备在成都飞机工业(集团)有限公司完成了飞机框架类结构件等的精加工,解决了此类航空结构件的高效、高精国产化加工难题;首创的移动式混联机器人加工装备,实现了"随时随地的五轴加工"以及"铁打的工件、流水的机床"的原位制造模式,完成了天舟货运飞船舱段的精加工,使该类构件"最后一刀"工序摆脱了对进口大型五轴机床的依赖,该工作成果入选"2022 世界智能制造十大科技进展"。

9.4.8　上海交通大学机构学研究简介

1. 溯源

上海交通大学(以下简称"上交大")的机构学教学可追溯至 20 世纪 30 年代。

1934 年,华文广主编的《机械运动学》[HW] 与同年出版的刘仙洲著的《机械原理》,均系我国最早出版的此类教材。曹鹤荪 1937 年在意大利获得博士学位,后翻译了美国的《机构学》教材,1951 年又自编出版了《机构学》[PI]。

2. 新中国成立后的发展

1952 年,上交大机械原理及零件教研室成立,楼鸿棨任主任。教研室开始进行机构学研究。1958 年起,根据生产发展的需要,教研室开始了挠性转子动平衡的理论及试验研究,邹慧君从 1965 年开始发表这方面的论文;1960 年,黄步玉、陈克萱开始招收研究生。

早期从事机构学研究的学者主要有曹鹤荪、楼鸿棨、邹慧君等。

楼鸿棨:著名机构学专家,从事机构学和机器人研究,1990 年主编出版了《高等机械原理》[LH5]。

邹慧君:著名机构学专家,从事机械系统和机电一体化系统概念设计、机械创新设计研究,在国内最早提出了"现代机构学""广义机构"[ZH2]"机构系统设计"等概念,首次将机构学与机械产品概念设计关联研究。出版专著、教材和译著共计 32 部[ZH5,ZH6,ZH7,ZH8]。长期担任中国机构学专业委员会主任,在推动我国机构学的现代化、国际化和实用化方面作出了突出贡献。

1979 年,上交大策划和接待了美国著名机构学专家 A. T. Yang 和罗兹来上交大做学术访问,全国 120 余名学者(包括许多著名学者)参加了为期两周的学术讲座,从此打开了中国机构学界与国际同行常态化开展学术交流的大门。

2004 年,高峰调入上交大,开启了并联机器人机构学理论及应用的研究。

近 1 个世纪内,上交大的机构学研究与时俱进,在研究方向上的变迁大致如表 9.3 所示。

表 9.3　上交大机构学研究方向的变迁

时　间	研究方向简介	主　要　学　者
20 世纪 30—40 年代	机械运动学、机构学方面的教学与初步的研究工作	华文广、曹鹤荪
20 世纪 50—70 年代	挠性动平衡、机构结构理论方面的教学与研究工作	楼鸿棨、黄步玉、邹慧君
20 世纪 80 年代	人体步态实验分析、人工假肢机构设计、连杆机构动平衡及工程应用研究[SJ3]	楼鸿棨、邹慧君

续表

时　间	研究方向简介	主　要　学　者
20 世纪 90 年代	机械系统和机电一体化系统的计算机辅助概念设计、可控机构设计、空间凸轮机构廓面的 CAD/CAM 及工程应用研究	邹慧君、曹志奎、马培荪、沈乃勋
21 世纪以后	以并联机构为主要特色的机器人机构学和足式机器人理论研究,及其在航空航天、重型机械、能源、救援、奥运等领域的应用研究	高峰、郭为忠、王皓、何俊、陈根良

3. 当代团队的主要代表

上交大当代团队的主要代表是如下 5 位教授。

图 9.30　高峰

高峰(图 9.30):长期从事并联机器人理论与工程应用研究,创造性地提出了并联机器人型综合的 G_F 集理论体系,成果应用于我国首台 400t 重载操作装备、2500t 伺服压力机、空间对接碰撞地面模拟实验系统、奥运滑雪和冰壶机器人等的创新开发。

郭为忠:主要从事现代机构学、并联机器人和重大装备创新设计等研究,提出了现代机器与装备机构创新的特征溯源型综合理论方法,成果应用于移动式着陆器、在轨桁架快插接头与整体构型、某航空发动机和某艇用垫升风机中的机构的创新设计。

王皓:长期从事机器人机构动力学分析与设计的理论与应用研究,创新性地提出了机器人机构动力学建模的复合方法与并联机构精度标定的独立参数辨识方法,成果应用于船舶巨型总段自动装配定位机构、大型运载火箭立式和卧式总装定位机构的设计与控制。

何俊:主要从事宇航空间机构与机器人研究,提出了宇航空间机构顺应性设计与控制方法,成果应用于空间机械臂及末端工具、外星地表探测器等的创新开发、地面实验及在轨控制。

陈根良:长期从事机器人精度标定理论与应用研究,解决了机器人机构运动学标定的参数可辨识性理论难题,成果应用于长征五号箭体总装调姿机构和某型舰船巨型分段定位机构的精度标定与补偿控制。

9.4.9 天津大学机构学研究简介

20 世纪 60—90 年代,天津大学的机构学和机械动力学研究始于机械系的两个单位:

(1) 机械原理与机械零件教研室。骨干成员有祝毓琥、石则昌、彭商贤、陆锡年、王树人。祝毓琥作为主编出版了改革开放后第一部《机械原理》教材[ZY1]。教研室的主要研究方向包括机构精确度、啮合理论、凸轮连杆机构、工业机器人等。张策于 1992 年加盟该教研室,是国内连杆机构弹性动力学的先行者(见 9.3.4 节);他在天津大学时培养的 5 位博士生(杨玉虎、宋轶民等)后来均成为天津大学教授。他曾任教育部高等学校机械基础课程教学指导委员会主任委员,后又撰写出版了多部机械发展史方面的著作[ZC1,ZC2,ZC8]。

(2) 机械动态性能研究室。由天津大学机械系创始人之一的彭泽民先生领衔,骨干成员有刘又午、曾子平、陈家骥、项豪英、徐燕申等,主要研究方向包括机床动力学和多体系统动力学,是当时机械系实力最强的研究团队,黄田和王树新都是从这里成长起来的。

在 20 世纪 90 年代后期,天津大学机构学研究步入快速发展期,逐渐形成了以机器人机构学和装备设计为特色的研究团队。

黄田教授的团队主要在并联/混联机器人机构方面形成研究特色,先后完成了国家“863 计划”、“973 计划”、国家重点研发计划、国家自然科学基金重点项目和重点国际(地区)合作项目等数十项计划或项目,发明了多种并联/混联机构,发展了以旋量理论为特色的建模与设计理论,研制出了实现高速分拣、金切抛磨、宏微操作、骨科手术等功能的机器人,成功应用于航天航空、国防军工、医疗康复等领域。团队研究成果获国家技术发明奖二等奖及省部级科技奖和专利奖 10 余项,发表高水平论文 200 余篇[HT,LH6,LH7,YS1,ST1,HT1]。

王树新教授(图 9.31)团队的研究特色主要在柔性机器人方面,先后完成国家重点研发计划,国家自然科学基金重大、重点项目等数十项计划或项目。团队建立了浮基多柔体系统理论与技术体系,研发出深海水下滑翔机,创连续航行 5500km、最大潜深 10619m 的世界纪录,支撑了国家深海重大战略;研发出我国首台微创手术机器人,创国际首例 5G 远程临床手术,获批国内首个产品注册证,实现了高端医疗装备的原始创新。获国家技术发明奖二等奖及省部级科技奖和专利奖 10 余项,发表高水平论文 200 余篇[WS1-WS5]。王树新于 2021 年当选中国工程院

图 9.31 王树新

院士。

英国伦敦国王学院戴建生教授于 2008—2022 年加盟天津大学,任兼职教授。他组建了现代机构学与机器人学中心,先后完成国家重点研发计划、国家自然科学基金委员会重点项目和国际(地区)合作项目等十项计划或项目,创立了旋量代数、有限位移旋量、李群/李代数四位一体的机构学理论和变胞机构与可重构机构理论,出版了相关专著两部[DJ,DJ6](详见 10.4.4 节,11.2.7 节),开发出多足机器人、仿人灵巧手、软体机器人、电力巡检机器人等。成果获天津市自然科学一等奖等,发表高水平论文 200 余篇[DJ6]。

2009 年王树新、黄田、戴建生共同组建了天津大学机构理论与装备设计教育部重点实验室,2015 年共同组建了科技部创新团队,2017 年获批国家自然科学基金委创新群体,有力地推进了天津大学机械工程学科的发展。

图 9.32　陈焱

2012 年,天津大学引进陈焱教授(图 9.32),开辟了可动结构与超材料研究新方向。陈焱教授团队先后承担国家自然科学基金杰青、优青、重点项目及科技部国际合作项目 20 余项,建立了以机构与结构交叉融合为特色的研究体系,在解决厚板折纸国际难题方面取得了重大理论突破(见 11.2.3 节),发表高水平论文 60 余篇[CY,YF,ZX9,CY3,CY4],其中在 *Science* 上发表的论文创国际机构学领域和中国机械工程领域在该刊发表论文的首例。

以上 4 位教授共培养博士 160 余名(其中黄田和王树新各培养近 70 名),多人获全国优秀博士学位论文提名奖、天津市优秀博士学位论文奖和上银优秀机械博士论文奖。近年来,天津大学机构学团队培养了一批青年教授,包括刘海涛(国家优秀青年基金获得者)、王延辉(国防科技卓越青年科学基金获得者,国家优秀青年基金获得者)、孙涛(教育部长江学者奖励计划青年学者)、李建民(国家优秀青年基金获得者)等。

20 世纪 80 年代初,中国机械工程学会成立了 IFToMM 中国委员会,挂靠在天津大学。天津大学在 1997 年和 2004 年承办了两次大型国际学术会议,这是中国机构学走向世界的重要标志性事件之一(见 9.2.1 节)。

9.4.10　燕山大学机构学研究简介

1. 黄真教授:燕山大学机构学团队的奠基人

1982 年,东北重型机械学院(迁校后更名为燕山大学)的黄真赴美国佛罗里达大学,在著名机构学家达菲那里做访问学者(图 9.33)。

图 9.33　黄真与达菲(中)在一起

当时,全世界都在研究串联式工业机器人,而达菲教授却在发表"并联机器人"的文章。当时全美研究并联机器人的学者不到 10 个人。黄真此时站在了选择的岔路口。他想到了哲学上的对立统一规律,"并联不也正是串联的对立事物吗? 那么,它也一定有其自身的优点"。就这样,经过学习,他坚定地选择了这个方向。他是中国并联机器人机构学研究的开拓者。回国 30 多年来,他取得了卓越的成绩。在他的带动和影响下,并联机器人也被国内许多学者选作研究课题,成为中国机器人机构学研究的一大特色。他在美国的另一大收获是学习了螺旋理论,感悟到它在机器人的研究中是一个特别方便的工具。

黄真教授和他的团队以并联机器人为研究对象,以螺旋理论为主要工具,在如下几个具体领域都作出了重要贡献:

(1) 基于螺旋理论(达菲教授提出)和影响系数理论(D. Tesar 教授提出),创建了系统的并联机器人机构学理论[HZ2,HZ3]。

(2) 指出了 Grübler-Kutzbach 公式(机构自由度公式)不具普遍性[HZ2],用螺旋理论判断空间机构的过约束,在机构自由度问题上取得了突破,提出了自由度计算的普遍原理及方法[HZ,HZ1]。

(3) 提出了基于螺旋理论和运动链环路代数理论的机器人拓扑结构综合方法和机构数字化图库[HZ7,HZ8]。

(4) 提出了并联机器人运动分析的虚设机构法,并给出了严格的理论证明[HZ5]。

黄真教授在30 多年间共指导了22 名博士、6 名博士后研究人员。国内许多著名的中青年机构学家都是他的学生。他共计发表期刊论文 115 篇(其中国际期刊论文 60 篇),出版专著 6 部[HZ,HZ1-HZ4,HZ6],他曾获得 IFToMM 的卓越成就奖和两项国家教委(现教育部)的科技奖项(详见 9.5 节)。

国家自然科学基金委员会机械组原主任王国彪教授曾在一次国际会议上指出[WG1]：继刘仙洲教授和张启先教授之后，黄真教授的研究工作是中国现代机构学发展的第三个里程碑（图 9.34）。

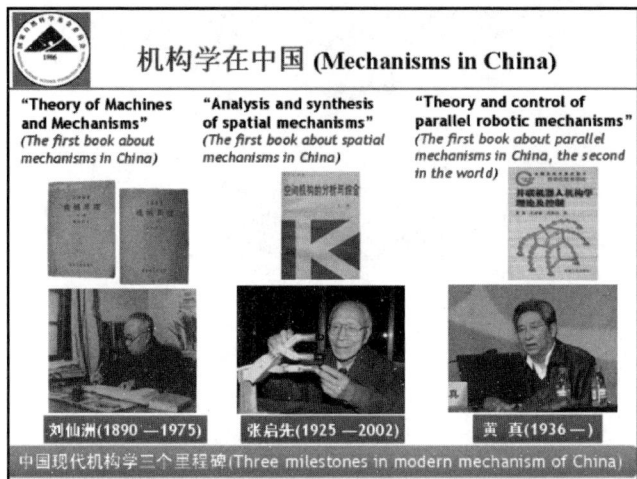

图 9.34　王国彪在国际会议上介绍中国机构学的发展

在黄真教授的学生中涌现出了多位优秀的青年学者，其中最突出的是李秦川（浙江理工大学教授）和丁华锋（中国地质大学教授）。

李秦川解决了机构综合方面的世界性难题，发明了多个在当时被认为综合非常困难的 4 自由度和 5 自由度机构，他的论文在加拿大蒙特利尔召开的 ASME 2002 年会上宣读时，得到了一致的好评（也见 10.3.2 节）。

图 9.35　丁华锋

丁华锋（图 9.35）在攻读硕士学位期间提出了一种新的同构判别方法，突破了近半个世纪以来一直困扰着机构学界的难题[DH2]（也见 10.3.3 节）。他在攻读博士学位期间及以后，又做出了新的理论创新，独创了"运动链环路代数理论"，提出了环路之间以符号加"⊕"、减"⊖"和乘"⊗"为特点的新的代数运算模式。他借此创立了面向智能设计的几何特征数字化的基础理论，发挥了环路在运动链拓扑结构研究中的重要独特作用。

基于他在德国的研究，以及他的拓扑结构学新理论，丁华锋成功开创了许多应用的范例。他从德国用于露天矿场的高效巨型正铲液压挖掘机中得到启发，成功地综合出具有中国专利系列的具有类似功能的巨型挖掘机。其缩小比例的几种样机已在三一重工股份有限公司一步步研制成功。

基于他的上述成就,经黄真教授推荐,他申请并获得了洪堡奖学金。后来,他又仅用两年时间即拿到了德国的博士学位。2022年,丁华锋获得了IFToMM颁发的卓越成就奖(详见9.5.1节)。

2. 赵永生教授的团队

赵永生教授的创新团队在燕山大学多自由度并联机器人理论的学术积淀的基础上,在中国天眼FAST馈源舱方面,在用于嫦娥二号奔小行星探测的上海天马大型射电望远镜方面,在北斗卫星大型可展天线、歼击机雷达扫描角度扩展系统等诸多重要的军工领域,在核潜艇制造、航天器总装、重型工程制造,以及民用领域等多方面开展了一系列成功的研制,做出了许多有重要价值和实际创新性的成绩。

9.4.11　杨廷力团队机构学研究简介

杨廷力教授与其曾指导的研究生们长期合作,形成了较稳定的现代机构学研究团队。其核心成员有:沈惠平教授(常州大学)、刘安心教授(解放军理工大学)、杭鲁滨教授(上海工程技术大学)、罗玉峰教授(南昌大学)和金琼博士等。杨廷力教授的学术经历可见文献[YT9]的第11章(学术研究之路:兴趣、探索与贡献)、第12章(学术研究之道:创建、质疑与回应)与第13章(学术研究之美:理、情与景的融合)。

30多年来,杨廷力教授的研究团队在现代机构学基本理论与方法领域作出了如下主要贡献。

1. 创建了基于方位特征集的机器人机构拓扑学及其线性符号运算方法[YT1,YT4,YT8,YT9]

1) 基本思想

(1) 3个基本概念:拓扑结构的符号表示及其运动过程不变性;运动副的方位特征集(POC集)及其不变性;单开链(SOC)单元。

(2) 4个基本公式:串联机构POC方程及其"并"的12个线性符号运算规则;并联机构POC方程及其"交"的12个线性符号运算规则;具有一般性的自由度(DOF)公式;阿苏尔运动链(AKC)的耦合度公式。并导出了并联机构的12个拓扑特征。

(3) 结构综合的系统方法:串联机构结构综合的一般方法;基于拓扑等效原理的复杂支路结构综合的一般方法;并联机构结构综合及其类型优选的系统方法。

2) 主要特点

(1) 由于线性符号运算与运动位置无关,可得到非瞬时机构。

（2）由于线性符号运算与定坐标系无关，所得的机构存在的几何条件具有一般性。

（3）线性符号运算属于内蕴几何学方法。

3）质疑与回应

国内外学者曾多次公开质疑此研究成果，该团队也已对所质疑的问题予以公开回应，详见文献[YT9]的第 12 章（学术研究之道：创建、质疑与回应）。而英文专著[YT4]（共 10 章）的电子版和纸质版的总下载量已逾万（以章计）。

2. 创建了基于有序单开链单元统一建模的现代机构学的新理论体系

1）基本思想

基于有序 SOC 单元、SOC 约束度与 AKC 耦合度，创建了基于有序 SOC 单元建模的现代机构学（包括机构的拓扑学、运动学与动力学）的新理论体系，为现代机构的性能分析与设计提供了一种新的系统理论与方法。它是继 19 世纪德国学者提出的基于杆与副单元建模的理论体系、20 世纪上半叶俄国学者提出的基于阿苏尔杆组建模的理论体系，以及 20 世纪下半叶美国学者提出的基于回路单元建模的理论体系之后的第 4 种机构学理论体系[YT2,SH1,YT9,YT11,YT12,YT,SH3]。

2）主要特点

该方法使运动学和动力学方程的结构显著简化，其维数大幅降低为 AKC 的耦合度，且方程易于生成与求解，易于密切结合现代计算技术的发展，更适应于复杂的机器人机构与复杂连杆机构的拓扑学、运动学和动力学的系统性分析。

3. 创建了机器人机构拓扑特征运动学

将并联机构的 12 个拓扑特征引入运动学方程，揭示了拓扑特征与运动学方程的建模、结构、生成、更大幅度降维与求解方法的复杂性之间的内在联系，以及与方程的数值解、封闭解和符号解之间的内在联系，为机器人机构运动学提供了一种更为简洁与实用的系统性分析方法[SH1,YT9,YT10,SH3]。

4. 建立了基于连续法的现代机构学运动综合的系统理论与方法

运动综合涉及高维、强耦合非线性代数方程组的求解问题。为得到方程组所有解，以优选运动设计方案，团队基于数学的连续法与消元法，提出了 3 种效率较高的方法：①近似运动综合的优化-连续法；②主项解耦消元法；③实数连续法。基于此建立了现代机构学运动综合的系统理论与方法[YT2,LA1,YT9,YT,LA2]。

5. 对机构摆动力和摆动力矩的平衡,提出了一整套新方法

详见第 10 章。

9.5 中国机构学学者获得奖励的情况

9.5.1 获得国际奖励的情况

中国机构学学者获得的主要国际奖励见表 9.4。

表 9.4 中国机构学学者获得的主要国际奖励

时间	获奖人	获得奖励名称
1998	戴建生	ASME 机构学与机器人学会议最佳论文奖
2009	黄 田	IFToMM Dedicated Service Award(IFToMM 杰出服务贡献奖)
2010	黄 真	IFToMM Award of Merit(IFToMM 卓越成就奖),是自 IFToMM 颁发此奖以来的第 6 位获奖者,以及首位华人获奖者
2010	刘辛军	International Conference on Intelligent Robotics and Applications 的 Best Student Paper Award(最佳学生论文奖)
2015	戴建生	ASME 机构学与机器人学大会颁发的 ASME Mechanisms & Robotics Award(41 年以来第 27 位)
2018		2018 Crossley Award
2019	李泽湘	IEEE Robotics and Automation Award(IEEE 机器人与自动化大奖),是首位华人获奖者
2019	戴建生	第 43 届 ASME 机构学与机器人学大会的 A. T. Yang Memorial Award for Theoretical Kinematics
2019	黄 强	由于在仿人机器人和空间机器人的机构设计、运动规划、平衡控制和系统集成方面作出的贡献,获得 IFToMM Award of Merit(IFToMM 卓越成就奖),是第 2 位获得此奖的中国学者
2019	张 策	IFToMM Dedicated Service Award(IFToMM 杰出服务贡献奖)
2020	戴建生	ASME 设计工程部颁发的机械设计学术成就奖(62 年以来第 58 位,首位华人获奖者)
2022	丁华锋	IFToMM Award of Merit(IFToMM 卓越成就奖),是第 3 位获得此奖的中国学者
2023	戴建生	IFToMM Award of Merit(IFToMM 卓越成就奖),是第 4 位获得此奖的中国学者
2024	黄 田	IFToMM Honorary Member Award(IFToMM 荣誉会员奖),第 16 位获奖者,中国大陆首位获奖者

1980 年以来,中国学者发表的论文数量增长迅速,逐步接近美国学者发表的论文数量。但是,在论文质量方面还存在差距。国际上有一个评价论文质量的指标——h 因子。在中国机构学学者中,h 因子最高的是黄真和刘辛军,均为 20;而欧美学者平均为 15~20,最高为 65[WG]。

9.5.2　获得国家级奖励和教育部奖励的情况

中国机构学学者获得国内重要科研奖励的情况(部分)见表 9.5。

表 9.5　中国机构学学者获得国内重要科研奖励的情况(部分)[WG]

获奖项目名称	主要获奖人	时间	获奖种类和等级
空间连杆机构的运动及动力分析	梁崇高、张启先、廖启征	1988	国家教委科技进步一等奖
		1989	国家自然科学四等奖
并联机器人机构学及理论	黄真	1991	国家教委科技进步一等奖
连杆机构的弹性动力学研究——分析、材料、综合、误差、间隙	张策、陈树勋、王子良、黄永强	1993	国家教委科技进步二等奖
以序单开链为单元的机械系统新理论研究	杨廷力、罗玉峰、孔宪文	1999	教育部科技进步二等奖
柔性机构的动力学特性分析与振动控制	张宪民	2000	教育部自然科学二等奖
基于逆滚动螺旋副的高效精密传动机构	梁锡昌	2005	教育部技术发明一等奖
并联机器人机构的现代分析与综合理论	黄真、赵铁石、李秦川	2005	教育部自然科学一等奖
精密运动机构中若干关键动力学与控制问题	陈学东	2007	教育部自然科学一等奖
并联机器人机构设计理论与应用	高峰、金振林、郭为忠	2008	教育部自然科学一等奖
并联构型装备的设计理论与方法	黄田、梅江平	2011	教育部自然科学一等奖
并联机构的现代分析与设计理论	刘辛军、汪劲松	2011	教育部自然科学二等奖
月球车移动系统关键技术	邓宗全	2011	国家技术发明二等奖
并联机器人机构拓扑与尺度设计理论	高峰、刘辛军	2013	国家自然科学二等奖
新型智能化航天连接与分离机构	闫晓军	2013	教育部科技进步二等奖
高可靠精密滤波驱动机构与高端装备集成系统	王家序	2013	教育部技术发明一等奖
空间柔性机构理论与应用基础问题研究	丁希仑、赵铁石、于靖军	2013	教育部自然科学二等奖
空间折展与锁解机构关键技术	邓宗全	2014	国家技术发明二等奖

注:限于篇幅,获得其他部委奖和省级奖的未能列入。

9.5.3　获得机构学专业委员会奖励的情况

中国机构学学者获得 IFToMM 中国委员会颁发的奖项情况见表 9.6。

表 9.6　IFToMM 中国委员会颁发的奖项[DJ2]

时间	地点	学术贡献奖获得者	学术创新奖获得者	国际学术交流奖获得者	学会工作贡献奖获得者
2002	杭州	张启先、干东英	邹慧君、黄真	(空缺)	
2004	重庆	李华敏	杨廷力		
2006	银川	邹慧君	高峰		
2008	大连	(空缺)			
2010	上海				
2012	黄山	谢存禧	戴建生、黄田	戴建生	郭为忠
2014	天津	张策	张宪民	葛巧德	邹慧君
2016		(空缺)			
2018		邓宗全	王德伦	(空缺)	
2020	西安	高峰	(空缺)		

附录：编后随笔

怀念张启先先生

笔者在 1980 年去美国学习之前,对机构学研究基本上还没入门,为此曾拜访过张启先先生,请教去美国学习选什么研究方向。张先生告诉笔者的最重要的一句话是:"搞运动学的人太多了,你去搞一下动力学吧!"笔者这辈子的学术走向基本上就是由这句话定下来的。

2002 年,张先生因病去世。笔者到北京参加他的告别仪式。在那里看到,从东北、广州等全国各地,各著名高校的许多教授/研究机械原理的教师都来了。

北京航空航天大学张玉茹教授所出版的专著[ZY]的最前面,就是一篇题为《纪念张启先院士》的文章。该文是对张先生的经历、事业、贡献和品德的全面介绍。写得情真意切,特向大家推荐。该文给笔者留下最深印象的一句话是:

"我们不曾听到他的豪言壮语,却时刻感受到他的深刻力量。这一切来自他高尚的品格,敏锐的目光和严谨求实的作风。"

第10章

现代机构学各分支领域
的发展(上)

近代机构学各分支领域的发展,已经在第 6 章中加以介绍。在本章和第 11 章中将阐述现代机构学各分支领域的发展。现代机构学,其领域之宽广、内容之丰富,都远远超过了近代机构学。

现代机构学在内容上与近代机构学的一个巨大区别是由机器人机构学的加入所造成的。因此,要了解现代机构学的发展,必须首先了解机器人的诞生和发展,了解机器人机构学发展的概貌,然后才能理解机器人给机构学带来的冲击。因此,在 10.1 节中首先介绍机器人的发展和机器人机构学的概貌。

在 10.2 节中,介绍现代机构学的数学和力学工具的发展。它是极为重要的内容,与结构学、运动学、动力学 3 大分支的发展密切相连,对它们的发展有至关重要的影响。在 10.3 节、10.4 节中分别介绍机构结构学和机构运动学这两个领域在现代的发展。在第 11 章中介绍机构动力学在现代的发展,以及在现代出现的多种新型机构。

10.1 机器人的发展和机器人机构学的概貌

10.1.1 机器人的诞生和发展概貌

计算机的应用和机器人的出现,是相关科技领域对现代机构学冲击最大的两个事件。

1. 机器人诞生的时代背景

自古代以来,就出现过可模仿人的行为、带有一定自动化色彩的机器玩具[LZ]。例如,加扎里的趣味机械和马钧的水转百戏(见 2.6.10 节),可以被看作是当代机器人的"远祖"。

1914 年,汽车工业中首创了大量生产模式。它的积极意义和历史作用自不必赘言,但单调的重复性工作易使工人感到厌烦。卓别林在电影《摩登时代》中就夸张地表现了在这种工作环境中工人的精神状态。1920 年,捷克作家恰佩克(K. Capek)在其科幻剧中构思了一个名叫"Robot"的机器人,它可以不吃不睡,不知疲倦地工作。这体现了人类的一种愿望,即创造出一种能够代替人进行各种体力劳动的机器。该科幻剧很快传到许多国家,"Robot"就随着这部科幻剧而传播开来,成为机器人的代名词。恐怕谁都没有想到,它最终成为了文献中的正式技术术语。

机器人是第三次科技革命中的重要发明。实现机械的自动化、减轻工人的劳动强度、保证复杂动作的精准无误等都是工业机器人出现的背景。随后,机器人的应用领域也在不断拓宽。为了适应海洋探测、外空探索等特殊领域的需要,出现了特种机器人。后来又出现了用于医疗和家庭的各种服务机器人。

机器人涉及的知识面很广,本节的介绍基本集中在与机构学直接相关的内容。

2. 串联机器人

按照构件的连接方式划分,机器人可分为两种基本形式:串联机器人和并联机器人。

最早出现的是串联机器人。1948 年,美国阿贡国家实验室(Argonne National Laboratory)研制出了世界上第一台可遥控的主从机器手,用于完成核燃料的搬运。

1954 年,美国人戴沃尔(G. Devol)获得了第一个工业机器人专利,其中已包含伺服控制、可编程和示教再现的思想。1959 年,英格伯格和戴沃尔联手制造出第一台工业机器人。由英格伯格负责设计机器人的"手""脚"和"身体",即机器人的机械部分和完成操作部分。由戴沃尔设计机器人的"头脑""神经系统"和"肌肉系统",即机器人的控制装置和驱动装置。它是世界上第一台真正的实用工业机器人。

图 10.1　Unimate 通用示教
再现型商业机器人

1961 年,戴沃尔建立的 Unimation 公司将研制的 Unimate 通用示教再现型商业机器人(图 10.1)首先应用于通用汽车公司的装配线上。1962 年,美国 AMF 公司推出了世界上第一台圆柱坐标型工业机器人 Verstran。这标志着机器人开始走向成熟。

1970 年,在美国召开了第一届国际工业机器人学术会议。此后,机器人的研究得到迅速而广泛的发展。

示教再现型机器人是第一代机器人。通过示教将程序和信息存储在计算机中,工作时把信息读取出来,然后发出指令控制机器人的动作。根据示教,机器人可以多次再现出所要求实现的动作。这种机器人对外界的环境没有感知:工件是否已安装好? 手部施加了多大的操作力? 加工的质量如何? 它并不知道。这是第一代机器人的不足之处。20 世纪 70 年代,示教再现型机器人成功地应用于搬运、电焊、弧焊、喷漆等多种作业,可以达到很高的重复定位精度。

虽然美国的机器人研究起步早,但是在商业化方面却落后了。20 世纪 60 年代末,日本人购买了美国的机器人专利,进行再开发,并将其成功地应用在汽车工业中。到 70 年代,日本已实现了示教再现型机器人的批量化生产。从 1980年开始,工业机器人在日本等国迅速普及。国际上有人称 1980 年为"机器人元年"[CJ2],这从科技史的角度来看当然并不正确,但也反映出:从普及的角度来看,1980 年确实是机器人发展史上具有标志性意义的一年。此后,日本迅速成为机器人王国。在 2000 年,它的机器人年产量和拥有量已占到全世界的 70%左右。

工业机器人成为产品并得到普遍应用以后,很多研究机构便开始研究第二代机器人——具有感知功能的机器人。传感器的应用提高了机器人的可操作性,使机器人可以模拟人的感觉,例如力觉、触觉、视觉、听觉。机器人在抓物体的时候不仅能感觉出施力的大小,还能识别物体的形状、大小和颜色。

第三代机器人——智能机器人是机器人研究者追求的最高阶段。人们期待只要告诉机器人做什么,而不必告诉它怎么去做,它就能完成运动。20 世纪 90 年代初开始了智能机器人的研究热潮。但目前智能机器人还只具有局部智能,完整意义上的智能机器人还没有出现。

机器人与机械手有着本质的区别。机械手的动作程序是固定的,是适合大批量生产的专用自动化机械。机器人则在控制系统中装有计算机,可以通过软件的改变实现动作程序的改变,以完成多种作业的要求。因而,机器人是适合多品种、小批量生产的自动化机械。而多品种、小批量生产正是与现代市场经济所要求的产品不断更新换代相适应的生产模式。工业机器人已越来越广泛地应用于喷漆、搬运、焊接和装配等生产环节。截至 2005 年年底,全世界在运行中的工业机器人达到 91.4 万台,其中近半数应用于汽车行业。工业机器人的性能不断提高,而价格却在下降(图 10.2),因此正日益普及。

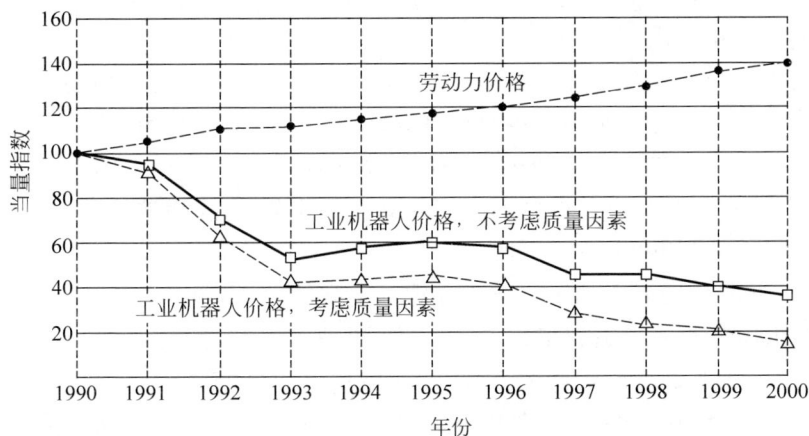

图 10.2　20 世纪 90 年代机器人价格与人力成本的比较[CJ2]

3. 并联机器人

一般认为,最早的并联机器人是 Gough-Stewart 平台(G-S 平台),如图 10.3 所示。关于它的发明和命名的变化,详见 8.4.1 节。1978 年,澳大利亚著名机构学家亨特首次提出,可以把这种 6 自由度并联机构用作机器人操作器[HK],由此拉开了并联机构和并联机器人研究的序幕。但直到 20 世纪 80 年代末 90 年代初,并联机构和并联机器人才引起广泛注意,成为国际研究的热点。

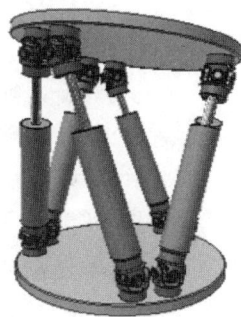

图 10.3　Gough-Stewart 平台

在 1994 年的芝加哥机床展览会上,Giddings & Lewis 公司和 Ingersoll 公司分别推出了基于并联机构的六足机床。并联机床曾被认为是"彻底改变了一百多年来机床的结构配置和运动学原理,并将成为 21 世纪新一代机床的范例"[ZS2]。并联构型装备(parallel kinematic machine,PKM)一时成为制造业的研究热点之一。与传统机床比较,其优点是比刚度高、响应速度快及运动精度高;缺点是运动空间小、空间可转角度(灵活性)小、开放性差。近年来热度似乎有所下降。

20 世纪 90 年代后期,美国航空航天局(National Aeronautics and Space Administration,NASA)为减小空间飞行器在空间对接过程中的冲击,开发了以 G-S 平台为主机构的对接系统(low impact docking system,LIDS)[NS]。此外,并联

机构的应用领域还有搬运机器人、力传感器等。G-S 平台是各种并联机器人中使用最多的一种机器人。

在许多场合应用的机器人只需 2～5 个自由度就可以满足使用要求,这类自由度少于 6 的并联机器人被称为少自由度并联机器人。对少自由度并联机器人的研究始自 20 世纪 80 年代。这种机器人具有结构简单、造价低、工作空间大、容易解耦和控制简单等特点,有着广阔的应用前景。最著名的、应用较广的少自由度机器人是 Delta 机器人和 Tricept 机器人。

Delta 并联机器人由瑞士洛桑联邦理工学院的 R. Clavel 于 20 世纪 80 年代初发明,如图 10.4 所示。它具有 3 个自由度,可使其下部的夹头做三维空间中的平动运动。Delta 机器人的运动部件轻,加速度可达 12g(它的某个变型的加速度已达 20g),已广泛用于食品和药品的包装、电子产品的装配,如图 10.5 所示[BI1]。

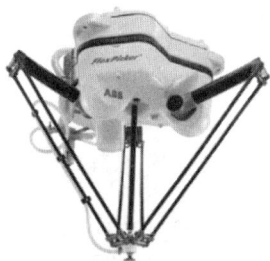

图 10.4　Delta 机器人

图 10.5　装配线上的 Delta 机器人

1985 年,瑞典 Neos Robotic 公司开发了 Tricept 并联机床[ZS2,EW],如图 10.6 所示。它具有承载能力大、精度高的优点。美国波音公司和通用汽车公司分别将这种机床用于航空航天铝结构件与复合材料的高速铣削,以及汽车大型模具的制作、激光切割、空间多位姿安装。

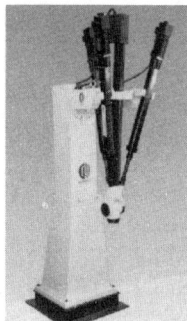

图 10.6　Tricept 机器人和用它组成的机床

此外各国学者还设计了多种非常有使用价值的并联机器人。如 STAR 机器人(美国约翰斯·霍普金斯大学研制)、6X Hexa 立式加工中心(德国 Mikromat 机床公司开发)、并联柔索 RoboCrane 机器人[美国国家标准与技术研究院(NIST)研制]、4 自由度的 H4 并联机构[PF]和 5 自由度全并联加工中心(德国 Metrom 公司开发)[XZ1,LX3]等。

并联机构一般是多自由度、多构件、多环的空间机构,具有如下特点：①无累积误差,精度较高；②驱动装置可置于定平台上或接近定平台的位置,这样运动部分重量轻、速度快、动态响应好；③结构紧凑,刚度高,承载能力大；④完全对称的并联机构具有较好的各向同性；⑤和串联机构有很大的不同,为产生同一种运动类型,总能找到许多并联机构的构型[KX]；⑥工作空间较小。

根据这些特点,并联机器人在需要高刚度、高精度或者大载荷而无须很大工作空间的领域内得到了广泛应用。例如,在输送设备中,在运动模拟设备中,在医疗器械中,在微动补偿器和微操作器中,在航空航天设备中,在管道设备中,在机床中,在起重设备中,等等,并联机构都得到了应用[XZ1]。

并联机器人与串联机器人在特点和应用上具有互补性,因此扩大了机器人的应用领域。

为了提高机器人的速度、工作能力和适应性,后来又陆续出现了柔性机器人、具有冗余自由度的机器人和可协同操作的多台机器人。

4. 步行机器人

步行机器人是能够模仿人或动物行走或奔跑姿态的机器人。

关于两足步行机器人的第一篇文献是南斯拉夫学者乌科布拉托维奇(M. Vukobratovic)在 1969 年发表的[VM]。他研究的是"静步行",即重心移动少、速度慢的步行方式。而现在步行机器人的研究早已进入"动步行"阶段,即依靠惯性和重力快速行走的阶段。

仿人形机器人集多门学科于一体,是一个国家高科技实力和发展水平的重要标志。因此,世界各发达国家和一些发展中国家都不惜投入巨资进行开发研究,并已取得突破性进展。

图 10.7　ASIMO 机器人

日本的本田公司于 1986 年开始研发仿人形步行机器人,陆续推出了 P2、阿西莫(ASIMO)、P3 等机器人[CK]。2000 年,双足步行人形机器人 ASIMO 在博览会上展出(图 10.7),让观众叹为观止。最新一代的 ASIMO 机器人身高 1.3m,奔跑时速约为 9km。仿人形步行机器人 P2

的高度为 1.6～1.8m,体重 120～130kg,它表演了上台阶这一高难度动作,一步一个台阶,走得极为平稳,令人赞叹不已。P3 步行机器人通过其身体的重力感应器和脚底的触觉传感器把地面的状况送回电脑,由电脑作出判断,进而平衡身体,实现稳定的前后左右行走。

波士顿动力公司(Boston Dynamics)是韩国现代汽车集团旗下的人形机器人公司[BD]。它研发出了众多令人惊艳的行走机器人(图 10.8),其中最为亮眼的是 2013 年为美军研制成功的 Atlas(希腊神话中的大力神)人形机器人。该机器人能像人类一样用双腿直立行走,可以在危险的环境下代替人进行救援工作。它身高 1.9m,体重 150kg,身躯由头部、躯干和四肢组成,"双眼"是两个立体感应器,有两只灵巧的手,能在实时遥控下穿越比较复杂的地形。同时,它能力超强,可单腿站立,从侧面飞来的球也撞不倒它。

图 10.8　Boston Dynamics 公司开发出的部分行走机器人

图 10.9　人机联合操纵的六足机器人 ASV

早在 1981 年,受美国军方资助,俄亥俄州立大学的 K. Waldron(曾任 IFToMM 主席,表 7.1)等曾打造了一款人机联合操纵的六足机器人 ASV。ASV 大小像卡车一样,可在坦克履带无法行进的地形中完成任务(图 10.9)。他们的研究想必并不能算十分成功,但是否可被看作波士顿动力公司的先行者[ZZ]?

中国从 20 世纪 80 年代开始研究主动行走双足机器人,哈尔滨工业大学、国防科技大学、北京理工大学和清华大学等 10 余所院校都开展了双足机器人的研制[CK]。

在行走机器人的设计中,与控制系统的设计相结合的动力学研究甚为重要。

10.1.2　机器人机构学发展概貌

伴随着机器人的出现和发展,机器人机构学也得到快速发展。在美国、中国和欧洲,大量从事一般机构学研究的人员迅速转向机器人机构学领域。几十年来,机器人机构学的深入发展,对于整个机构学领域来说是一股强劲而持久的推动力。一方面,它极大地扩展、丰富了现代机构学所研究的机构类型;另一方面,它极大地提升了机构学 3 大分支领域的研究水平。

特别是并联机器人的出现,不仅丰富了传统机构学研究的机构类型,而且在机构自由度、机构的拓扑结构综合等方面都带来了新的问题,并推动了这些问题的解决(参见 10.3 节),推动了机构学的发展。在介绍结构学、运动学和动力学 3 个分支领域的进步的章节(10.3 节、10.4 节和 11.1 节),可以看到机器人的出现给这些领域所带来的影响。

10.2　现代机构学的数学和力学工具的发展

机构学的各分支领域都涉及很多力学基础、数学表达和计算方法方面的问题。南京理工大学的张纪元和沈守范教授在 1996 年写过一本《计算机构学》[ZJ]。笔者觉得,这个名称比美国人提出的"计算运动学"更准确。但是到了 21 世纪,不知为何,张、沈二位教授又放弃了"计算机构学"这个名称[SS,ZJ1]。

在现代机构学时期,计算运动学(我们姑且沿用这个名称)领域的文献数量非常大。这里仅简单介绍其中几个最重要的问题。

10.2.1　D-H 矩阵

在机构运动学中,为表达矢量的方位和点的坐标,要在每个构件上建立坐标系,并通过转换矩阵实现不同坐标系间的坐标变换。在转换矩阵类方法中最突出的成就是哈顿伯格(R. Hartenberg)和他的博士生丹纳维特(J. Denavit)于 1956 年提出的转换矩阵,后来被称为 D-H 矩阵[DJ4]。它是利用齐次坐标的概念写出的矢量正交坐标变换矩阵,特别适用于不同原点的两个坐标系之间的坐标转换[SS],绝好地适应了空间机构和机器人机构大量出现这一形势的需要。D-H 矩阵是被许多文献提及并充分肯定的贡献。1974 年,哈顿伯格获得 ASME 的机构学学术成就奖。

10.2.2 非线性代数方程的求解

在 20 世纪 50 年代的运动学研究中,开发出了多种机构约束方程的表达式,以便能使用计算机进行计算。这些方程无一例外都是非线性方程组,而且都具有多解性。求解非线性方程组有多种方法。如何求出满足给定运动要求的机构的所有尺寸方案并对其进行优选,是一项具有重要理论及实践意义的研究课题。参考文献[GK]是对美国 40 年计算运动学的总结。该文在介绍求解非线性方程组的数值方法时只提到了能求出全部解的两种方法:连续法和代数消元法。

在数学领域,对连续法(continuous method)曾进行过一些研究。但是,在 1963 年首先将其应用于工程领域的则是机构学家罗兹和弗洛丹斯坦[RB]。连续法的优点是不需要初值就能求解出全部解,不足之处是求解的工作量随着问题的规模呈指数上升。1985 年,A. Morgan 提出了多项式连续法[MA],在机器人和机构的分析中得到应用。

图 10.10　吴文俊

文献[GK]中谈到的代数消元法(algebraic elimination)是美国人的研究成果,没有提及中国学者吴文俊的贡献。吴文俊(图 10.10)是中国科学院院士,中国科学院数学与系统科学研究院研究员,获 2000 年度国家最高科学技术奖。他提出了具有自己特色的求解多项式方程组的消元方法——吴消元法[WW]。吴消元法以多项式组的零点分解为基础,为多项式方程组的求解给出了完整的理论,并提供了有效的算法。该方法避免了其他方法求解多项式方程组的局限性,得到的解不增不漏,且还可判断方程组是否有解。吴消元法已在计算科学、数理科学等领域中获得了成功的应用,并不断扩展至新的应用领域[WH]。

张纪元对机构学中非线性问题的解法做了述评[ZJ2]。钱瑞明等[WH]对吴消元法在开链机器人运动学逆解中的应用做了尝试。

10.2.3 图论

在“二战”以后机构学和多体动力学的发展中都引入了图论(graph theory)[SS]这个数学工具。

图论以图为研究对象,是拓扑学的一部分。所谓“图”,是由若干给定的点及连接两点的线所构成的图形。这种图形通常用来描述某些事物之间的某种特定关系。图论的研究已有近 300 年的历史,曾经吸引了历史上的多位著名数学家。

图论起源于几个智力思考题。

在哥尼斯堡的河上有 7 座桥,如图 10.11(a)所示,A、B、C、D 表示陆地。问题是:从某一块陆地开始,是否可以通过每一座桥一次且仅一次,再回到起点? 1736年,欧拉解决了这个"七桥问题"。他将这个问题抽象为图:把陆地用点来代替,将桥用连接两点的线来代替,如图 10.11(b)所示。欧拉证明了这个问题没有解,并且给出了判定法则。由此,欧拉被认为是图论的创始人。

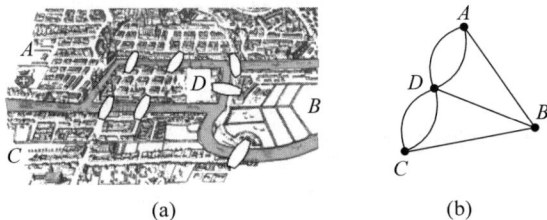

(a)　　　　　　　　　　(b)

图 10.11　哥尼斯堡七桥问题

图论的著名问题还有"哈密尔顿问题"和"四色猜想问题"[ZC2]。

1964 年,图论被引入机构学研究[FF3]。作为一种成熟的数学工具,它现在是确定机构拓扑结构应用最广的方法。在拓扑结构图中,构件用顶点表示,运动副用点与点间的连线表示。为了运算的需要,这些图形表示也可以通过关联矩阵转化为符号表示[KT]。图论也影响、渗透到了运动学和动力学的研究中[YT]。

10.2.4　旋量理论和李群、李代数

今天,研究机器人机构学最重要的数学工具之一就是旋量理论,也译为螺旋理论(screw theory)[DJ,ZJ1]。关于旋量理论的研究可以追溯到 1763 年意大利数学家、力学家莫兹的著作,他在著作中明确写到:

"因此,你可以推断出:前述的运动①变成了另外两个运动。第一个运动是直线运动,对物体上的所有点都是共同的;该直线平行于穿过重心的旋转轴。第二个运动是一个旋转运动,其旋转轴与前述之轴线平行。"[MG,CM]

但是,莫兹的研究在国际学术界被遗忘了很长时间,当时正是法国大革命时期,他的这一理论在天文学界和工程界都没有被应用。

旋量研究在 19 世纪进入了鼎盛时期。1830 年,法国学者查斯里提出了和莫兹十分相近的表述。19 世纪下半叶,爱尔兰学者鲍尔的系统研究,使旋量理论的研究达到了巅峰。1900 年,他出版了具有划时代意义的专著《螺旋理论》[BR],奠定

---

① 指一般刚体运动。

了旋量理论的数学基础。

19 世纪末,挪威科学家 M. S. Lie 为了把群的一些思想应用到微分方程的对称性中去,引进了连续群(Lie group)的概念[DX2]。德国数学家克莱因(F. Klein)和 Lie 一起奠定了李群、李代数的基础[DJ]。直到此时,旋量理论的研究仍局限在数学、力学的基础理论范围之内。直到 20 世纪 60—70 年代,旋量才与机构学联系起来(见 10.4.4 节)。

标量—矢量—张量—旋量,这是人类对数学的"量"的认识的几个台阶。旋量的研究背景就是一般刚体运动。

10.3　现代机构结构学的发展

10.3.1　概述

1. 近代机构结构学的简单回顾

自古代直至近代,机构结构的类型综合在相当程度上是由设计者凭借其经验、直觉等方法进行的。这种初级的方法甚至一直延续到当代的某些机构发明。

19 世纪 60—70 年代,德国学派的雷罗建立了运动副和运动链的概念(见 5.2 节和 6.2 节)。他为机构结构学做了奠基性的工作。有了机构结构学,才有了机构学的独有特色。因此,也可以说,雷罗是机构学真正的奠基人。

俄国学者阿苏尔提出了机构学史上第一个完整的机构结构组成理论,在世界的机构结构学发展史中占有重要地位(见 5.3 节和 6.2 节)。

机构的自由度当然是机构结构学中的首要问题。但是,计算机构自由度的 Grübler-Kutzbach 公式应用于某些机构时不能得出正确的结果。

上述几点,就是近代在机构结构学方面留给现代的全部遗产。

2. 图论的引入

现代的机构结构学是指由美国学派开辟,美、中、欧大批学者卷入的,以计算机上的数值计算进行的结构学分析与综合。

经过长期的发展,国际机构学界已经认识到:机械设计中最富有创造性的阶段之一就是机构的拓扑结构综合[DH1],它是机械系统原始创新的主要途径之一。除了应用价值外,还因为机构结构学的研究有较高的难度,它给学者们带来了纯粹的智力刺激和审美愉悦。有趣的是,这个课题不是爆发式地一下子就被解决了,而是时起时伏地发展着。"它从未完全从研究领域中消失过,它经常以更大的活力反

弹回来。"[KS]

机构的结构组成长期借助于机构简图和文字描述,难以进行数学运算,这也导致结构学的研究进展缓慢。美国学者弗洛丹斯坦在 1964 年[FF3]、F. Crossley[CF] 在 1965 年分别将图论引入机构学研究。学术界公认,现代机构结构学研究的起点就应从图论的引入算起。

此前,图论已经发展了两个多世纪,是一种成熟的数学工具[ZC1]。它现在也是确定机构拓扑结构应用最广的方法。在拓扑结构图中,构件用顶点表示,运动副用点与点间的连线表示。拓扑结构图也可以用关联矩阵等多种矩阵来表示,在这些矩阵中包含了拓扑结构图的全部信息[KT]。矩阵便于运算,故图论为机构结构学研究提供了强有力的数学工具,机构结构学理论自此才取得了突破性的进展。

F. Crossley 也曾获得 ASME 的机构学学术成就奖和机械设计学术成就奖(表 8.1 和表 8.2)。

10.3.2　现代结构综合发展的两个阶段

连杆机构的结构综合主要研究在给定杆数和自由度数的情况下,如何求得所有的运动链类型。现代机构学的结构综合研究可以被分为两个发展阶段。

1. 第一阶段:平面机构的结构综合

从 20 世纪 60 年代开始,在图论被引入机构结构学后,各种构件数和自由度数的平面机构才被系统地综合出来,机构结构学理论自此才取得了突破性的进展[DH1]。与此相关的第一篇文章是 1966 年美国学者 T. Davies 和 F. Crossley 发表的,他们使用弗兰克的图形标记法,借用了分子结构来研究运动链的拓扑结构[DT]。最早投入此领域研究的机构学名家还有弗洛丹斯坦、颜鸿森和 T. Mruthyunjaya 等。

这一阶段,研究局限在平面机构。所依据的理论和方法包括:图论、弗兰克标记法、Grübler 公式、阿苏尔杆组等。有一些是独创的方法,如 Mruthyunjaya 用矩阵表示运动链进行型综合[MT1]。迄今发表的文献据不完全统计也有 200 篇左右[YW]。许多作者在提出综合方法之后,还实际进行了机构的型综合:有单自由度机构,也有 2 自由度机构甚至 4 自由度机构;杆件数有多达 9~10 杆的;综合出的方案有的多达 200 多个。这一阶段的工作,主要还是由人工操作,由人工检查同构判别问题。从 20 世纪 80 年代中期开始,在生成平面运动链时使用了计算机。T. Mruthyunjaya[MT1]、W. Sohn 和弗洛丹斯坦[SW]、李文辉和王知行[LW]都综合出了数百甚至数千个自由度为 2~3、杆数为 11~12 的运动链。Mruthyunjaya[MT]指出，综合结果的差异表明，基于人工检查的方法非常容易出错。

机构的创造性设计被广泛地认为是机构学中最重要的分支之一。此外，机构运动链的结构综合被广泛地认为是建立崭新的机构智能设计理论的一种基本方法。在过去的半个世纪中，越来越多的学者提出了新的方法进行机构的结构综合。

2022 年发表的综述文献[YW]对平面机构结构综合的历史和最近的研究进展做了更新和全面的介绍。该文认为，目前的平面机构结构综合开发的程序应注意如下 3 个方面的改进：

（1）对于给定的拓扑要求，需要提出有效的方法来生成完整的运动链方案，其中要排除任何刚性的或同构的结构，也不能遗漏任何可行的结构。许多错误的综合结果随后被开发了更有效的综合方法的后人所纠正。

（2）要开发出全自动的方法，以便高效、精确地进行综合。

（3）为了方便观察运动链的杆副间的相互关系，应该开发人机交互式软件，以使综合所得的运动链以图的形式展示出来，而不是仅以数字或符号表示。

大多数综合方法都集中在仅具有回转副的运动链，还需要扩展到具有其他形式运动副（如移动副、齿轮副和凸轮副）的运动链和机构的综合。

此外，对机构智能设计理论的研究仍处于起步阶段。运动学和动力学分析，以及由结构综合所引起的控制方案设计都讨论得还不够。同时，关于机构的智能评价系统报道得也很少。今后，应将运动学和动力学分析以及控制方案的设计，均与自动化的结构综合整合在一起，从而自动地生成可行的机构；需要开发出基于数字性能指标的机构智能评价系统，以自动确定出高性能的机构；需要发展系统化的智能设计理论，以便对给定的设计任务自动地生成最优化的机构[YW]。

2. 第二阶段：机器人机构的结构综合

第二阶段基本上是随着新世纪的到来而开始的。20 世纪 80 年代以后，并联机器人发展起来。并联机器人一般是多自由度、多构件、多环的空间机构。为产生同一种运动类型，总能找到许多并联机构的构型，这一点和串联机构有很大的不同[KX]。传统的机构结构学已完全不能适应这类机构的分析与综合。国际机构学界，以美、中、欧学者为主导力量，以极大的热情掀起了新一波结构综合理论的研究热潮，很多机构学的名家都投入其中。由于这一部分内容在难度上很大，涉及的理论很多，在本书中不展开介绍，只根据文献[LJ2]中的部分内容简介如下，作为读者进一步阅读的索引。

目前，用于并联机器人拓扑结构综合的方法有多种，最主要的 3 类方法如下。

1）基于位移子群/子流形的拓扑结构综合方法

位移子群的非线性符号运算：利用表格形式的运算规则，或基于综合判据的运算。

代表性学者及文献：J. Herve[HJ6,HJ7]；P. Fanghella[FP]；J. Rico 等[RJ]；李秦川等[LQ3]；杨廷力等[YT6]；Meng J., 李泽湘等[MJ4]。这些文献发表的时间在 1995—2007 年间。

1995 年, 法国学者 J. Herve 首次将李群理论应用于机器手的结构综合。在本节所列出的几种最常用的方法中, 他的论文是发表最早的。他一直坚持这一方向的研究 20 余年, 受到了国际机构学界的瞩目。

2) 基于螺旋理论的拓扑结构综合方法

这种方法是将运动螺旋系的"交"运算转化为约束螺旋系的"并"运算。

代表性学者及文献：A. Frisoli 等[FA]；黄真和李秦川[HZ8,HZ7]；孔宪文和 C. Gosselin[KX1,KX]；Dai[DJ11,DJ12]。这些文献发表的时间在 2000—2014 年。

李秦川是一位积极投身机器人机构结构综合研究的中国青年学者。他协助导师黄真教授建立了基于螺旋理论的拓扑结构综合方法, 在国际上首次综合出分支相同、结构对称的 5 自由度并联机构, 纠正了国际机构学界长期以来认为不存在对称 5 自由度并联机构的错误认识。他也采用了基于位移子群/子流形的拓扑结构综合方法[LQ2]。

3) 基于方位特征集的拓扑结构综合方法

拓扑设计包括两部分：由结构综合得到多种结构类型；基于拓扑特征的结构类型的性能分析及其分类, 以便于类型优选。

代表性学者为杨廷力的研究团队[YT4,YT5]。其文献发表的时间是 2004 年以后。

中国学者参加了上述所有 3 种方法的研究。关于这 3 种方法的进一步讨论可参见有关综述文献[LJ2,MX]。

应该特别指出的是, 上述方法中的前两种都应用了原有的某种数学理论来解决结构综合问题, 而第三种方法则比较特殊。第三种方法是中国学者杨廷力以他提出的单开链(single open chain, SOC)理论为基础的、基于方位特征(position and orientation characteristics, POC)方程的一种综合方法, 具有独创性。该方法具有如下特点：①由于 POC 集与运动位置无关, 得到的机构具有非瞬时性；②POC 集与定坐标系无关, 得到的机构存在的几何条件具有一般性；③提出了用于拓扑分类和性能分析的 12 个拓扑特征指标, 初步揭示了机构拓扑学与运动学/动力学特性之间的内在联系, 为空间机构的运动学和动力学研究提供了新的视角和理论依据[SH1]。

在近代, 德国和俄苏两个学派分别提出了自己的结构学理论；在现代, 美国、中国和欧洲也分别提出了自己的机构结构学理论。杨廷力教授和他的团队将中国的机构结构学理论呈现于国际机构学界,正在获取国际学术界的认同[LJ2]。目前,他们正在自己的机构结构学理论上建立以此为基础的机构学新理论,并已在机构运动学方面取得一定的成绩[SH1]。

10.3.3　同构判别问题

上述两个阶段中所提出的所有结构综合方法都需要进行非常烦琐的同构判别(isomorphism problem)。自 20 世纪 70 年代以来,同构判别问题一直是国际机构学界研究的热点,也成为困扰机构运动链自动综合的最重要的问题。

运动链的同构判别属于数学中的 P(多项式算法)与 NP(非多项式算法)问题,也是数学领域的难题之一。一般图的同构判别问题至今仍无解决的可能。但运动链的拓扑图有自己的特点,比一般图的同构判别容易些。20 世纪 60—70 年代以来,国际上对这一难题已研究了近半个世纪,提出了近百种运动链同构判别方法[DH1,MT],但都还有其缺点和局限性。中国学者丁华锋和黄真在 2007—2009 年间建立了"运动链环路代数理论",提出了基于规范邻接矩阵集的运动链同构判别的新原理,并认为解决了机构自动综合过程中最为关键的、困扰国际机构学界四五十年的运动链同构判别问题[DH1,DH2]。

10.3.4　机构自由度问题的研究和解决

如 6.2.2 节所述,G-K 公式几乎是所有教科书都要介绍的自由度计算公式。在机构学的发展历程中,该公式虽然成功地计算出了许多机构的自由度,但是,它也不时地被发现,在计算不少机构的自由度时得不到正确的结果。特别是"二战"以后,机构学的研究对象出现了很多变化,由于机器人的出现,大量出现了一些并联机构、空间机构、多自由度机构、过约束机构,从而凸显了 G-K 公式的局限性。

这引发了国际机构学界为解决 G-K 公式局限性的讨论和研究。这一研究热潮的特点如下:

(1) 持续的时间长。从 G-K 公式出现算起,这个研究已经持续了近百年,若从契贝雪夫算起则已经 150 多年,没有哪一个机构学问题像自由度问题这样困扰了机构学界这样长的时间。

(2) 卷入的机构学家人数多、水平高,如美国的弗洛丹斯坦,加拿大的 C. Gosselin,澳大利亚的亨特,中国的张启先、黄真等。

(3) 提出的方法涉及多种不同的数学工具,如李群、李代数、雅可比矩阵和螺旋理论等。

早在 1978 年,美国学者 C. Suh 和 C. Radcliffe 在他们著名的专著[SC2]中就曾概述了历史上已发现的许多不符合 G-K 公式的机构。2005 年,法国学者 G. Gogu 关于此问题的综述文章[GG1]引用的参考文献多达百篇,收集了几乎全部的古典机构和现代并联机构的反例(G-K 公式不能正确计算的例子)。黄真称这些机构为机构自由度的"GG 问题"。当然,谁要是声称他得到了普遍适用的公式,他必须能够正确地分析所有的 GG 问题。

1997 年,中国学者黄真基于反螺旋理论建立了新的机构自由度分析原理和修正的 G-K 公式。黄真和他的团队用这一方法逐一地研究 GG 问题,以及更复杂的多环耦合机构,证明了他的方法具有相当的普适性,并撰写了两部专著[HZ,HZ1]。

螺旋理论是 200 多年前提出的古典理论,却在现代的机器人和自由度两个问题上得到了应用,这也给人以无限的遐想和启迪。

10.4　现代机构运动学的发展

10.4.1　概述

1. 近代机构运动学的简单回顾

近代机构学留给现代的遗产中,运动学领域是最多的。

近代机构理论运动学的贡献中,最突出的是两项:齿轮啮合理论和布尔梅斯特理论。

欧拉提出使用渐开线作为齿廓曲线是机械工程中的大事。此后齿轮啮合的几何理论和解析理论的建立,推动了齿轮传动和蜗杆传动的大发展。

19 世纪是连杆机构的黄金时代,在这股热潮中出现了连杆机构的 3 大综合问题。在对这些问题的研究中,布尔梅斯特建立了机构综合的几何方法(图解法)。几何方法被持续使用了大半个世纪,到计算机出现后才将主导地位让给解析方法。

旋量理论是近代发展起来的。但它的研究还停留在数学领域,没有渗入到机构学中来。

近代的这些机构运动学研究通常被冠以"理论运动学"之名。

2. 现代机构运动学的主要特征

现代机构运动学取得了远比近代更辉煌的成绩。在这背后,相关科技领域对此给予了巨大的推动力。最突出的是两点:①电子计算机的广泛应用;②机器人的出现和发展。

在第 7 章中曾指出现代机构学发展的几个特征。对机构运动学来说,以下几点最为突出：

（1）机构类型大为扩展。大量使用空间机构，从单自由度、单环的闭环机构拓展到多自由度、多环、开环机构。这使机构的运动学分析与综合难度陡然提升。

（2）用到的数学和力学等基础理论更加宽广。数学工具不再局限于几何和代数，而发展出矩阵、四元数、图论、旋量、数学规划法等多种新工具。

（3）全面依靠计算机辅助设计技术，包括数值计算、计算机制图、计算机公式推导，以及机构设计的专家系统。

10.4.2　平面机构分析与综合的解析方法和计算机求解

1. 起步

20 世纪 50 年代中期，以美国学者弗洛丹斯坦发表的两篇机构综合的论文[FF1,FF2]为标志，机构运动学进入了崭新的现代发展阶段。他以两种方式打破了传统方法：①导出了机构综合的解析方法；②率先编制了机构综合的计算机求解程序。

由此，在美国机构学领域掀起了进步的大波。

应该指出，具有悠久的机构学研究传统的俄国学派当时也没有完全落在时代的后面。列维斯基（N. Levitsky）也发表了解析法综合的文章[LN]，比弗洛丹斯坦还早一年。J. Angeles 公允地指出[AJ]，弗洛丹斯坦和列维斯基都是开辟现代机构运动学道路的先驱者。

20 世纪 60 年代，以罗兹[CP]、哈顿伯格（R. Hartenberg）[HR]，G. Sandor[EA3]，C. Radcliffe[SC2]，K. Waldron[WK]等多位老一辈美国学者为代表，在运动学的解析法分析与综合方面持续做了很多的工作。

中国学者廖启征[LQ,LQ4]、陈永[CY1,CY2]和杨廷力[YT7]等都深入地研究了基于解析方法的机构综合方法与方程的求解方法。廖启征[LQ]等解决了被称为机构学的"珠穆朗玛峰问题"的 7R 机构位移问题（见 9.3.5 节）。

2. 精确点综合和优化综合

在运动综合领域，开始是研究所谓的"精确点综合"（precision-point synthesis），即仅在运动周期中的几个点上精确地满足设计要求的综合。这个精确点的数目是有限制的。例如，对函数综合问题，最多给定 5 组连架杆的对应位置；而对轨迹综合问题，最多给定连杆曲线上的 9 个点。

罗兹是美国著名的机构学家。1963 年，他在师从弗洛丹斯坦攻读博士学位期间解决了 9 个精确点的平面机构轨迹综合问题[RB]，被 Sandor 评价为"竖起了又一座里程碑"。

由于精确点的数目有限，并且精确点综合方法无法考虑设计约束，因此到 20 世纪 60 年代晚期又发展出"近似综合"。正是在这个时期，基于数学规划法的优化方法被应用到工程领域，它的第一个试验场就是机构的优化综合。最早发表机构优化设计文献的是美国学者 R. Fox 等[FR2]和 J. Tomás[TJ]，较早将机构优化问题写成专著的有 J. Sadler[SJ5]和 S. Rao[RS]。此后的 20 多年间，在机构优化综合领域有大量文献发表[GG4]。中国学者陈立周关于机械优化设计的专著在 30 多年间出版到了第 5 版[CL2]。

3. 连杆机构 3 大综合问题的进一步发展

这一时期，连杆机构的 3 大综合问题——函数创成、轨迹创成和刚体导引都建立了基于解析法的综合方法。

对于函数创成问题，俄国学者 T. Todorov[TT]将弗洛丹斯坦方程和契贝雪夫逼近理论结合，用前者表示机构的位置函数，用后者使该函数接近于实际输出函数。该方法是一种精度很好的近似方法。

中国学者对轨迹创成和刚体导引两个问题研究得较多。

对于轨迹创成问题，H. Zhou 等[ZH4]研究了可调曲柄滑块机构的轨迹综合问题，通过调整固定铰支点的位置来获得不同的连杆曲线。褚金奎和曹惟庆[CJ]用快速傅里叶变换建立连杆曲线的特征图谱进行轨迹综合。王知行、吴群波等[WZ3, WZ4]提出了一种轨迹综合的简便易行的数值比较法，且已形成比较完整的设计软件。李震等[LZ5]以数学形态学图像分析为基础，提出并建立了基于连杆曲线数学形态学形状谱的特征参数描述方法。他们所提取的特征参数本身具有归一化特征，而且与连杆曲线缩放、旋转及坐标的位置无关。用该方法建立的连杆曲线数据库具有数据冗余度小、查询辨识快速等优点。

对于刚体导引问题，王知行等[WZ2]提出了刚体导引机构综合的数值方法，并形成了较完整的设计软件。王知行比较全面地研究了连杆机构的综合，他的研究持续多年，涉及了全部的 3 大综合问题，并应用了多种不同的方法。

傅金元和陈永[FJ]提出了刚体导引的平面四杆机构综合的新方法，将重点放在其非线性方程组的求解。

连杆曲线图谱法的奠基人是德国学者 H. Alt[AH]。中国学者杨基厚和李学荣分别建立了四杆机构的性能图谱[YJ3]和连杆曲线图谱[LX8]。

平面机构运动学是美国现代机构学初期的重点内容，更是中国机构学持续研究的重点内容。[KS1]和[WZ2]两篇综述文章中列举的关于机构运动综合的文献分别达到 193 篇和 132 篇。

与"理论运动学"相对,由弗洛丹斯坦所开辟的依靠计算机的运动学新方向在美国被称为"计算运动学"(computational kinematics)。

10.4.3　空间机构(含机器人机构)的运动分析与综合

在近代,有少数机构学家着迷于空间连杆机构。因此,在那一时期,一些基本理论就已经出现了。经典的空间机构理论可以在 R. Beyer[BR1]、O. Bottema 和罗兹[BO]的专著中找到。然而,直到 20 世纪 60 年代,随着机器人的出现,空间连杆机构理论才真正成为一个重要课题,以它浓厚的学术趣味和紧迫的现实需要吸引了众多的学者[MJ]。

大批研究一般机构的学者转到了机器人机构学领域,这种趋势也是由美国带头,中国和欧洲都紧紧跟上。但是,在 A. Erdman 编辑的那本书中[EA2],并没有"机器人机构"这样一章,所有的机器人方面的论述都包含在"空间连杆机构的分析与综合"这一章中[MJ5]。

20 世纪 50—60 年代,在空间连杆机构方面出现了几个重要的研究成果。首先应提到的就是 D-H 矩阵(见 10.2.1 节)。10 年后多体动力学的诞生,以及再晚一些出现的那批强大的、广泛使用的商业仿真软件都和 D-H 矩阵的出现有重要关系[MJ]。

同时,在空间连杆机构的运动学建模中开始采用不同的方法。A. T. Yang 和弗洛丹斯坦使用了双四元数[YA1];G. Sandor 等则使用了笛卡儿张量[SG2];苏联学者 F. Dimentberg 开始使用旋量理论[DF]。

这一时期,还提出了多种空间连杆机构的综合方法,包括基于数值优化的一些方法。1967 年,罗兹提出:可以将布尔梅斯特理论的原则从平面机构扩展到空间机构,从而创造出一种空间连杆机构综合的新理论[RB2]。

机器手控制算法的基础是由 D. Pieper 和罗兹[PD],以及 D. Whitney[WD2] 奠定的。

机器人的出现使得空间连杆机构的类型、数量和复杂程度都大幅度地增加了。仅结构形式即可分为并联式、串联式、串-并联式,还有多肢体系统(多指手、多臂系统、步行机器人等),还出现了有冗余自由度的机器人。机构的运动分析也分为正运动学和逆运动学。对于机器人,又出现了普通连杆机构分析中没有的工作空间分析,在综合中还要包含轨迹规划。所有这些,都使得空间机构的文献发表呈爆炸式的增长,仅法国学者 J-P Merlet 的专著[MJ]中就列出了 700 多篇参考文献。关于本段中所述的各种机器人一般在 20 世纪 80 年代及以后才发展起来,在文献[MJ]

等专论机器人发展历史的文献中可以找到更为详细的介绍。

J. Angeles(图 10.12)和 C. Gosselin(图 10.13)是两位加拿大学者,前者是后者的导师,他们分别是加拿大工程院和皇家科学院的院士,都是机构学(特别是机器人机构学)的著名学者。他们研究的课题范围比较宽,且二人的研究领域也有一定的重叠[AJ1,KX]。例如,Gosselin 涉猎了并联机构的结构综合、运动学优化、奇异性分析、工作空间和冗余度机器手等。Gosselin 是加拿大国家机器人与自动化领域研究主席,是世界上评价论文质量的指标"h 因子"最高的机构学家。

图 10.12　J. Angeles

图 10.13　C. Gosselin

J. McCarthy(图 10.14)对机器人和机械系统的运动学理论、计算机辅助机构综合和机器人机构学的研究作出了杰出贡献,出版了多本著作[MJ1,MJ3],详见表 8.1。

达菲是主攻空间机构和并联机器人的学者。

他们 4 个人都曾获得 ASME 的两个学术成就奖。在 20世纪 90 年代以后,获得 ASME 学术成就奖的学者中,在机器人机构学方面作出贡献的学者占了很大比例。

图 10.14　J. McCarthy

对于一般开链机器人而言,运动学逆解问题经过处理可归结为求解多项式方程组。但这些方程组往往具有非线性及高维的特点,求解是比较复杂和困难的。

机构运动影响系数是机构学中一个十分重要的概念。一阶运动影响系数矩阵即雅可比(Jacobian)矩阵,二阶运动影响系数矩阵即海塞(Hessian)矩阵。这一概念深刻地反映了机构运动学和动力学的本质,很多问题用矩阵来表达都能格外地清楚和简单。机构的特殊位形、驱动空间和工作空间的映射、手臂的灵活性等,都可以从分析影响系数矩阵入手,而它们的计算又十分方便[HZ4]。这一概念的形成已有几十年的历史[HA1,HA2]。早在 1930 年,埃克斯尔吉安(R. Eksergian)在形成机器的运动学和动力学方程时,虽然没有使用"影响系数"这个术语,但用到的正是一阶和二阶运动系数的概念[BC1]。1957 年,J. Modrey 在确定复杂机构的加速度时

图 10.15　D. Tesar

也用了相同的量,并使用了影响系数这个术语[MJ6]。1971 年,D. Tesar(图 10.15)等更完整地提出并使用了影响系数的概念[BC1]。Tesar 后来又发表了几篇文章,影响系数的概念也随之为美国机构学界所周知。D. Tesar 获得了 1982 年 ASME 的机械设计学术成就奖。

黄真将影响系数的概念介绍到中国来,并用它进行了并联机器人机构的运动分析[HZ4]。

并联机器人的运动分析还有很多方法,如传统的求导法、矢量法等。黄真在 1985 年提出了虚设机构法[HZ2],其基本原理是将分支中的运动副数目不足 6 个的都虚设增加到 6 个,称为虚设机构。令所有虚设运动副的输入为零,虚设机构的运动就会与原机构的运动一致。这样,就可以直接使用所有 6 自由度并联机构的统一公式来进行运动分析。此方法不断得到很好的应用,2001 年黄真又给出了理论上的严格证明[HZ5]。

杨廷力、刘安心建立了基于连续法的机构学运动综合的系统理论与方法[LA,LA1]。沈惠平建立了以基于方位特征集的拓扑结构综合方法为基础的、针对多回路耦合空间并联机构的运动学[SH1](详见 9.4.11 节)。

10.4.4　理论运动学在新时期的进一步发展

有一种说法认为,从近代到现代,机构运动学从理论运动学发展到计算运动学。此说法值得商榷。计算运动学是离不开计算机的,肯定是新时期所开创的;而理论运动学在新时期不但没有消失,反而发展得愈加蓬勃。王德伦的专著《机械运动微分几何学分析与综合》[WD]引用的现代理论运动学的外文文献即达近 200 篇,其中绝大部分是英文文献。

机构设计的优化方法虽然也确实能解决不少问题,但是它把机构的运动设计变成了超曲面的极值搜索,缺少鲜明的力学理论根基作为支撑。理论运动学探究曲线、曲面的理论,能从根基上给设计方法提供理论依据。所以,从机构学的理论发展来说,理论运动学更应该引起学界的重视。

澳大利亚机构学家亨特(图 10.16)在 IFToMM 第 4 届世界大会上的报告中提出[MJ5]:"今天所提供的强大的解析方法和数值方法是这样的有吸引力,以至于要将运动几何学的光芒遮挡住了。然而,几何学在机构学的研究中是极为有用的,它提供了一些重要的、有时能直接得出实际设计的指

图 10.16　亨特

标 。"毫无疑问,几何学对机构、对许多其他机械装置,都是关键问题。文献[PJ1,PJ2]仿佛是在强化这一观点,在它的引言中指出:"机构在这里是作为机械的几何本质而给出的。关于机构的研究很重要,因为机械运动的几何学往往是一个真实机械设计的关键问题。"

在近代,从莫兹到鲍尔,旋量作为数学和力学领域的理论已经发展了一个多世纪(见 10.2.4 节)。在经历了两次世界大战后,旋量研究开始复苏。

在新时期的理论运动学研究中,最突出的事件,无疑就是将旋量理论用于机构学的研究。只不过,旋量理论自身已经叫得很响,并不经常被归于理论运动学名下。而这一时期的理论运动学研究,多多少少也都和旋量理论的应用有些关系。

旋量理论从 20 世纪 60 年代开始被应用于机构学研究。首先是苏联机构学家 F. Dimentberg 在 1965 年发表了相关研究的论文[DF];1978 年,澳大利亚机构学家亨特出版了专著 *Kinematic Geometry of Mechanisms*[HK];1979 年,荷兰数学家 O. Bottema 和美国机构学家罗兹出版了专著 *Theoretical Kinematics*[BO]。这是以旋量理论为主题的机构学领域最早的两本英文专著。

2014 年,戴建生基于他 25 年潜心研究的基础,以及 15 年授课和讲座的积累,撰写了关于旋量的理论专著《旋量代数与李群、李代数》[DJ],这是继亨特之后最重要的一部关于旋量理论的著作。在 2015 年和 2020 年,戴建生分别获得了 ASME 的两个学术成就奖,获奖评语中指出,他"统一了旋量代数与李群、李代数"。

从莫兹算起,200 多年过去了,为什么现在才把旋量这个理论拿过来解决机构学的问题? 这是因为:在近代,以平面机构为主,用矢量加矩阵变换就能够解决问题了;而"二战"后,特别是机器人出现后,机构变得复杂了,空间机构、多环机构、多自由度机构多了,"一般刚体运动"也越来越多了。于是,从力学的"武器库"中找出了早就准备好了的解决"一般刚体运动"的相关"武器"——旋量理论,并将其进一步发展、应用。在这里,我们可以看到基础理论的巨大威力。

机器人运动是由连接其构件的系列铰链的连续运动所引起,而这些铰链轴线的运动可视为直线在三维空间中的连续运动。简单地说,研究机器人自身运动以及所抓持刚体的位移,其基本点是研究空间直线的运动以及直线运动生成的包络面及其引起的末端位姿变化的几何与代数描述。因此,旋量代数和李群、李代数以其对空间直线运动及相关代数运算描述的几何直观性与代数抽象性,而成为了机构学与机器人学研究中最受欢迎的数学工具。21 世纪的最初 10 年,随着机器人学研究热潮的兴起,旋量越来越多地受到许多机器人学专家的青睐,1/3 以上的研究机器人的文章采用了旋量方法[DJ]。

目前对李群、李代数的应用研究大多局限在刚体运动范畴。另外,在集中参数弹性系统的研究方面,也有不少成果问世。但是,在空间机构的综合与优化设计,以及连续弹性构件系统的分析等方面还有待深入的研究和探索。用李群、李代数方法描述和分析机构,可以使许多复杂的问题简单化,易于得到解析解,便于发现规律。因此,李群、李代数是解决复杂空间机构分析与设计问题的一种非常强大的数学工具[DX2]。

自 20 世纪 60 年代开始,一直持续到 21 世纪,在理论运动学领域不断有研究文献发表。美国学者罗兹,A. T. Yang、McCarthy、A. Ravani 等都长期投入其中。对于这些研究,可看两篇重要的参考文献[PG1,WD]。

王德伦的专著《机械运动微分几何学分析与综合》[WD] 以古老的运动几何学为理论基础,引入了微分几何学的基本思想,建立了从平面、球面到空间刚体运动几何学的统一曲率理论和运动综合的统一方法。他的方法是针对现有几何法和代数法的不足之处而提出的。该书共设 7 章,每章都设有"讨论"一节,对世界范围内这一领域的大量文献、对运动几何学和机构综合的历史进行了深入的讨论和评述。他指出:刚体平面与球面运动的几何学理论丰富而又完整,形式直观而又优美流畅;但是对刚体空间机构的研究,无论是广度还是深度都还很不够。

第11章

现代机构学各分支领域的发展(下)

11.1 现代机械动力学的发展

11.1.1 概述

本节中谈到的动力学问题,用"机械动力学"代替"机构动力学"作标题更准确一些。例如,正动力学必须将原动机考虑进去,这就不是一个单纯的机构动力学问题了。但机械动力学是一个十分宽广的领域,如转子动力学、车辆动力学等也都包含其中。因此本节中所称的"机械动力学"仅局限在机构、机器人,以及简单机械系统的动力学。

1. 近代机械动力学的简单回顾

牛顿、达朗贝尔、欧拉和拉格朗日为机械动力学的发展奠定了力学理论基础。

在机器发展的早期,速度不高,构件的惯性力可以忽略不计,故可将机器视为刚体系统,采用静力分析方法进行分析。19世纪,机器的速度有所提高,则形成了以达朗贝尔原理为基础的动态静力分析方法(在当代更多地被称为逆动力学)。德国学派建立了机构力分析的图解方法(第6章)。法国力学家彭赛利等建立了机器动力学的一般方程(第4章)。

在机器启动和停车的过渡历程中,会产生较大的动载荷;此外,启动和制动所需要的时间也常常是人们感兴趣的问题。这就需要了解机器的真实运动,出现了动力分析方法(在现代更多地被称为正动力学)。近代的机械动力分析有很大的局限性,正动力学的求解基本未能解决。

从20世纪初开始,内燃机速度的提高,使得机构惯性负载的平衡问题变得突出起来。比较简单的振动力平衡问题是首先被研究的课题。完全平衡的基本理论和方法虽然已有进展,但为了避免加很大的配重,研究的重点转向了部分平衡。

随后出现的蒸汽锤和颚式破碎机等机器,其工作负载变化很大,导致在运转中会产生很大的速率波动。它严重地影响了纺纱机等机器的工作质量。瓦特使用了飞轮,发明了离心调速器,以减小速率波动。

2. 现代机械动力学的发展概述

现代机械动力学是指首先在美国兴起的、以计算机上的数值计算进行的动力学分析与综合。和近代机械动力学相比,现代机械动力学主要有 3 大进步:

(1)机构平衡在理论上得到了全面解决。

(2)突破了构件的理想刚体和理想结构的假定,在机构动力学研究中计入了构件弹性和运动副间隙等真实情况。

(3)多体动力学诞生,在机械系统中获得了普遍应用,并使机械正动力学问题得到了解决。

11.1.2　机构平衡问题的全面解决

在 20 世纪初内燃机平衡的紧迫需要下,兴起了关于部分平衡的研究。"二战"前后,内燃机的平衡问题已基本解决。而其他各种机械,如摆盘发动机、剑杆织机、高速平锻机、飞剪和工业缝纫机的速度也都在提高。关于振动力和振动力矩完全平衡的问题也重新被提到日程上来。

从 20 世纪 60 年代开始,出现了一波机构平衡研究的长久热潮,一直持续到 21 世纪初。这一轮研究的内容涉及机构平衡理论的每一个方面,而且比早期的研究要深入得多。研究的对象也拓宽了,从四杆机构扩展到多杆机构和空间机构。在 1968—2005 年发表的 4 篇关于机构平衡问题研究的综述文章中[LG1,LG2,AV,AV1],列出的文献即达 300 余篇(没有重复统计,且仅讨论曲柄滑块机构平衡研究的论文未予收录)。在同时期发表的机构动力学文献中,平衡的占比是最大的。

1. 振动力的完全平衡

20 世纪 40—60 年代,关于振动力的完全平衡问题主要围绕以下 3 类方法开展研究[LG1]:

(1)费舍尔(O. Fischer)的主矢量法为后续研究奠定了基础。一批欧洲学者继承并改进了该方法。

(2)G. Talbourdet 等[TG]于 1941 年提出了质量静代换的方法,以美、苏学者为主沿此方向继续进行了研究。

（3）一些机构采用了对称的机构布置以获得完全平衡。

从 20 世纪 60 年代末开始,美国学者 G. Lowen(图 11.1)和他的团队在机构平衡领域作出了突破性的贡献。G. Lowen 因此而获得了 ASME 的两项学术成就奖(见表 8.1、表 8.2)。

1969 年,该团队提出了著名的"线性无关向量法"[BR2]。现代的振动力完全平衡的方法基本是在此基础上发展起来的。后又经多位学者的不断丰富,平面机构的振动力完全平衡问题得到了比较完善的解决。1982 年,中国学者陈宁新使用该方法实现了空间机构振动力的完全平衡[CN]。

图 11.1 G. Lowen

1972 年,Tepper 和 Lowen[TF] 提出了机构能够通过加配重达到惯性力完全平衡的条件(即所谓的"通路定理"),以及应加的配重的最少数目。

2. 振动力矩的平衡

比较困难的振动力矩的平衡成为了 20 世纪 70 年代的研究重点。仅靠加配重不能将振动力矩完全平衡,还必须附加转动惯量或在附加的杆组上加配重。

开始阶段的研究基本上都采用"振动力的完全平衡＋振动力矩的部分平衡"这样的技术路线。第一篇文献是 1980 年由 C. Bagci 发表的[BC]。他除了采用杆件质量再分布之外,还使用了"旋转式兰彻斯特平衡器"。

此后,则主要是中国学者贡献较多。余跃庆在空间机构的完全平衡[YY3,YY4]、弹性和柔性机构的平衡等方面[YY1]作出了许多贡献(参考 9.4.1 节)。高峰[GF] 在几种六杆机构振动力和振动力矩的完全平衡方面,赵新华[ZX3]、杨廷力等在平面连杆机构振动力与振动力矩完全平衡方面都开展了研究工作。

杨廷力团队对机构振动力和振动力矩的平衡,提出了一整套新方法[YT3,YT13,LA3,SH5]:①振动力完全平衡的质量矩替代法,其物理意义明确,且方法简单;②振动力矩完全平衡的动量矩替代法,解决了这一长期存在的困难问题;③振动力(力矩)完全平衡的有限位置法(数值法),使非线性问题转化为线性问题。

到 20 世纪 90 年代,大部分空间机构的完全平衡问题得到了解决[YY2]。

3. 机构的优化综合平衡

但是,完全平衡的局限性很大:①机构质量、转动惯量等参数的实际值难免与理论模型中的值有差别,机构的振动力、振动力矩对这些误差又比较敏感,完全平衡的条件实际上难以严格保证;②机构的振动力虽达到平衡,但振动力矩、输入扭矩、运动副反力等特性指标可能明显恶化[LG4]；③完全平衡导致机构的结构复杂化，机构总质量大幅增加。

因此，完全平衡在实际中不是很实用。在这种情况下，20世纪70—80年代，部分平衡又以新的形式获得了活力，机构的优化平衡发展起来。它也被称为"综合平衡"，即，不再仅着眼于振动力和振动力矩，同时还考虑输入扭矩、运动副反力等其他动力学指标，着眼于机构的综合动力学性能的改善。这通过在优化过程中构造多目标的目标函数不难实现。开辟了这一研究方向的仍然是 Lowen 和他的学生[LG3]。

此外，应提到的这一时期的另一位代表人物——保加利亚学者 I. Kochev。他在1990年前后发表了10余篇论文，尤其在优化综合平衡方面做了大量工作。他的一个重要贡献是：纠正了在优化平衡中追求降低动力学指标幅值的做法，提出应降低的是这些指标的波动值[KI]。

中国学者黄田等[HT1]、刘安心等[LA3]、张社民等[ZS]也进行了机构优化平衡问题的研究。

机构的优化综合平衡法具有实用性，应该是机构平衡的一个重要发展方向。

以上所述是"二战"以后机构平衡研究的主线。还应该提到的是，除了一般的刚性理想机构的平衡外，学者们还研究了计入杆件弹性的机构的平衡[YY1]、带有变质量杆件的机构的平衡、考虑运动副间隙和冲击的平衡问题等[AV1]。

11.1.3　计入构件弹性和运动副间隙的机构动力学

"二战"以后，在各种机构的动力学研究中先后都计入了构件的弹性，引入了振动理论，形成了机构弹性动力学。

1. 凸轮机构弹性动力学

1）研究的启动

20世纪20年代，内燃机转速比20世纪初猛增了2～3倍。其配气凸轮机构在高速下的动力学问题日益突出：动应力大增，导致磨损、疲劳破坏和噪声。人们发现这些失效无法再用传统的分析方法来说明。20世纪40年代末至50年代，美国学者 J. Hrones[HJ8] 用分析方法，D. Mitchell 等[MD] 用实验方法，分别研究了配气凸轮从动件在不同运动规律下的振动特性，得出两个重要结论：①在高速下，阀门推杆的实际运动与由运动学计算出的数值有较大差别；②人们曾认为很好的抛物线运动规律实际上动力响应很差，由此人们认识到，不仅要关注运动规律的加速度特性，还要关注加速度的导数——跃度（jerk）的特性[ZC2]。

在他们的研究中能得到这些重要认识,正是由于抛弃了刚体的假定,计入了构件的弹性,进行了振动分析。这些认识,引发了从 20 世纪 50 年代开始的对高速凸轮动力学的研究高潮[ZC2]。

2)研究成果

在这一轮研究中,主要取得了如下几个方面的成绩。

(1)关于从动件运动规律的研究。

从动力学角度对原有的运动规律进行修正,使其跃度为有限值;也提出了一些新的运动规律,如用多项式、三角函数构造的运动规律等。

(2)凸轮机构动力学分析方法的建立。

凸轮机构的动力学一般按照线性振动的理论进行分析,大多数采用单自由度集中参数动力学模型。1970 年,德国人 G. Lämmer 提出:振动响应的大小取决于凸轮转速和系统固有频率的接近程度。他提出了"周期比"的概念[LG5]。根据周期比,可决定对凸轮机构是否必须采用振动的分析方法[VJ,ZC3]。

用时域分析可以得到凸轮机构的动力学响应,一般关心实际振动的加速度和位移。前者代表了机构所产生的惯性力,可以据之判断机构的疲劳强度;后者可以用来判断机构的运动精度,一般多关心从动件在到达停歇位置时的残余振动对定位精度的影响。常常应用响应谱来衡量凸轮机构在不同运转速度下的动力学表现;衡量不同的从动件运动规律对机构动力学表现的影响。F. Y. Chen 的专著[CF2]和一些其他专著[ZC3,PG]对此进行了详细的分析。

这一时期,凸轮方面的著名著作还有日本学者牧野洋的《自动机械机构学》[MY]。

(3)研究了几何封闭凸轮中的横越冲击现象。

随着自动化机械速度的提高,在这类机械中已越来越多地采用分度凸轮机构来代替槽轮机构。这类机构于 20 世纪中叶在美国出现,都属于几何封闭的机构。在升程中通过跨越点时(即从动件的加速度由正值变为负值的瞬间),由于凸轮与从动件滚子之间存在间隙,当加速度变号时会发生滚子飞越间隙的现象(图 11.2),被称为"横越冲击"。横越冲击不仅会增大升程中的振动,而且会增大从动件停位后的残余振动,影响定位精度。它是限制这类凸轮机构提高速度的主要因素之一[PG,ZC3]。

(4)凸轮机构动态设计方法的发展。

数十年来,平行地发展出了两类凸轮机构动态设计方法:经验设计法和基于动力学分析的动态设计法。

经验设计法是根据机构的应用条件,参考各种从动件运动规律的特性值来选择运动规律,然后按静态设计的方法设计凸轮廓线,必要时再进行一些动力学分析和修改设计。例如,对几何封闭凸轮要注意横越冲击特性值,为防止振动要注意加

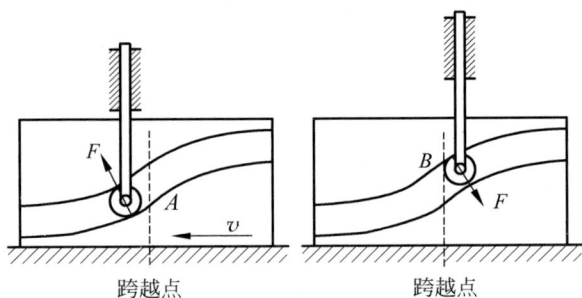

图 11.2　几何封闭的凸轮机构中飞越间隙的现象

速度高阶导数的连续性等[ZC3,NR]。

　　基于动力学分析的动态设计法是指 1947 年由美国学者 W. Dudley[DW] 提出的凸轮设计的 polydyne(polynomial dynamic 的缩写)方法。1953 年,D. Stoddart 将此方法进一步发展[SD1]。在该方法中,首先建立单自由度动力学模型,假定一个多项式形式的从动件动态响应,提出其边界条件,然后导出动态响应的多项式,再反求也用多项式表达的凸轮廓线。这是一种典型的基于逆动力学的动态设计方法。1976 年,D. Tesar 和 G. Matthew 对该方法又有改进[TD]。

　　"二战"后,欧洲和日本的发动机制造商改变了其中凸轮机构的布局,使得从动件传动系变短、变轻、刚性更大,从而提高了固有频率。由此,polydyne 方法就不需要了[NR]。

　　尽管现在发动机中已不使用 polydyne 凸轮,但是当我们回顾机构动力学近半个多世纪的发展时,似应给 Dudley、Tesar 等的工作一个较高的评价:这也许是机构动力学中第一个建立在动态设计概念上的设计方法,仍具有一定的理论意义。

2. 连杆机构弹性动力学

1) 连杆机构弹性动力学的诞生

20 世纪 70 年代初,两位美国青年学者在不同的大学都选择了连杆机构弹性动力学作为博士论文课题[WR2,EA1]。其中的 A. Erdman 后来成为美国机构学的领军人物之一,曾获得 ASME 的两个学术成就奖。

　　连杆机构各构件的惯性负载,与原动构件转速的平方成正比。随着机械速度的提高和构件柔度的加大,构件在惯性负载作用下的变形加大,使得机构的真实运动与期望运动之间产生误差,如图 11.3 所示。有文献给出了高速印刷机的纸张抓取机构[EA1]和一个工业机械手[SW1]的实例,说明构件的弹性对有些高速机构的精度和稳定性确实有很大影响。

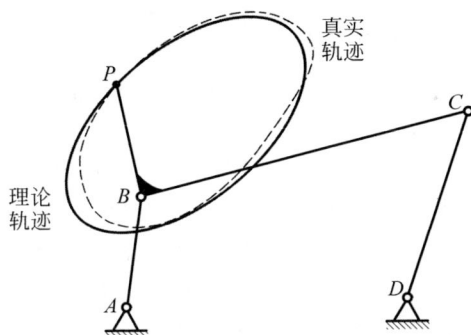

图 11.3　弹性连杆机构的连杆曲线

随着转速的提高,惯性负载成为激振力的主要组成部分,激振力的频率也随之提高了。构件柔度的加大,又会导致系统的固有频率下降。激振力频率与固有频率的接近增大了发生谐振的危险。弹性连杆机构作为一个非线性系统,存在着复杂的谐振现象。周期性变化的动应力会导致构件的疲劳破坏;振动还会带来噪声,恶化工作环境。

机器重量要减轻,速度与精度要提高,这是现代机械设计的必然趋向。机构弹性动力学的发展,"是国际市场上为推出具有超等运转性能的产品而竞争的结果"[TB]。

2) 关于弹性动力分析方法的研究

在随后的 30 年间,许多研究者致力于连杆机构运动弹性动力分析(kineto-elastodynamic analysis,KED 分析)与综合的理论、实验和应用研究。

由于由变形引起的弹性位移很小,常常可忽略掉刚体运动和弹性运动间的耦合项,而将机构的真实运动位移看作是名义运动位移和弹性运动位移的叠加。前者可以用刚体机构运动分析求出,后者可用 KED 方法求出。

为了较准确地反映机构的特性,普遍采用有限元法建立系统的动力学方程。KED 分析方程是一个具有周期性变系数的二阶常微分方程组,其未知量是各节点处的位移和弹性转角等。求解这个微分方程组可得到这些未知量,进而求出构件中的应力,以及机构真实的位移、速度、加速度和机构创成的真实轨迹等。

方程的求解方法主要有模态分析法和数值积分法两类。与刚体机构的分析和凸轮机构的弹性动力分析相比,连杆机构的弹性动力分析要复杂得多。

求解微分方程组非常耗费机时。可以将二阶常微分方程组中的惯性项和阻尼项去掉,使微分方程组变为一个线性代数方程组。这种分析方法一般被称为准静态分析(quasi-static analysis);或与 KED 分析相对,称之为运动弹性静力分析

(kineto-elastostatic analysis，KES 分析)[ZC4]。在系统柔性不是很大、机构速度不是很高的情况下，KES 和 KED 的分析结果较为接近。由于计算时间大为减少，KES 方法特别适合用于需要多次迭代的动力学综合中。

B. Thompson 指出："新的方法①已经在一大类机械系统的设计中取代了传统的把构件看作是刚体的方法。"[TB]考虑构件弹性的高速机械有工业缝纫机、包装机械、纺织机械、高速轻型机械手等。

在中国，丁希仑等将李群和李代数方法用于空间弹性变形构件的分析[DX4]。余跃庆、张宪民、杜力和黄茂林等[DL]都对机构的 KED 分析进行了研究。

3）关于弹性动力学综合方法的研究

机构的弹性动力响应会带来运动误差，导致构件的疲劳破坏，振动带来的噪声还会恶化工作环境。因此，要正确地进行机构的设计，并采取措施来抑制弹性动力响应。

弹性机构的设计最早被归结为一个非线性规划问题：以构件的截面尺寸为设计变量，以获得最小的机构重量为目标函数，以运动误差作为设计约束[II]。但是，非线性规划过程是一个迭代过程，它包含着许多次弹性动力分析，因此是非常耗费机时的。M. Khan 等[KM]将结构设计领域中的"优化指标法"引入弹性机构的设计中来，使各构件中的动应力处于满应力状态，大幅减少了迭代次数。

1982 年，张策等[ZC5]提出了运动改善法，通过微量调整机构的设计参数，减小弹性变形带来的动态误差。这在本质上属于基于灵敏度分析的动力学修改技术。他们还将运动改善法和优化指标法联合使用，构造了一种新的弹性动力优化综合方法[ZC6]。

余跃庆对弹性连杆机构的设计和动平衡进行了长期、全面的理论与实验研究[YY1]（见 9.4.1 节）。

4）关于弹性动力响应及其抑制的研究

为了保证机构在高速下的运动精度，控制其有害的动力学响应，除了要正确地设计机构之外，还应采取措施来抑制动态响应，主要有如下两种途径[SY5]。

（1）采用复合材料。20 世纪 80 年代，美国学者 B. Thompson 和他的学生发表了多篇文献[TB]，提出用复合材料代替金属来制造弹性机构的构件，并进行了理论和实验研究。复合材料的比刚度大，可使机构的固有频率提高；这类材料又具有较大的阻尼，可以抑制振动。

（2）采用主动控制。中国台湾学者宋震国[SC3]，大陆学者张宪民[ZX，ZX1]、宋轶民[SY4]都对弹性连杆机构这个含有多变量的、时变的非线性系统振动的主动控制

---

①　指 KED 分析。

进行了研究。

3. 含间隙连杆机构的动力学分析

机构运动副中的间隙可以补偿制造、装配误差和热变形,容纳润滑介质。机构运转过程中的磨损会使间隙加大。间隙会带来一些负面效应,尤其是在高速机械中。由于间隙的存在,在运动过程中运动副元素会发生失去接触的现象;待再恢复接触时会发生碰撞,引起剧烈的振动。碰撞时加速度、运动副反力的幅值可能达到零间隙时的几倍甚至十几倍。

因此,研究含间隙机械系统的动力学具有重要的理论和实践意义。连杆机构、凸轮机构、齿轮传动系统等都作为含间隙系统而成为被研究的对象。含间隙连杆机构的动力学研究是从 20 世纪 70 年代初开始的,此前涉及间隙的问题只停留在运动学层面上[YY2]。

1971 年,S. Dubowsky(图 11.4)和他的导师弗洛丹斯坦发表了第一篇考虑间隙的连杆机构动力学研究的论文[DS]。此后,Dubowsky 又发表了 10 余篇相关文章[DS1],是美国该领域研究的主将,他也是 ASME 两个学术成就奖的获得者。

迄今对含间隙机构建立了 3 类动力学模型[YY2,JC,ZC3]。

(1)二状态模型。这一模型考虑了运动副中的接触和自由两种状态(图 11.5),由 Dubowsky 提出。他建立的机构动力学方程是一个二阶强非线性微分方程组。文献[FH,LZ2]都采用了这种模型进行分析。

图 11.4 S. Dubowsky

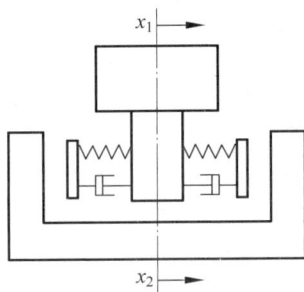

图 11.5 含间隙运动副的二状态模型

(2)三状态模型。B. Miedema 等在 1976 年提出了一个考虑接触、分离(飞越)和冲击这 3 种状态的模型[MB1];后来,过渡状态也被包含进来[SK],如图 11.6 所示。这当然最真实地反映了实际情况。但是,这种模型对每个状态要分别建立动力学方程,而且还要准确地判断状态的转换,数值仿真很困难。当考虑的间隙较多、间隙量较大时,在仿真中常得不到周期解(这实际上就反映了混沌现象的存在)。

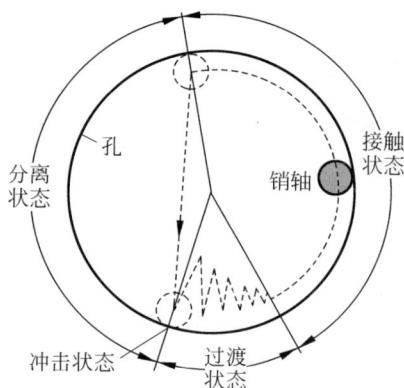

图 11.6　含间隙运动副的三状态模型

（3）连续接触模型。S. Earles 提出了所谓的"连续接触模型"[ES]，将间隙视为一个无质量的刚性杆，将原机构转化为一个多杆多自由度机构。这一模型避开了刚度、阻尼和碰撞恢复系数等物理参数，简化了计算。从其仿真结果中也能反映出运动的大体走势，可以清楚地观察到飞越、冲击和其后的过渡状态。该模型因此被后来的很多文章采用，但它显然难以保证仿真数值的准确性。冯志友[FZ]用该模型分析了一个所有构件都是弹性的、所有铰链中都存在间隙的平面四杆机构。

1973 年，Winfrey 在研究内燃机中的阀门机构时，同时考虑了运动副间隙和构件的弹性，但他所用的模型偏于简化[WR1]。后来，多位学者进一步深化了这方面的研究。1994 年，Dubowsky 等发表文章[DJ7]讨论了含间隙机构的动态响应计算能否做出准确预报的问题。他们给出了同时考虑弹性和间隙的分析和实验结果，并指出：这种动态响应存在着很大的易变性和对参数的微小变化、对运转条件的极度的敏感性，这种易变性和敏感性是这类系统的动态响应所固有的特性。计算机仿真给出的动态力的准确性很有限，将这种仿真的结果用于系统设计要十分小心。该文正确地、尖锐地指出关于含间隙机构的分析还停留在研究阶段而没有达到能应用于工程设计的阶段。其实，这种易变性和敏感性正是含间隙系统混沌特性的表现。

蜗杆式分度凸轮是现代常用的高速分度机构，是一种几何封闭的凸轮机构。常宗瑜[CZ1]分析了这类含间隙机构的动力学响应，指出间隙的存在会导致对分度工作台的严重冲击。

田强撰写了关于机构中间隙问题的长达 57 页的综述文章[TQ]，引用文献达500 余篇。该文全面回顾了具有间隙关节的多体机械系统的运动学和动力学分析的解析方法、数值方法和实验方法，同时考虑了干摩擦和有润滑的含间隙关节；还讨论了与关节间隙相关的重要现象,例如磨损、非光滑行为、优化和控制、不确定性,以及构件柔性;对不同方法的主要假设过程和结论进行了检验和比较;最后,重点介绍了间隙关节建模和分析的未来发展趋势和新的应用。但该文并没有对此领域不多的讨论间隙造成的混沌现象的文献进行讨论,而这正是间隙问题的重要特色。

与转子、齿轮等领域相比,在机构动力学领域中,对强非线性系统的混沌问题的认识尚相对肤浅。1990 年,K. Soong 和 B. Thompson[SK]对一个含间隙的曲柄滑块机构的动态响应进行了理论和实验研究,用弗洛凯(Floquet)理论分析了该系统的稳定性、分叉和谐波响应,描述了系统进入混沌的过程。1992 年,Earles 等[SL2]采用连续接触模型,通过时域和频域的分析得出结论:运动副元素失去接触就会产生混沌现象,得不到周期解,而且对初始值十分敏感。2001 年,常宗瑜等[CZ]进一步分析了含一个间隙的四杆机构动态响应的庞加莱映射,发现存在奇异吸引子,并通过对分叉曲线的分析表明倍周期分叉会导致间隙动力学响应的混沌现象。

11.1.4 多体动力学的应用

1. 多体动力学的诞生

动力学进入现代时期后最重要的事,莫过于多体动力学的诞生。

"二战"后,随着科技的发展,车辆、航天器、机器人、机构,甚至人体,都成为了动力学研究的对象。适应力学研究对象的复杂化,是多体动力学诞生的第一个动因。从 20 世纪 50 年代开始,计算机开始应用于科学计算和技术开发。适应力学计算的计算机化,是多体动力学诞生的第二个动因。

国外从 20 世纪 60 年代开始,航天工程和机械工程两个领域的学者各自独立地对多刚体系统动力学开展了研究。后来,两股力量合流。

在多体动力学中可采用多种方法建模,有传统的牛顿-欧拉法、拉格朗日法,笛卡儿法,也有新时期提出的凯恩(Kane)方法。这些方法都是等价的。

1966 年,罗伯森(R. Roberson)和维登堡(J. Wittenburg,图 11.7)[RR1]引入图论的概念,成功地描述了复杂系统内各刚体间的联系情况。他们的方法以十分优美的风格处理了树状结构的多刚体系统;对非树状系统,则可用一定的方法将其转变成树状系统来处理。最重要的是,他们借助图论工具将系统的结构表达引入了系统的运动学、动力学公式,这是适应计算机建模的关键。

图 11.7 维登堡

从科学原理上讲,多刚体系统动力学并没有超出矢量力学和分析力学的新东西。关键在于对系统的结构作出适应于计算机计算的新的描述。因此,罗伯森和维登堡的贡献是突破性的,可以作为多刚体动力学诞生的标志。维登堡的著作[WJ]最早对多刚体系统动力学作出了完整的论述。

多体动力学建立之初,研究的是具有理想约束的、光滑的系统,但很快即扩展到有碰撞和摩擦的具有非理想约束的系统,由多刚体系统扩展到多柔体系统[LY]。

2. 通用多体动力学程序概述

有了电子计算机,对运动学和逆动力学而言,就摆脱了特别耗时的图解法。

进一步地,有了电子计算机和多体动力学,解决过去的正动力学难题就提上了日程。

复杂动力学系统势必造成复杂的非线性代数方程组和微分方程组。仅仅生成这样的方程组可能就是一个令人却步的任务。显然,期望由工程师手工推导这些方程组,既不实际,也不合理。最好是构建通用程序,可以像通用的有限元程序一样地使用[SJ2]。

使用这样一个通用程序的主要优点有:

(1) 这类程序被称为自建模(self-formulated)程序。它减轻了用户推导运动微分方程和编程的工作。用户不需要精通建模,只需要提供足够的输入信息,包括构件间的连接、构件的几何和物理参数、作用在物体上的力和力矩,以及系统的初始状态(位置和速度)等。

(2) 这类程序可以使设计者摆脱单调、重复的分析任务,将工作重点转移到更有创造性的工作中去。它允许分析人员通过随意改变系统的参数和运行条件来研究系统的性能。后来又出现了虚拟样机技术,通过仿真计算,发现问题,再修改参数,完善设计,从而减少物理实验,提高设计水平,缩短开发周期和成本。

制作这样一个多功能的强大程序,必须仔细考虑各种相关因素,包括:①动力学公式的选择(牛顿、欧拉、拉格朗日或其他);②系统拓扑结构的描述;③参考坐标系的描述;④独立变量的选择;⑤处理奇异状态(例如死点位置等)的方法;⑥初始条件的处理;⑦计算策略(数值计算、符号计算、微分方程求解器、误差处理);⑧输入输出(前处理、后处理、绘图、动画);等等。

这是一个大难题。在后来的几十年间,这个难题的各个环节陆续被攻破,最终汇聚到一起,形成了一批极为强大的通用多体动力学(general-purpose multibody dynamics,GPMD)程序。文献[SJ2]列出了 20 个 GPMD 程序的名称和作者,其中美国占 8 个,其余为德国等欧洲国家的。美国的 ADAMS(Automatic Dynamic Analysis of Mechanical Systems)是在计算机辅助工程(CAE)领域中使用范围最广、应用行业最多的软件。

这些 GPMD 程序中的大多数都可以处理弹性变形和运动副间隙。

3. 通用多体动力学程序的基本结构

所有的 GPMD 程序必须包含六个主要阶段,如图 11.8 所示[SJ2]。这个简化的
流程图代表了动态研究复杂而冗长的数值程序的
主动脉。

第一阶段是给计算机指定所研究系统的初始
条件,包括构件的几何、物理参数,初始速度等。

第二阶段是将模型结构离散化为数学模型。
这类程序之所以被称为自建模程序,就因为这个阶
段的工作被指定给计算机来完成。其理论基础就
是图论。

第三阶段聚焦于建立动力学的数学模型,有数
种方法(见 11.1 节,8.2.3 节,6.3 节),虽然计算过
程的繁简程度不同,但最终的计算结果都会是相同
的。图 11.8 中给出了两种广为接受的建模方法:
拉格朗日法和牛顿-欧拉法。

文献[HJ4]分析了多种数学模型,认为:它们
虽然在理论上是等价的,但其数值性态的优劣则不

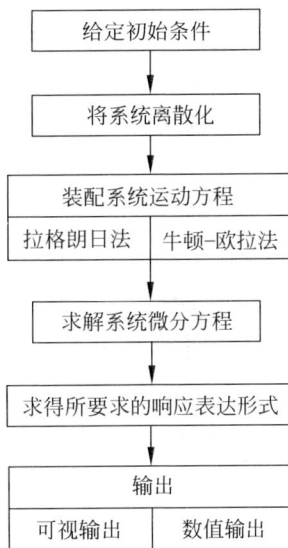

图 11.8　动态仿真系统的流程图

尽相同。这种不同在处理多柔体动力学时会成为主要矛盾。该文献建议用笛卡儿
方法代替牛顿方法来建立数学模型。

第四阶段是用某种数值积分方法求解微分方程。

第五和第六阶段是给出一个合理的表达响应的形式。这基本上是将求解的结
果转换成分析者所要求的形式。例如,这可能是频率分析(模态分析/振动分析),
也可能是系统的其他动力学表现。

4. KED 方法和多柔体动力学方法的对比

上述的 GPMD 程序既能求解多刚体系统,也能求解多柔体系统。但是在弹性
连杆机构的分析中,以及某些柔性机器人的动力学分析中[YY]却没有采用它。

多体动力学是 1966 年提出的,弹性连杆机构的研究是 1970 年后开始的。这
两件事是由两个领域的学者所贡献的。前者是在航天科学家们的研究的基础上建
立起来的,他们对树状结构的空间机构更感兴趣;而后者则是机构学界作出的

贡献。

多柔体动力学方法在理论上更为严密,而在连杆机构的 KED 分析中则含有一些简化假定。为了推动 KED 方法的发展,中国学者刘宏昭[LH3]精辟地论述了这两种方法的对比。

在多柔体动力学方法中,机构的刚体运动和弹性变形运动都被视为待求的量;而在 KED 分析中,机构的刚体运动是已知的,只有弹性变形运动是待求的未知量。这一区别导致这两种方法在动坐标系的选取、弹性变形的描述、动力学方程的结构和数值计算等方面均有不同。应该说,多柔体动力学方法是更具一般性的方法,但是其方程的求解要困难得多。KED 模型是一种简化,但它在机构分析中已完全能满足需要。

11.1.5　柔性机器人机构的动力学

在通常的工业机器人设计中,杆件都要具有足够的刚性。构件质量大不仅耗费材料和能量,而且使惯性负载加大而导致轨迹跟踪困难。为了提高生产率,需要使机器人结构轻量化,从而出现了柔性机器人(图 11.9)。其优点是成本低、速度高、负载自重比大、耗能低、便于操纵等。

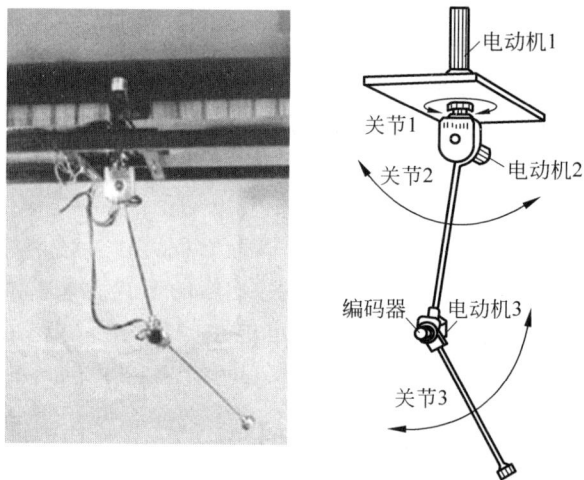

图 11.9　柔性机器人之一例

随着空间技术的发展,大型空间站上回收人造卫星的长臂、轻质的空间机械臂出现了。此外,柔性机器人还应用于需要软接触的地方。

机械臂的变形会影响其运行轨迹和抓取精度。20 世纪 70 年代初,多柔体动力学主要是在航天器领域发展起来的[DS2]。

对柔性机器人必须分析其振动和它造成的手部定位误差。

开链的刚体机器人完全可以采用11.1.4节介绍的多体动力学方法和GPMD程序进行分析。而在柔性机器人的动力学分析中,不少学者也采用了有限元方法等简化模型。这和11.1.4节介绍的刘宏昭的观点和闭链机构的KED方法有异曲同工之妙。

柔性机器人动力学最早的文献是1979年由W. Book发表的[BW1]。从20世纪80年代起这方面的文献即大量出现。多篇文献[GP,BW,SY6,LY3,DS2]对柔性机器人操作机的动力学建模方法、计算程序、实验研究和控制作出了综述。

柔性机器人动力学是机构学和机器人学的前沿课题,也是一个涉及内容很多的课题。

柔性关节机器人是柔性机器人中相对简单的一种[RM]。它的关节柔性变形主要是由谐波减速器、传动轴和伺服系统等的变形导致的。这对机器人末端的运动精度和机器人的动力性能有不可忽视的影响。

而柔性杆机器人则是将机器人的各个构件均视为变形体。它涉及对变形的描述、离散化方法、动力学模型,以及近似分析等多方面的问题。这部分的内容构成和研究思路与弹性连杆机构有类似之处。1983年,美国学者Sunada和Dubowsky[SW1]最早利用有限元方法进行了柔性杆机器人的建模。

将柔性关节和柔性杆同时加以考虑的文献较多,可参见文献[YS]。

针对空间柔性机器人的建模,余跃庆等综合考虑了杆件和关节的柔性的影响,提出了空间柔性转子梁单元模型,如图11.10所示[ZX5]。

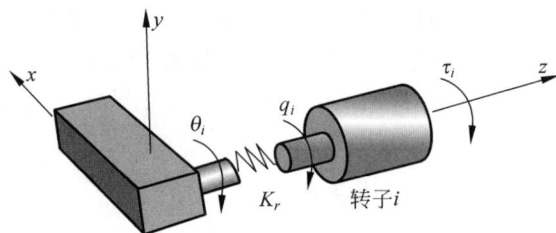

图11.10　空间柔性转子梁单元模型

余跃庆教授专注于机械动力学研究30余年。2015年,他从发表的300余篇论文中选择了100篇,结集出版[YY1]。其中在柔性机器人主题下的论文占约2/3。他的研究涉及了冗余度柔性机器人动力学与控制、柔性机器人的协调操作动力学与规划、柔性并联机器人和欠驱动机器人的动力学与控制。1997—2015的18年间,这是他关注的中心点。长期关注一个重要问题,成果迭出,这种情况在中国机构学界并不多见,在他的同龄学者中也十分突出。

宋轶民研究了采用机敏材料的冗余度柔性机器人的振动主动控制问题[SY7],应用复模态理论对机器人的动力学方程进行解耦,建立了受控系统的状态空间表达式;设计了连续线性二次型调节器(linear quadratic regulator,LQR)状态反馈控制器和具有指定稳定度的 Luenberger 全维状态观测器。仿真算例表明,该方法可显著改善受控系统的动力学性能。

在世纪交替的 30 年间,柔性机器人的动力学研究十分火热。文献[DS3]检索并统计了 1974—2005 年间柔性机器手(同时考虑构件和关节的柔性)的动力学建模、控制与实验研究的文献 433 篇。该文分析了这些方法的优缺点,以及这些方法可被推广到更一般性问题中去的可能性。

11.2　现代机构学阶段出现的新型机构

在现代机构学阶段,除去机器人机构的大发展外,还涌现出多种其他的新型机构。本节将重点介绍其中的几种,但不包括微型机构,因为它已属于机电、材料领域的内容[WQ]。没有见到国际机构学界发表的微型机构方面的研究。

11.2.1　灵巧手机构

工业机器人多数由机械臂和末端执行器组成,后者主要完成抓持和操作的任务。灵巧手是一种特殊的末端执行器,本身也可被看作一种新型机构[ZY,LJ1]。

二指夹持器需要根据夹持对象的形状进行设计,应用范围极有限。在制造领域使用工业机器人的初期,它被用来执行上下料这样的简单操作。随着机器人使用领域的拓宽,要执行更加丰富多样的任务,这是必须开发灵巧手的动因。从 20

图 11.11　Robonaut 手

世纪 70 年代开始至今,出现了多种灵巧手的样机,主要由美国、德国和日本等国开发。太空和水下等特殊环境成为灵巧手的首要应用领域。图 11.11 是 NASA 开发的 Robonaut 手,它是同名空间机器人的组成部分,其开发目的是用机器人代替或协助宇航员在国际空间站执行舱外操作任务。

20 世纪 80 年代初期,美国学者 J. Salisbury 和罗兹以灵巧性为焦点,从运动学的观点出发,研究了灵巧手需要满足哪些条件才能实现对物体的抓持和操作,探讨了灵巧手的设计理论和控制方法。他们提出,实现一般简单操作功能的灵巧手,至少需要 3 个手指,每个手指需具有 3 个自由度。

Salisbury 对这一领域作出了基础性的贡献[LJ1,MM,SJ4]。

灵巧手的基础理论包括手指机构的运动学、抓持力学等。灵巧手作为一个复杂的机电系统,驱动、传感和控制是其中 3 个主要的组成部分,也是灵巧手开发的难点。

手外科和假肢也将成为灵巧手的另一个重要的应用领域。

中国研究灵巧手的团队主要有两个:一个是以香港科技大学李泽湘教授为首的团队(见 9.3.3 节),另一个是北京航空航天大学张玉茹教授带领的团队。从 1987 年开始,北京航空航天大学团队持续开展了这一领域的理论与实验研究,设计开发了仿人机器手 BH985(图 11.12)。2007 年,张玉茹等撰写了论述机器人灵巧手理论与技术的专著《机器人灵巧手》[ZY]。

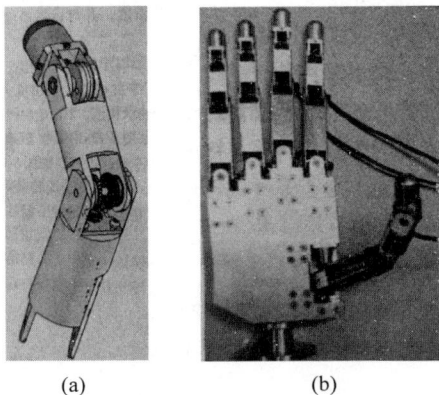

图 11.12 BH985 灵巧手[ZY]

(a) 拇指模型;(b) 物理样机

人工手指的机械设计是决定假手性能的关键因素。进入 21 世纪以后,使用连杆机构驱动的手指结构大量出现。要使仿生手简单、灵巧、功能齐全,在开发人工手指时应考虑两个主要要求:拟人化的结构和以一种稳定、安全的方式抓取物体的能力。文献[KS2]考虑了现有文献论及假体手指的各种性质的不同观点,这些性质包括形状适应性、运动和稳定性、力的各向同性、工作空间和重量等。该文检索了 2000—2019 年间发表的 280 篇文章,从中选择出 28 个由连杆机构驱动的手指机构,并对其表现进行了评估。

11.2.2 柔顺机构

历史上出现的机构绝大多数是刚体机构。随着机构的高速化和轻量化,要分析机构的弹性变形,就出现了"弹性机构"(elastic mechanism)的称谓。而"柔顺机

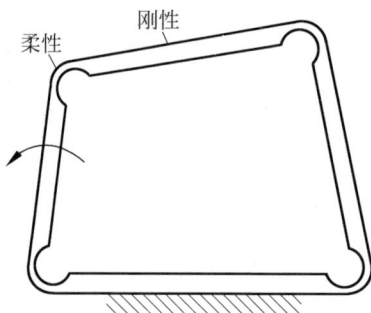

图 11.13　全柔顺机构之一例

构"(compliant mechanism)则与此不同,它是以柔性关节来代替传统机构的运动铰链,采用柔顺元件的弹性变形而非刚性元件的运动来传递或转换运动、力与能量的新型免装配机构[ZX2]。图 11.13 是柔顺机构之一例。柔顺机构的创造是从大自然中得到的启发。蜜蜂翅膀(图 11.14)、鸟翼、树的枝干等,都是大自然中利用柔顺性而表现出其优越性的创造。弓和弹弓则是人类早期使用柔顺元件的例证,在公元前就出现了。达•芬奇曾根据弹弓的原理绘出了"柔性弩炮"的草图。

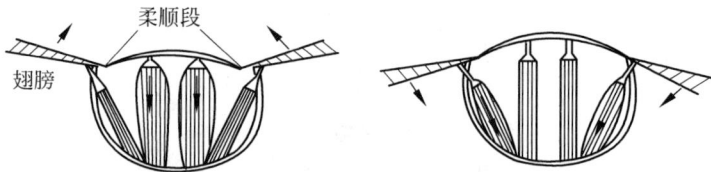

图 11.14　蜜蜂翅膀的柔顺性

　　柔顺机构有两方面的优点:①减少零件数目、装配时间,简化制造过程,从而降低成本;②消除了间隙,提高精度,增加可靠性,减少磨损,减轻重量,运动副不需要润滑,从而提高性能。

　　美国学者 L. Howell(图 11.15)是现代柔顺机构的主要奠基人。他出版了两本专著介绍了柔顺机构的理论和设计[HL,HL1],被认为是柔顺机构的奠基之作。他分别获得了 2009 年 ASME 的机构学学术成就奖和 2014 年 ASME 的机械设计学术成就奖(见表 8.1 和表 8.2)。柔顺机构的应用越来越普遍。例如夹持机构、离心式离合器、柔顺平台、平行导向机构和柔性铰链等。图 11.16～图 11.18 是柔顺机构的部分应用实例[HL1]。

图 11.15　L. Howell

　　当然,柔顺构件不能像铰链那样完成连续转动,柔顺机构只能用在动作范围不大的场合。在医疗领域的微创伤手术、通信领域的微开关技术中,以及在精密定位、精密和超精密制造、精密操作、微机电系统中具有广泛的应用前景[ZX2]。柔顺机构以其独特的性能特点和广泛的应用前景已成为机构学界最活跃的前沿领域之一。

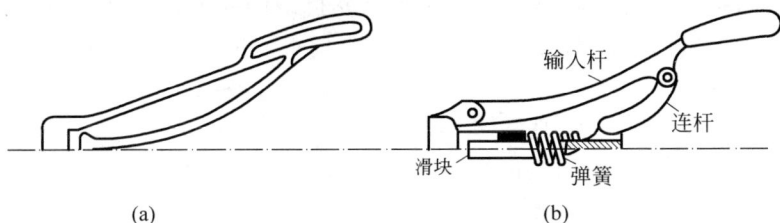

图 11.16　AMP 公司开发的柔性卷边机构

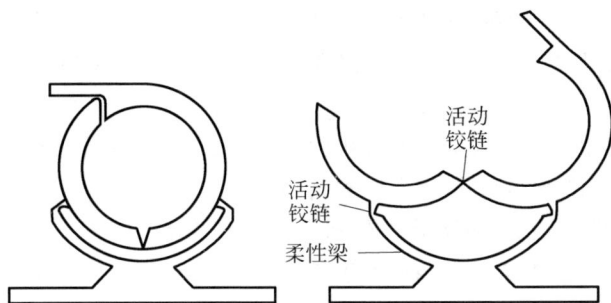

图 11.17　柔顺双稳态夹紧机构　　　　图 11.18　柔顺离心式离合器

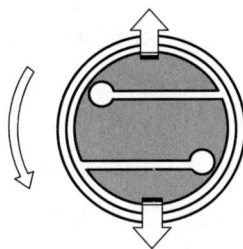

对柔顺机构,目前主要进行了两个方面的研究:一是分析方法中采用了适当简化的所谓"伪刚体模型";二是柔顺机构的拓扑结构综合问题。

中国学者张宪民等[ZX4,ZX2]进行了柔顺机构的拓扑优化设计等问题的研究。

11.2.3　折纸机构

折纸(origami)是一门古老的民间手工艺术——不借助裁剪、粘贴,只通过折叠、弯曲来塑造各种空间造型。公元 105 年,西汉的蔡伦发明了造纸术,折纸随之而生。公元 610 年,一位高句丽僧侣将折纸艺术带到日本,之后它便在日本逐渐发展,成为日本宗教、政治、民间各项仪式中不可缺少的一部分。7 世纪时折纸艺术由中国传入西班牙,13 世纪时广泛出现在欧洲的文学作品中。"折纸"的日语是"折り纸(おりがみ)",英语中的"origami"即由此而来。1797 年,日本出版了世界上第一部关于折纸的书籍,记载了多种纸鹤的折法。

进入 19 世纪后,随着折纸中的数学之谜在西方被解开,折纸发展为几何学的一个分支。日本折纸大师吉泽章(Yoshizawa)和美国折纸艺人 S. Randlett 发明了一套国际通用的折纸图解语言"Yoshizawa-Randlett System",从而打破了语言的障碍,推进了折纸艺术的传播。自 1920 年起,随着计算能力的提升,折纸的设计更加复杂多样,折纸学科应运而生。它主要研究折纸的几何描述和纸片可折叠性等基本理论,并发展出了计算机算法来精确地规划折痕设计与折叠顺序,从而得到更复杂的折纸结构。

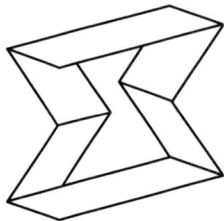

图 11.19　折纸而成的
Sarrus 机构

1952 年,H. Cundy 和 A. Rollett 曾用折纸来研究机构。他们以折痕为旋转轴,以连接纸板为杆件,用折纸构造出一个机构。图 11.19 所示的 Sarrus 机构就是一个典型。

自进入 21 世纪,人们开始探索折纸发展的新方向。人们将艺术折纸中的传统几何与折法参数化,结合现代材料,开发新结构和设备,进而出现了折纸工程学[HI,DE]。这是一门数学、机械、力学、材料、控制等多个学科交叉的新兴学科。

在刚性折纸过程中,纸片仅沿着折痕旋转,不发生弯曲和拉伸。将纸片比作杆件,折痕比作旋转铰链,刚性折纸图案可以等效为一类特殊的球面机构网格。可通过分析其运动学来进行刚性折纸的设计与分析。在刚性折纸研究中,假设纸张是零厚度的。然而若真实工程对象的厚度不可忽略,已有的理论就不再适用。众多学者提出了在零厚度折纸模型中计入板厚,但未能解决问题。

针对此问题,陈焱等[CY]摆脱了原有的球面机构折纸模型,建立了基于过约束空间机构网格的厚板折纸模型;对各种折纸节点分布进行了系统的非线性运动协调分析,得到单自由度的厚板折纸条件,使得零厚度的折痕分布可以直接应用于厚板折展;通过对多机构网格逆问题的解析,精确地描述了厚板的折展过程,实现了折纸结构与厚板结构运动学的等价,解决了厚板折纸问题。该研究成果可直接用于卫星太阳能帆板、空间天线反射面、建筑结构,以及人体自然腔道狭小空间下手术器械折展机构等的设计。

11.2.4　分度凸轮机构

近代使用的分度机构主要是棘轮机构和槽轮机构(见 6.1.3 节),但它们在高速下的性能都不太好。第二次工业革命以后,包装机械等轻工自动化机械的速度不断提高。1952 年,美国工程师 C. Neklutin 发明了弧面分度凸轮机构(也称为蜗杆式分度凸轮机构,图 11.20)。这种机构的优点是:运转平稳、转位准确、定位可靠;动停比取决于凸轮廓线设计;运转速度高,输入转速已达 3000r/min。它是当时最理想的分度机构,已在高速冲床、模切机和许多轻

图 11.20　弧面分度凸轮机构

工自动化机械中得到越来越广泛的应用。此外,还有其他形式的新型分度凸轮机构出现[ZC3,CJ1]。

11.2.5 新型传动机构

在现代机构学时期,也出现了多种新型的蜗杆传动和齿轮传动等。在第 1 章中曾指出:从定义上看,机械传动当然还属于"机构";但从研究内容角度看,机械传动已基本上发展为一个独立的新领域;从学术活动角度看,机械传动领域早就开始组织自己的学术会议、出版自己的刊物。

因此,在这里,对于这些新型传动机构只是简单提及,对其研究状况就不再深入地讨论了。

1. 新型蜗杆传动

1950 年,德国学者尼曼(G. Niemann)开发了凹-凸齿面接触的蜗杆传动,也称为尼曼蜗杆传动[LF]。"二战"后,还有多种新型蜗杆传动出现。研究的焦点是使齿面的相对滑动速度方向和齿面的瞬时接触线尽量接近垂直,以便形成油膜,减小磨损,从而提高承载能力,延长使用寿命。

2. 新型定轴齿轮传动

1) 诺维科夫齿轮传动

齿轮传动的大功率化要求提高被接触强度制约的齿轮承载能力。1956 年,苏联学者诺维科夫(M. Novikov)提出了一种新型的平行轴齿轮传动——诺维科夫齿轮[LF](图 11.21)。这种齿轮传动摆脱了传统的线接触概念。两轮分别为凹、凸的圆弧齿,凹齿的圆弧半径略大;理论上为点接触,但受力变形后为小面积接触;两轮均为螺旋齿,啮合时接触线沿轴线方向移动。由于凹凸接触,当量曲率半径很大,故接触强度大为提高。诺维科夫齿轮在苏联和中国获得了较广泛的应用。美国称这种齿轮为 Wildhaber-Novikov 齿轮,这是错误的,因为早些年 Wildhaber 提出的专利与诺维科夫的发明本质上是完全不同的[ZC2]。

2) 双曲线齿轮传动

汽车后桥部分要求有用来传递垂直轴之间的运动和动力的锥齿轮装置。20 世纪 20 年代,汽车设计者提出要求:这一传动应能适应较高的速度,并能降低传递运动给后桥的传动轴和变速系统的位置,从而降低汽车的重心。1927 年,美国格里森公司的咨询工程师 E. Wildhaber 开发了双曲线齿轮(图 11.22)。用它来代替相交轴间的锥齿轮传动可以使汽车的重心有所下降,从而获得了广泛的应用。

Wildhaber 一生共获得 279 项专利,是齿轮领域的重要专家。

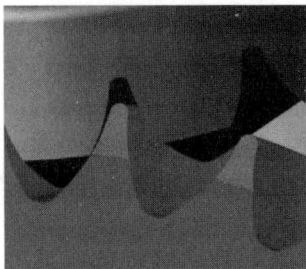

图 11.21　诺维科夫齿轮

图 11.22　双曲线齿轮

3. 新型行星齿轮传动

1) 摆线针轮行星传动

德国人首先提出了摆线针轮行星传动(图 11.23)。其输入轴上带有一段偏心轴,插在摆线轮的中心孔中。摆线轮与针轮形成内啮合。摆线轮上有 4 个孔,输出盘上有 4 个销轴。摆线轮的转动通过销轴带动输出盘转动。它的单极传动的传动比可达数十甚至上百。摆线针轮行星传动是多齿啮合,且其主要零件均采用轴承钢淬火磨削制成,因此承载能力很高,且运转平稳、寿命长。日本在 20 世纪 30 年代后期开始生产,中国在 60 年代开始生产。

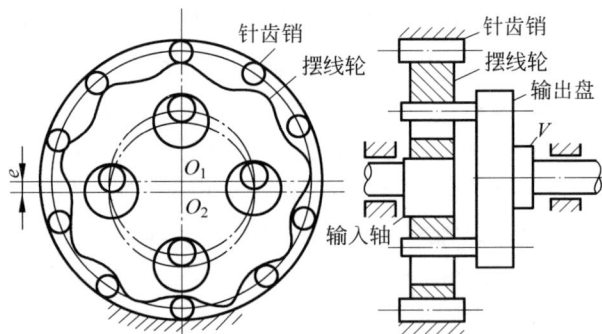

图 11.23　摆线针轮行星传动

2) 谐波传动

1959 年,美国工程师马瑟(C. Musser)发明了谐波传动(图 11.24)。波发生器的旋转使柔轮变形,而柔轮和固定的刚轮形成少齿差啮合。因此这种传动既能实现大传动比的同轴线输出,又能以紧凑的结构实现大传动比减速。在阿波罗月球车的车轮驱动系统中,在空间站"Skylab"上展开太阳能帆板的驱动中,都应用了谐波传动。现在,它又被广泛地应用于机器人的驱动中。

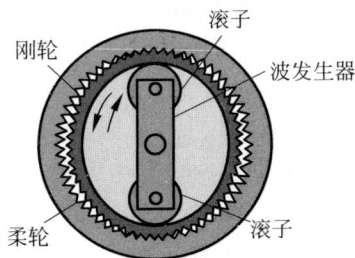

图 11.24　谐波传动

11.2.6　混合输入机器

混合输入机器是英国学者 L. Tokuz 和他的导师 J. Jones 在 1991 年提出的[TL],1992 年 Tokuz 完成了以此为主题的博士论文。

为满足日益多样化的功能需求,现代机器越来越要求能实现柔性输出。此外,研究者对混合输入机器的关注也还来自:①精确实现给定运动的需要;②在获得运动柔性时,有降低伺服电机功率的需要;③实现低成本、大功率、可编程机器的需要;④对制造偏差和安装偏差的补偿功能的需要。

混合输入机器的示意图如图 11.25 所示。

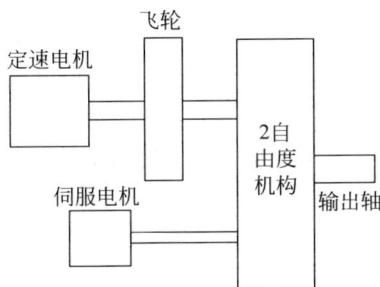

图 11.25　混合输入机器示意图

郭为忠、孔建益等[GW]撰写了约 7 万字的长篇综述文章,对这一领域国内外的研究进行了全面、详细的总结和认真的分析。

该文献指出,6 篇国外的研究文献都得到了类似的仿真结果:在实现同一种特定的输出运动规律时,混合输入机器中的伺服电机峰值功率和转矩分别只是伺服输入机构中伺服电机峰值功率和转矩的一小部分。从理论分析结果来看,效果是非常明显的,尽管它未能完全消除人们的担心。

在国内的文献中,这类机器有时被称为"混合输入机构",这一名称是不恰当的。本节改称为"混合输入机器",道理不言自明。在国内,上海交通大学的邹慧君、郭为忠和武汉科技大学的孔建益等教授带领研究生对混合输入机器进行了较系统的研究。他们的研究涉及混合输入机器的构型设计、运动规划、运动学和动力学、控制策略和方法等多方面的问题,也进行了一些实验研究。

杜如虚(香港中文大学教授)、郭为忠等针对国内某企业钣金件冲压作业曲线可调的需要,设计了一个基于平面七杆混合输入机器的 25t 可编程机械式压力机的样机,并进行了样机实验。仅此一事便在国外期刊上发表了 5 篇论文[GW1]。可以说,在这一领域的工作中,国内学者以郭为忠的工作最为深入。

天津大学张策、孟彩芳等教授也开展了一些理论上的工作[MC,ZX7,ZX8],但未能持久。

文献[GW]最后也明确地指出"到目前为止,混合输入机器几乎还没有得到有效的实际应用",并提出了一些应进行深层次探讨的问题。

笔者还注意到,文献[GW]共给出了 193 篇参考文献,其中中国学者发表的论文占了很大比例。自 Tokuz 1991 年提出混合输入机器的概念以后,曾出现过几篇外国学者的论文;但是,进入 21 世纪以后外国学者的论文似乎就很少了。

11.2.7 变胞机构

1998 年,戴建生在美国亚特兰大召开的第 25 届 ASME 机构学与机器人学会议上宣读论文,首次提出了变胞机构(metamorphic mechanism)[DJ1]。这篇论文获得了该会议的最佳论文奖。由此开始,变胞机构被国际机构学界所瞩目,成为机构学界新的研究热点。

变胞机构能够根据环境和工况的变化和任务需求,进行自我重组和重构。它的自由度数是可变的,构件数目也是可变的[DJ3]。

1. 变胞机构的一个实例

戴建生等[DJ6]成功地将变胞机构应用于输电线路巡检机器人。图 11.26 所示是电力巡检机器人的工作环境。巡检的目的是检查输电线路及其周围环境是否存在威胁输电安全的隐患。图 11.27 所示是电力巡检机器人的传统构型和变胞构型。之所以设计一个变胞构型,主要是因为这个机器人要经历两种工作状态:①机器人沿着架空地线正常行走的状态;②机器人越过防振锤的状态。

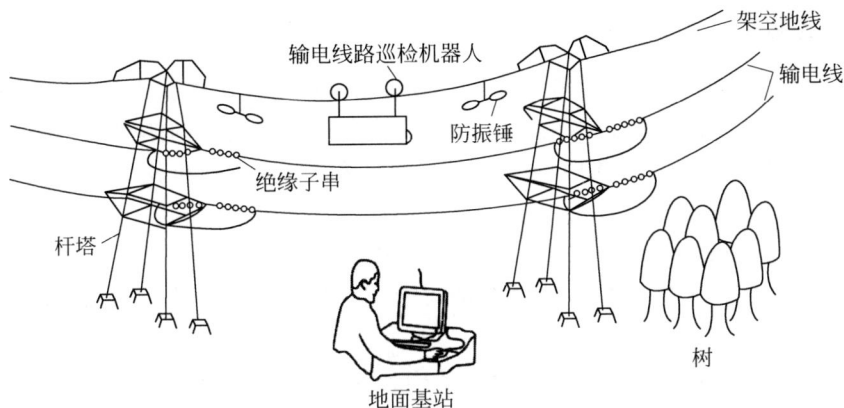

图 11.26 电力巡检机器人的工作环境

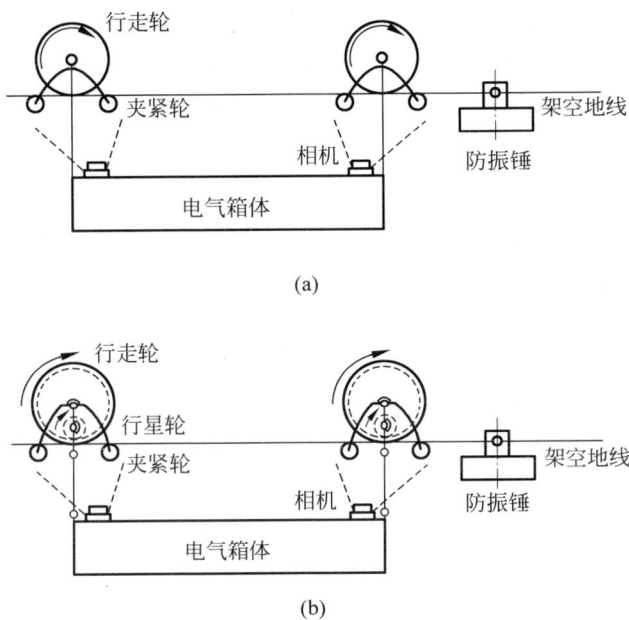

(a)

(b)

图 11.27 电力巡检机器人的传统构型和变胞构型

(a) 传统构型；(b) 变胞构型

正常行走时,这个轮系是一个定轴轮系;越障时,它变成了一个周转轮系。这个变胞机构如何适应前述的两种工作状态,详见有关参考文献。

这个应用变胞机构的行走机器人实例,对多种类似的机器人都应能有所启发。

2. 变胞机构的研究概况

变胞机构的研究可以追溯到 1996 年,戴建生在研究用多指手进行装潢式礼品纸盒包装时,触碰到折纸机构的问题。传统的机构具有固定的拓扑结构,具有固定的构件数和自由度数。戴建生等发明了一类新机构,这类新机构可以改变杆件数、拓扑图,甚至自由度数。基于生物学中的胞胎进化、组合和再生的原理和现象,他们采用了"metamorphic mechanism"这样一个名称。至于"变胞机构"这个中文译名,是由戴建生和张启先两位教授在撰写中国国家自然科学基金申请书的过程中商定的[DX]。

1999 年戴建生等探讨了变胞机构的构态变换问题,2000 年戴建生和张启先提出了构态变换的矩阵演变,由此引发了机构学界广泛的学术研究兴趣。此后的研究越来越多,涉及的内容也越来越丰富。在理论方面,涉及变胞机构的分支和分类、构态演变及其数学模型、变胞机构的综合等。北京航空航天大学的丁希仑、哈尔滨工业大学的李兵、美国杨百翰大学的 L. Howell、美国普渡大学的 D. Gan、意大利热那亚大学的 R. Molfino、新加坡南洋理工大学的 Y. M. Chen 等,以及中国的许多其他学者都将变胞机构应用于不同的机械中。变胞机构的原理也已开始向制造业渗透[DJ3]。

戴建生(时任天津大学特聘教授)、康荣杰(天津大学副教授)、王洪光(中国科学院沈阳自动化研究所教授)和李树军(东北大学教授)等,完成了国家自然科学基金委员会重点项目及重点国际(地区)合作研究项目,将变胞机构成功地应用于电力机器人(包括电力巡检机器人)。这个项目的成果让机器和机构的变构有了理论体系的支撑,也让机器变形变构设计减少了实践试错,变得更加容易。

2021 年,戴建生等完成的"机构演变与变胞机理发现及其几何形态变构理论与分岔调控机制"获得了天津市自然科学一等奖。同年,戴建生等[DJ6]出版了专著《可重构机构与可重构机器人——分岔演变的运动学分析、综合及其控制》。

变胞机构的发明,是现代机构学时期的重要事件,它对未来机构学的发展、对新机构的发明具有重要意义(见第 12 章)。

第12章

机构学未来发展预测

12.1 背景：新的工业革命

在介绍第一次和第二次工业革命的时候，我们没有经常使用"技术革命"这一用语，这是因为，蒸汽、电力和燃油这些新的动力出现后立即被应用到工业中，技术革命和工业革命几乎是同时进行的，这两次工业革命的内容也相对比较简单。

然而，与前两次技术革命相比，第三次科技革命的内容要丰富得多，它反映到工业中去，所带来的变化也更丰富。以至于，对新的工业革命也出现了歧见。代表性的意见反映在两本著作中。

美国著名的未来学家里夫金（J. Rifkin）在 2011 年出版了《第三次工业革命：新经济模式如何改变世界》[RJ1]。他认为第三次科技革命中出现的最重要的变革是互联网信息技术和可再生能源，是这两个进步让我们迎来了第三次工业革命。

世界经济论坛创始人兼执行主席，瑞士学者施瓦布（K. Schwab）在 2015 年撰写了《第四次工业革命》（中文版出版于 2016 年）[SK1]。他认为第三次工业革命始于 20 世纪 60 年代，第四次工业革命则始于 21 世纪初。

笔者认为，第三次科技革命以来的技术变革很多，但最重要的两条主线是：①从计算机的发明到互联网信息技术；②新能源（包括可再生能源）技术的发展。笔者还认为，这次科技革命的成果已经逐步地反映到工业领域，甚至整个经济领域。可以认为，几十年来工业领域的变革是浑然一体的、不断前进的，看不出明显的界限。所以，本书不想做进一步的划分，而宁肯只使用"新的工业革命"一词来描绘这次科技革命给工业和经济领域带来的变革。

另外,在第 7 章中已经指出:从第三次科技革命开始,机械工程就已经不处在科技革命的中心地位了。处于中心地位的是上一段所指出的两条主线。因此,在新的工业革命中机械工程将出现什么样的变化? 在里夫金和施瓦布的这两本书中基本没有涉及。

12.2　世界机构学未来发展之重点

笔者认为,今后的机械设计和机构学的发展应该仍会继承第三次科技革命以来的路线。

12.2.1　可以期待一个机构结构创新的高潮

现代机构学的一个重要任务是根据越来越复杂的工程需要,利用现代机构学的结构综合理论开发出新的、对动作的要求更加复杂的机构。

几十年来,机器人是将机构从传统推向现代的最重要的力量。随着自动化的进一步发展,机器人在机械工程中的地位,以及机器人机构学在机构学中的地位仍将进一步提升。

有两个问题特别重要:仿生机构的研究和可重构机构的研究。

人们创造了仿生机器人这样一个领域,提出了兽形机器人、蛇形机器人、蝎子机器人、蜗牛机器人、壁虎机器人、爬树机器人等概念,仿人机器人也可以划入这一领域。这类机器人有的已开始研制[XN,CK,BE1]。

从仿生学的角度观察自然,在机构学界是有传统的。机构学的创始人之一雷罗就研究了鸟和鱼的嘴部结构,绘出了其机构简图。仿生机器人的发展需要大大地拓展了这一领域。建立"仿生机构学",研究各种生物的肢体运动机理、运动控制与协调机理,为创造新型机器人服务——这将是一个大有可为的领域。

近数十年,机构综合理论取得了很大的发展(见 10.3.2 节)。变胞机构的理论(见 11.2.7 节)进一步丰富了结构综合理论。戴建生等将变胞机构成功地应用于电力巡检机器人的实例[DJ6]给予我们很大的启发。这种服务机器人需承担的工作任务多,而又要避免结构过于复杂,采用可重构机构的原理来设计是一条极好的出路。一大批机器人机构的设计可以从这个实例中吸取经验。

与机构运动学和动力学相比,在近代机构学阶段,机构结构综合理论的出现是最晚的。在现代机构学阶段,现代机构结构综合理论的出现也是最晚的。一般来说,理论的巨大进步要在其后的一段时间内逐步地表现为实践的巨大进步。因此,可以预期,在今后的数十年间,这些理论方面的进步,应该会导致一个新型机构(包括新型机器人）创造高潮的出现。

12.2.2 机械动力学仍将深入发展

机械的高速化、精密化和轻量化的发展趋势推动了现代机械动力学的发展，它们仍然是推动今后机械动力学发展的最重要因素。随着机械性能的提高，高速化和精密化的程度仍将继续提高。随着材料与能源的紧缺，轻量化仍然是机构设计中的重要约束。

计入机构运动副中的间隙的机构动力学研究已经取得了进展，但还没有达到能应用于工程设计的程度，如在转子动力学和齿轮动力学中那样。这在一定程度上是由于对含间隙机构中的混沌现象的研究尚显粗浅。

在过去几十年里，具有含间隙的平面回转副的系统的动态建模问题得到了广泛研究。然而，许多安装在空间回转副上的系统，例如发动机转子和机器人手臂，它们的运动都超出了平面运动的范围。还有许多平面系统，其关节轴线存在偏离。在这些情况下进行含间隙机构的动力学分析时，这些系统都应被视为空间系统，那些针对含间隙平面运动副的分析方法就不再有效了[TQ]。因此，关于含间隙机构的动力学分析尚需进一步深入，考虑真实机构中存在的各种可能。

构件材料及其变形的非线性也是进行动力学的深入研究中必须注意到的问题。

现代机构学的许多方面还将继续发展，但是，运动学研究的难度不如结构学和动力学，在实践中的应用也已做得很好。结构学和动力学应该还有很大的研究空间，特别是在实践中的应用更是应该着力解决的问题。

12.2.3 机构学理论与工程实践必将进一步结合

机构学理论联系实际的问题似乎总是不够快、不够紧密。至少有些人是这样认为的。

机械向自动化方向发展虽已有多年，但这种发展趋向依然方兴未艾。随着机器人学理论的发展，特别是随着近年来在机器人综合理论方面取得的成功，机器人的实践方面必然会出现一个持续时间不短的创新高潮。我们有机会看到一个极好的理论与工程实践相结合的场面。

机构动力学也面临着如何与实践相结合的问题，但是在这方面，未见得能比机器人的创新做得更好，因为目前动力学的理论研究尚有缺欠。

12.3　中国机构学要克服不足，继续前行

12.3.1　介绍两篇文章

这本书是中国人写的世界机构学史，难免偏重于中国，而且偏重得不少。那么，在结束语里当然还要写一写中国。但是笔者不想再说中国的成绩了，已经说得不少了。应该再写一下我们尚存在的问题。

关于这个问题，有人已经写了很好的文章。在此只向各位读者推荐两篇文章。这两篇文章都写于 2014 年，收录在文献[LR]中。

- "中国机构学研究的认识与思考"[WG]。作者：王国彪（国家自然科学基金委员会工程与材料科学部），刘辛军（清华大学），于靖军（北京航空航天大学）。这 3 位作者都是教授、博士生导师。王国彪当时为国家自然科学基金委员会工程与材料科学部副主任，2021 年 6 月调入天津大学；刘辛军从2020 年起任 IFToMM 中国委员会主席；于靖军任 IFToMM 中国委员会委员兼机器人等 3 个分会的常委或委员。

- "中国机构学基础研究的机遇与挑战——纵观发展史，横看欧美中，探讨机遇点"[DJ2]。作者：戴建生，时为伦敦国王学院机构学和机器人学中心教授和天津大学现代机构学与机器人学中心兼职教授；现为深圳南方科技大学机器人研究院院长，英国皇家工程院院士。

1. 王国彪等的文章

在王国彪教授等的文章中，列出了 9 个小标题。

（1）机构学在机械工程与科学中的地位。

（2）中国机构学领域代表性学者。

（3）SFC 与中国机构学。概括性地介绍了从 1986—2013 年间国家自然科学基金委员会（NSFC）对机构学领域的资助概况：资助项目数的增长、受资助的单位、NSFC 推动了中国机构学的发展。

（4）中国机构学研究队伍的统计与分析。对从事机构学研究的中国学者群体的年龄分布、单位分布和研究方向分布进行了统计和分析。

（5）中国机构学近 10 年主要研究成果的数据统计。包括 3 部分：在 4 大核心期刊发表论文的情况、在国际期刊和顶级学会组织中的影响力、科研获奖情况。

（6）中国机构学的特色研究方向。较细致地介绍了中国机构学的几个特色研究方向：连杆机构的结构学理论、机构的运动分析与综合、弹性机构动力学、柔顺机构、变胞/可展机构。

（7）中国机构学的优势研究方向代表——机构自由度分析与构型综合。介绍了黄真、杨廷力和戴建生等学者在这两个研究方向上的突出贡献。

（8）理论创新对中国机构学学科发展的重要作用。寻求机构设计的普适性理论和方法，建立面向工程应用的机构性能分析与评价方法，已成为现代机构学的研究热点和难点。理论与方法的创新是解决上述问题的关键。

（9）中国与北美、欧洲机构学研究的对比分析。在北美部分，提及了美国学派的创始人和一批代表人物，以及主要的研究方向和发表论文的情况。对欧洲的情况介绍得比较简单。最后，对中、美、欧的机构学研究情况进行了比较。笔者对这一部分做重点介绍，将原文（少数文字略有简化）以加粗的楷体字直录如下。

除了在较少的几个研究方向上达到国际先进水平外，多数研究距离国际领先或先进水平尚有差距，主要表现在：

（1）跟踪性研究多，原创性研究较弱。

（2）对四大核心期刊上发表的我国论文的抽查表明，除少数并联机构构型及尺度综合方面的文章之外，总体上论文的他引率较低，论文的数量与质量不相适应。（笔者注：可参见9.5节。）

（3）对国际机构学发展产生重大影响的标志性基础及应用研究成果微乎其微。具体体现在所发明的新机构实用性不强，还没有具有自主知识产权的商用软件等。

（4）国际机构学大师级人物凤毛麟角。自1972年以来，ASME每年评选的最佳论文奖还没有出现中国作者的名字；IFToMM颁发的卓越成就奖，也只有黄真教授和他的学生丁华锋获得。在国际会议上作主题报告的专家中，中国学者出现的频次还不够高。

（5）实质性的国际交流与合作不成规模。一方面体现在参加国际会议不甚积极；另一方面体现在鲜有校际、校企之间开展实质性的国际合作。

2. 戴建生的文章

在戴建生院士的文章中，讲述了如下几个问题。

（1）欧洲、北美与中国机构学的并行发展。介绍了这3个地区机构学会议的发展和演变；给出了ASME机构学与机器人学会议、IFToMM大会和中国机构学会议授奖的名单，以及中国学者获得国家级和教育部科技奖励的名单。

（2）中国机构学的显示度。介绍了中国学者在国际会议上发表论文的情况、通过会议培养青年人才的情况和中国学者在国际期刊中任职的情况。

（3）机构学的危机与应对。这一节谈到 5 个问题，笔者在此将其并为 4 个。①机器人机构学的纳入使机构学的内涵和外延都发生了很大的变化，促成了 21 世纪初的快速发展。②理论运动学无论在机构学发展史上，还是在当前美、欧、中的基础理论研究中都占有统治地位。当前主要是指旋量理论。讲述了该领域研究面临的困境、为扭转不利局面而做出的努力，以及理论研究如何推动了新机构的发展与研究。③指出了新时期的机构学研究应该注意 3 点——多学科交叉研究、跨学科研究和将理论融于应用的研究，并结合一些实例阐述了机构学与生物学的结合、将艺术折纸映射到机构中来，以及变刚度膝关节的研究等。④当前机构学和机器人学的主要研究方向及研究特点。指出了拓扑综合和型综合、并联机构、仿生机构、柔顺机构、变胞/可重构机构、跨学科机器人研究、医疗机构与服务机器人等，并介绍了美国和欧洲在这些方面的进展。

（4）中国机构学同国际主体研究的差距与挑战。虽然中国机构学取得了很大的成绩，成为与欧美并驾齐驱的 3 大主阵地之一，但还存在一些显著的差距，尚需面对组织机制、技术、观念等诸多方面的挑战。该文这方面的论述比王国彪等的文章更长，因此，只做重点摘录，并以楷体字标出。

4.1　差距

1）急于求成，迫于指标

由于体制问题以及许多数据要求，造成研究中过于注重短线要求，而忽略了长线研究，影响了后劲。……而科学问题的发现与解决需要长线研究，需要潜心研究。

2）欠缺潜心研究与精益求精的精神以及广博的专业知识背景

机构学需要实质创新，不是名词创新，而实质创新需要基础理论，需要潜心研究。……纵观国际上做基础理论研究的领袖，他们都是从扎实的博士学位论文做起，有着雄厚的数学基础，并与数学家合作，在研究上坚持数十年，才对基础理论的发展产生了重大的贡献。……系统的、深层次的甚至长期的理论与实验研究相对较少。……学术论文的影响力总体低于欧美的研究学者。

3）欠缺协同发展和实质性的国际交流与合作

虽然中国机构学与国际机构学大家庭联系越来越紧密，所开展的国际合作与交流日益频繁，但实质性的国际交流与合作还不成规模。

4.2　挑战

1）从量变向质变转变

中国学者的投稿率很高，近 10 年已跃居到前 2 位，但质量的差距明显。总体上，论文的他引率较低，ASME 自 1972 年以来每次年会评选的最佳论文还没有中国大陆学者的名字。

2）呼唤交叉、协同与创新

北美机构学经过 60 年的发展，已经形成了北美机构学的核心竞争力——创新。

创新的源泉在于学科交叉与基础理论研究；创新的动力源于项目与应用的驱动；创新的主体在于具备独立、持之以恒科研精神的优秀学者；创新的保障在于公平、宽松的学术环境；创新的摇篮在于本科、研究生教育的先进性以及研究对教学的引领。

3）潜心研究，锲而不舍

……

12.3.2　中青年学者会把中国机构学推向更高的高峰

陈永教授、邹慧君教授、黄真教授等一批笔者的兄长辈，以及谢存禧教授等笔者的同龄人，是当前的所谓"老一辈学者"。他们都已经，或不久就会退出机构学这个历史舞台了，只有杨廷力教授还在为他最新的理论体系而继续做出努力。

中国的机构学学者不能满足于已取得的成绩，不能满足于跻身世界三强之一。要取得更大的成绩，最重要的是正视并克服我们的不足，做出调整和改变，以人之长，补己之短。这就是笔者用楷体字标出上述两段文字的用意。借这两篇精彩文章，作为笔者这个结束语的中心思想。真诚地期盼，并相信，两代中青年学者会把中国机构学推向更高的高峰！

参 考 文 献

关于本参考文献排序和检索的说明

为了便于编辑和检索,本参考文献的文献号一般由两个英文字母[XY]组成。其中,X 为第一作者的姓氏(last name)首字母,Y 为第一作者的名字(first name)首字母。例如,第一作者 Angeles,J. 的文献号为[AJ],第一作者白师贤的文献号为[BS]。在如下两种情况下,文献号中的英文字母后面要再加一位数字:

第一种情况:同一个第一作者有多篇参考文献时,以[XY1]、[XY2]区分,例如 Angeles,J. 的两篇文献分别用[AJ]、[AJ1]表示。

第二种情况:当两个第一作者具有同样的首字母时,也以[XY1]、[XY2]区分,例如 Beyer R. 和 Berkof R. 各有一篇参考文献,分别以[BR1]、[BR2]表示。由于编辑过程中可能删除某一文献,第三位的数字可能缺号而不连续。

当这两种情况同时发生时,也用这种方法处理。所有文献都按文献号排序,而不是按姓氏排序。

俄文文献用其第一作者对应的英文人名排序。

未著录第一作者的文献以前两字或单词首字母缩写编号。

[AA]   AMPERE A-M. Essai sur la philosophie des sciences: ou Exposition analytique d'une classification naturelle de toutes les connaissances humaines [M]. Paris: Mallet-Bachelier,1856.

[AH]   ALT H. Das konstruieren von gelenkvierecken unter benutzung einer kurventafel[J]. Z. VDI,1941,85: 69-72.

[AI]   阿尔托包列夫斯基. 机械原理:上册[M]. 樊大均,等译. 北京:高等教育出版社,1956.

[AI1]   阿尔托包列夫斯基. 机械原理:下册[M]. 东北工学院机械原理及零件教研室,译. 北京:高等教育出版社,1957.

[AI2]   阿尔托包列夫斯基,等. 平面机构综合[M]. 孙可宗,译. 北京:高等教育出版社,1965.

[AJ]   ANGELES J. A fin-de-siecle view of TMM[C]//Proceeding of International Conference on Mechanical Transmissions and Mechanisms (MTM'97). Tianjin,China,1997.

[AJ1]   ANGELES J. Spatial Kinematic Chains: Analysis,Synthesis,Optimizations[M]. Berlin: Springer-Verlag,1982.

[AJ2]   ANGELES J. The evolution of machine and mechanism science in light of the world congresses on TMM [C]//International Symposium on History of Machines and Mechanisms Proceedings HMM 2000. Dordrecht: Springer Netherlands,2000: 73-84.

[AJ3]   ANGELES J. Rational Kinematics[M]. Berlin: Springer-Verlag,1988.

[AL]   ASSUR L V. Investigation of plane hinged mechanisms with lower pairs from the point of view of their structure and classification (in Russian): Part I, II[J]. Bull. Petrograd Polytech. Inst,1913,20: 329-386.

[AV]   ARAKELIAN V, DAHAN M, SMITH M. A historical review of the evolution of the theory on balancing of mechanisms[C]//International Symposium on History of Machines and Mechanisms Proceedings HMM 2000. Dordrecht：Springer Netherlands，2000：291-300.

[AV1] ARAKELIAN V H，SMITH M R. Shaking force and shaking moment balancing of mechanisms：a historical review with new examples[J]. J. Mech. Des. ，2005，127（2）：334-339.

[BC] BAGCI C. Complete shaking force and shaking moment balancing of link mechanisms using balancing idler loops[J]. Journal of Mechnical Design，1982，104（2）：482-493.

[BC1] BENEDICT C E，TESAR D. Dynamic response analysis of quasi-rigid mechanical systems using kinematic influence coefficients[J]. Journal of Mechanisms，1971，6（4）：383-403.

[BD] 波士顿动力公司[EB/OL]. [2024-01-18]. https：//baike. baidu. com/item/％E6％B3％A2％E5％A3％AB％E9％A1％BF％E5％8A％A8％E5％8A％9B％E5％85％AC％E5％8F％B8/56252292? fromtitle＝Boston％20Dynamics&·fromid＝19460863&·fr＝aladdin.

[BE] BOBILLIER É. Cours de Géométrie[M]. 15th ed. Paris：Cauthier-Villars，1880.

[BE1] 伯德，富兰克林，米尔纳. 仿人机器人原理与设计[M]. 杨辰光，罗晶，译. 北京：清华大学出版社，2020.

[BE2] BUCKINGHAM E. Dynamic Loads on Gear Teeth[M]. New York：American Society of Mechanical Engineers Special Publications，1931.

[BE3] BUCKINGHAM E. Analysis mechanics of gears[M]. New York：McGraw-Hill Book Company，1949.

[BI] BONEV I. The True Origins of Parallel Robots[J]. ParalleMIC，2003.

[BI1] BONEV I. Delta parallel robot-the story of success[J]. ParalleMIC，2001.

[BJ] BERNOULLI J. Opera Omnia (facsimile reprint of edition 1742，ed. JE Hofmann)：4 vols [M]. Hildesheim：Georg Olms Verlag，1968.

[BL] BURMESTER L. Lehrbuch der Kinematik[M]. Leipzig：Verlag Von Arthur Felix，1888.

[BL1] BIRGLEN L，LALIBERTÉ T，GOSSELIN C M. Underactuated robotic hands[M]. Berlin：Springer，2007.

[BO] BOTTEMA O，ROTH B. Theoretical kinematics[M]. Boston：Courier Corporation，1990.

[BR] BALL R. A Treatise on the Theory of Screws[M]. Cambridge：Cambridge University Press，1900.

[BR1] R. 贝伊尔. 机构运动学综合[M]. 陈兆雄，译. 北京：机械工业出版社，1987.

[BR2] BERKOF R S，LOWEN G G. A new method for completely force balancing simple linkages[J]. ASME Trans. ，Journal of Engineering for Industry，1969，91B（1）：21-26.

[BS] 白师贤，等. 高等机构学[M]. 上海：上海科学技术出版社，1988.

[BW] BOOK W J. Modeling，design，and control of flexible manipulator arms：a tutorial review [C]//29th IEEE Conference on Decision and Control. New York：IEEE，1990：500-506.

[BW1] BOOK W J. Analysis of massless elastic chains with servo controlled joints[J]. Journal of Applied Mechanics，1979，46（2）：307-315.

[CA]　CAUCHY A L. Sur les mouvements que peut prendre un système invariable，libre，ou assujetti à certaines conditions[J]. Exercices de Mathématiques，1827：94-120.

[CB]　陈本红. 第二次世界大战与科技革命[J]. 湘潭师范学院学报：社会科学版，1995，4：32-35.

[CC]　CAMUS C E L. Sur la figure des dents des roues et des ailes des pignons pour rendre les horloges plus parfaites[J]. Mémoires de l'Academie des sciences de l'Institut de France，1733：117-197.

[CF]　CROSSLEY F R E. The permutations of kinematic chains of eight member or less from the graph-theoretic viewpoint[J]. Developments in theoretical and applied mechanisms，1965，2：467-486.

[CF1]　CROSSLEY F R E. Dynamics in Machines[M]. New York：Ronald Press Company，1954.

[CF2]　CHEN F. Y. Mechanics and Design of Cam Mechanisms[M]. Oxford：Pergamon Press，1982.

[CF3]　CROSSLEY F R E. Dynamic mechanisms and nonlinear control systems[C]// Proceedings of the International Conference for Teachers of Mechanisms. New York：Shoestring Press，1961.

[CG]　CHIRIKJIAN G S. Stochastic Models，Information Theory，and Lie Groups，Volume 1：Classical Results and Geometric Methods[M]. Berlin：Springer Science & Business Media，2009.

[CG1]　CHIRIKJIAN G S. Stochastic models，information theory，and Lie groups，volume 2：Analytic methods and modern applications[M]. Berlin：Springer Science & Business Media，2011.

[CJ]　褚金奎，曹惟庆. 用快速傅里叶变换进行再现平面四杆机构连杆曲线的综合[J]. 机械工程学报，1993，29(5)：117-122.

[CJ1]　曹聚江，刘岩松. 现代凸轮机构分析与综合[M]//邹慧君，高峰. 现代机构学进展：第1卷. 北京：高等教育出版社，2007：385-434.

[CJ2]　CRAIG J. 机器人学导论[M]. 贠超，等译. 北京：机械工业出版社，2006.

[CK]　陈恳，付成龙. 仿人机器人理论与技术[M]. 北京：清华大学出版社，2010.

[CL]　车林仙. 中国古代的三种空间连杆机构[J]. 泸州职业技术学院学报，2007，1：25-27.

[CL1]　崔磊，戴建生. 欧洲机构学发展和研究状况[M]//邹慧君，高峰. 现代机构学进展：第2卷. 北京：高等教育出版社，2011.

[CL2]　陈立周，俞必强. 机械优化设计方法[M]. 4版. 北京：冶金工业出版社，2014.

[CM]　CECCARELLI M. Screw axis defined by Giulio Mozzi in 1763 and early studies on helicoidal motion[J]. Mechanism and Machine Theory，2000，35(6)：761-770.

[CN]　CHEN N X. The complete shaking force balancing of a spatial linkage[J]. Mechanism and Machine Theory，1984，19(2)：243-255.

[CP]　CHEN P，ROTH B. Design equations for the finitely and infinitesimally separated position synthesis of binary links and combined link chains[J]. ASME Journal of Engineering for Industry，1969，91：209-219.

［CW］ 曹惟庆.连杆机构的分析与综合［M］.2版.北京：科学出版社,2002.

［CY］ CHEN Y,PENG R,YOU Z. Origami of thick panels［J］. Science,2015,349（6246）：396-400.

［CY1］ CHEN Y,BOTTEMA O,ROTH B. Rational rotation functions and the special points of rational algebraic motions in the plane［J］. Mechanism and Machine Theory,1982,17（5）：335-348.

［CY2］ CHEN Y,LI B. A Modification of feasible direction optimization method for handling equality constraints［J］. ASME Journal of Mechanisms,Transmission and Automation in Design,1989,111（3）：442-445.

［CY3］ CHEN Y,FU J. A computational approach for determining location of Burmester solutions with fully rotatable cranks［J］. Mechanism and Machine Theory,1999,34（4）：549-558.

［CY4］ CHEN Y,YOU Z,TARNAI T. Threefold-symmetric Bricard linkages for deployable structures［J］. International journal of solids and structures,2005,42（8）：2287-2301.

［CZ］ 常宗瑜,张策,王玉新.含间隙连杆机构的分叉和混沌现象［J］.机械强度,2001,23（1）：77-79.

［CZ1］ CHANG Z,ZHANG C,et al. Effects on dynamics response of roller gear cam mechanism considering clearance and motor characteristics［J］. Chinese Journal of Mechanical Engineering,2001,14（2）：189-192.

［CZ2］ CHANG Z,XU C,PAN T,et al. A general framework for geometry design of indexing cam mechanism［J］. Mechanism and Machine Theory,2009,44（11）：2079-2084.

［DD］ DOWSON D. History of Tribology［M］. 2nd ed. London：Professional Engineering Publishing,1998.

［DE］ DEMAINE E D,O'ROURKE J. Geometric folding algorithms：linkages,origami,polyhedra［M］.Cambridge：Cambridge university press,2007.

［DF］ DIMENTBERG F M. The screw calculus and its applications in mechanics［M］. Foreigh Technology Division,Trans. Moscow：［s. n.］,1969.

［DH1］ 丁华锋,黄真.机构拓扑结构理论及数字化［M］//邹慧君,高峰,现代机构学进展：第2卷.北京：高等教育出版社,2011.

［DH2］ DING H,HUANG Z. Isomorphism identification of graphs：Especially for the graphs of kinematic chains［J］.Mechanism and Machine Theory,2009,44（1）：122-139.

［DJ］ DAI J S. Screw Algebra and Kinematic Approaches for Mechanisms and Robotics［M］. London：Springer,2014.

［DJ1］ DAI J S,REES J J. Mobility in metamorphic mechanisms of foldable/erectable kinds［J］. Journal of Mechanical Design,1999,121（3）：375-382.

［DJ2］ 戴建生.中国机构学基础研究的机遇与挑战——纵观发展史,横看欧美中,探讨机遇点［M］//李瑞琴,郭为忠.现代机构学理论与应用研究进展.北京：高等教育出版社,2014.

［DJ3］ 戴建生.变胞原理和变胞机构的发展［M］//邹慧君,高峰.现代机构学进展：第1卷.北京：高等教育出版社,2007.

[DJ4] DENAVIT J. Description and Displacement Analysis of Mechanisms Based on（2×2）Dual Matrices[M]. Evanston：Northwestern University,1956.

[DJ5] DAI J S. An historical review of the theoretical development of rigid body displacements from Rodrigues parameters to the finite twist[J]. Mechanism and Machine Theory, 2006,41(1)：41-52.

[DJ6] 戴建生,康熙,宋亚庆,等.可重构机构与可重构机器人：分岔演变的运动学分析、综合及其控制[M].北京：高等教育出版社,2021.

[DJ7] DECK J F,DUBOWSKY S. On the limitations of predictions of the dynamic response of machines with clearance connections[J]. ASME,Journal of Mechanical Design,1994, 116(3)：833-841.

[DJ8] DUFFY J. Analysis of mechanisms and robot manipulators[M]. London：Edward Arnold,1980.

[DJ9] DUFFY J. Statics and kinematics with applications to robotics[M]. Cambridge：Cambridge University Press,1996.

[DJ10] DAVIDSON J K,HUNT K H,PENNOCK G R. Robots and screw theory：applications of kinematics and statics to robotics[J]. J. Mech. Des. ,2004,126(4)：763-764.

[DJ11] 戴建生.机构学与机器人学的几何基础与旋量代数[M].北京：高等教育出版社,2014.

[DJ12] 戴建生.旋量代数与李群、李代数[M].北京：高等教育出版社,2020.

[DL] DU L,REN H,XU Y,et al. KED analysis for the impulse variable speed device and its real motion law[J]. Chinese Journal of Mechanical Engineering(English Edition),2004, 17：18-22.

[DS] DUBOWSKY S,FREUDENSTEIN F. Dynamic analysis of mechanical systems with clearances—part 1：formation of dynamic model[J]. ASME Transaction,Series B,1971, 93(1)：305-309.

[DS1] DUBOWSKY S,FREUDENSTEIN F. Dynamic analysis of mechanical systems with clearances—part 2：dynamic response[J]. ASME Transaction,Series B,1971,93(1)：309-316.

[DS2] DUBOWSKY S,GARDNER T N. Design and analysis of multilink flexible mechanisms with multiple clearance connections[J]. ASME Journal of Engineering for Industry, 1977,99(1)：88-96.

[DS3] DWIVEDY S K,EBERHARD P. Dynamic analysis of flexible manipulators,a literature review[J]. Mechanism and Machine Theory,2006,41(7)：749-777.

[DT] DAVIES T H,CROSSLEY F E. Structural analysis of plane linkages by Franke's condensed notation[J]. Journal of Mechanisms,1966,1(2)：171-183.

[DW] DUDLEY W M. New methods in valve cam design[R]. Warrendale：SAE International, 1948.

[DX] 丁希仑,张武翔.变胞机构学的研究进展与思考[M]//李瑞琴,郭为忠.现代机构学理论与应用研究进展.北京：高等教育出版社,2014.

[DX1] 丁希仑.机器人学的现代数学理论基础[M].北京：科学出版社,2021.

［DX2］　丁希仑,刘颖,Selig J M,等. 李群李代数在机构学中的应用简析［C］//History of Mechanical Technology and Mechanical Design(5)——Proceedings of the Fifth China-Japan International Conference on History of Mechanical Technology and Mechanical Design. Beijing,China,2005.

［DX3］　丁希仑. 拟人双臂机器人技术［M］.北京：科学出版社,2011.

［DX4］　丁希仑,SELIG J M. 空间弹性变形构件的李群和李代数分析方法［J］. 机械工程学报,2005,41(1)：8.

［DZ］　邓宗全,于红英,王知行. 机械原理［M］.北京：高等教育出版社,2015.

［DZ1］　邓宗全. 空间折展机构设计［M］.哈尔滨：哈尔滨工业大学出版社,2013.

［EA］　ERDMAN A. Chapter 1：Introduction［M］//ERDMAN A. Modern kinematics：developments in the last forty years. New York：Wiley,1993.

［EA1］　ERDMAN A G,SANDOR G N. Kineto-elastodynamics—a review of the state of the art and trends［J］. Mechanism and Machine Theory,1972,7(1)：19-33.

［EA2］　ERDMAN A G. Modern kinematics：developments in the last forty years［M］. New York：Wiley,1993.

［EA3］　ERDMAN A G,GEORGE N. SANDOR,et al. Mechanism design：analysis and synthesis［M］.Englewood Cliffs：Prentice Hall,2001.

［EC］　大象钟［EB/OL］.［2024-01-18］. https://en. wikipedia. org/wiki/Elephant_clock♯：~：text＝The％20elephant％20clock％20was％20a,on％20 top％20of％20the％20elephant.

［EH］　ECKHARDT H. Kinematic design of machines and mechanisms［M］. New York：McGraw-Hill Companies,Inc. ,1998.

［EL］　EULER L. Supplementum de figura dentium rotarum［M］//EULER L. Leonhardi Euleri Opera Omnia. Basel：Birkhäuser,［s. a.].

［ES］　EARLES S W E,WU C L S. Motion analysis of a rigid link mechanism with clearance at a bearing using Lagrangian mechanics and digital computation［J］. Mechanisms (Proceedings,Institution of Mechanical Engineers),1973,1：83-89.

［FA］　FRISOLI A,CHECCACCI D,SALSEDO F,et al. Synthesis by screw algebra of translating in-parallel actuated mechanisms［M］//LENARČIČ J,STANIŠIĆ MM. Advances in robot kinematics. Dordrecht：Springer Netherlands,2000：433-440.

［FF］　FREUDENSTEIN F. Kinematics：past,present and future［J］. Mechanism and Machine Theory,1973,8(2)：151-160.

［FF1］　FREUDENSTEIN F. An analytical approach to the design of four-link mechanisms［J］. Transactions of the American Society of Mechanical Engineers,1954,76(3)：483-489.

［FF2］　FREUDENSTEIN F. Approximate synthesis of four-bar linkages［J］. Transactions of the American Society of Mechanical Engineers,1955,77(6)：853-859.

［FF3］　FREUDENSTEIN F,DOBRJANSKYJ L. On a theory for the type synthesis of mechanisms［C］//Applied Mechanics：Proceedings of the Eleventh International Congress of Applied Mechanics Munich (Germany) 1964. Berlin,Heidelberg：Springer-Verlag,1966：420-428.

［FH］　FUNABASHI H,OGAWA K,HORIE M,et al. A dynamic analysis of the plane crank-

and-rocker mechanisms with clearances[J]. Bulletin of JSME,1980,23(177)：446-452.

[FH1]　FENG H,JIA G,LIN Y,et al. Jubilee review：the 65 years of the ASME machine design award (1958-2023)[J]. Journal of Mechanical Design,2023,145(8)：080301.

[FJ]　付金元,陈永. 刚体导引的平面四杆机构综合的新解法[J]. 机械工程学报,1996,32(2)：7.

[FO]　FISCHER O. Über die reduzierten Systeme und die Hauptpunkte der Glieder eines Gelenkmechanismus[J]. Zeif. für Math. and Phys,1902,47：429-466.

[FP]　FANGHELLA P,GALLETTI C. Metric relations and displacement groups in mechanism and robot kinematics[C]//International Design Engineering Technical Conferences and Computers and Information in Engineering Conference. New York：American Society of Mechanical Engineers,1994：311-322.

[FP1]　FLORES P. A bibliometric overview of mechanism and machine theory journal：Publication trends from 1990 to 2020[J]. Mechanism and Machine Theory,2022,175：104965.

[FR]　FRANKE R. Vom Aufbau der Getriebe,Vol. 1[M]. 3rd ed. Düsseldorf ：VDI Verlag,1958.

[FT]　FREETH T,BITSAKIS Y,MOUSSAS X,et al. Decoding the ancient Greek astronomical calculator known as the Antikythera Mechanism[J]. Nature,2006,444(7119)：587-591.

[FX]　傅玄. 马钧传[M]//陈寿. 三国志. 裴松之,注. 北京：中华书局,2000.

[FY]　傅鹰. 大学普通化学讲义[M]. 厦门：厦门大学出版社,2021.

[FZ]　FENG Z,SUN X,ZHANG C. Kineto-elastodynamic analysis of four-bar linkages incorporating the effects of clearances in kinematic pairs[J]. Chinese Journal of Mechanical Engineering,1991,4(3)：22-27.

[GA]　GOLOVIN A,MKRTYCHYAN D,ALEXANDER Y,et al. Distinguished figures in mechanism and machine science：their contribution and legacies,Part I[M]. Dordrecht：Springer,2007.

[GD]　干东英. 国内外机构学概况及发展方向[J]. 机械传动,1992,16(1)：5-9.

[GF]　GAO F. Complete shaking force and shaking moment balancing of four types of six-bar linkages[J]. Mechanism and Machine Theory,1989,24(4)：275-287.

[GF1]　高峰. 并联机构设计与应用[M]//邹慧君,高峰. 现代机构学进展：第 1 卷. 北京：高等教育出版社,2007.

[GF2]　高峰,郭为忠. 中国机器人的发展战略思考[J]. 机械工程学报,2016,52(7)：5.

[GF3]　高峰,杨家伦,葛巧德. 并联机器人型综合的 GF 集理论[M]. 北京：科学出版社,2011.

[GG]　乔利昂·戈达德. 科学与发明简史[M]. 迟文成,译. 上海：科学技术文献出版社,2011.

[GG1]　GOGU G. Mobility of mechanisms：a critical review[J]. Mechanism and Machine Theory,2005,40(9)：1068-1097.

[GG2]　GOGU G. Structural synthesis of parallel robots[M]. Dordrecht：Springer Netherlands,2008.

[GG3]　GOGU G. Structural synthesis of fully-isotropic translational parallel robots via theory of linear transformations[J]. European Journal of Mechanics-A/Solids,2004,23(6)：

1021-1039.

[GG4]　GABRIELE G. Chapter 11：optimization in mechanisms[M]//ERDMAN A. Modern kinematics：developments in the last forty years. New York：Wiley,1993.

[GK]　GUPTA K. Chapter 10：computational kinematics[M]//ERDMAN A. Modern kinematics：developments in the last forty years. New York：Wiley,1993.

[GM]　GRÜEBLER M. Getrieblehre[M]. Berlin：Julius Springer,1917.

[GP]　GAULTIER P E,CLEGHORN W L. Modeling of flexible manipulator dynamics：A literature survey[C]//Proceedings of First National Applied Mechanism and Robot Conference. Cincinnati,USA,1989：1-10.

[GV]　GOUGH V E,WHITEHALL S G. Universal tire test machine[C]//international congress of fisita. [s. l.],1962.

[GW]　郭为忠,孔建益,杨金堂,等. 混合输入机构[M]//邹慧君,高峰. 现代机构学进展：第1卷. 北京：高等教育出版社,2007.

[GW1]　GUO W Z,HE K,YEUNG K,et al. A new type of controllable mechanical press：motion control and experiment validation[J]. ASME Journal of Manufacturing Science and Engineering,2005,125(3)：582-592.

[GW2]　郭卫东. 机械原理[M]. 北京：机械工业出版社,2021.

[HA]　艾哈迈德·优素福·哈桑,唐纳德· R. 希尔. 伊斯兰技术简史[M]. 梁波,傅颖达,译. 北京：科学出版社,2010.

[HA1]　HALL A S,GOODMAN T P. Kinematics and linkage design[J]. Journal of Applied Mechanics,1961,28(4)：639.

[HA2]　HALL A. A note on the history of kinematic coefficients[M]//ERDMAN A. Modern kinematics：developments in the last forty years. New York：Wiley,1993.

[HD]　华大年,华志彦,吕静平. 连杆机构设计[M]. 上海：上海科学技术出版社,1995.

[HE1]　HAUG E J. Computer aided kinematics and dynamics of mechanical systems[M]. Boston：Allyn and Bacon,1989.

[HE2]　HAUG E. Computer-aided kinematics and dynamics of mechanical systems[J]. Vol. II：modern methods,1994.

[HI]　HAGIWARA I. Current trends and issues of origami engineering[C]//International Computer Science Conference. Berlin,Heidelberg：Springer-Verlag,2012：259-268.

[HJ]　HACHETTE J N P. Traité élémentaire des machines[M]. Paris：Corby,1828.

[HJ1]　HRONES J,NELSON G. Analysis of the Four-bar Linkage：Its Application to the Synthesis of Mechanisms[M]. Hoboken：John Wiley & Sons,1951.

[HJ2]　韩建友,杨通,于靖军. 高等机构学[M]. 2 版. 北京：机械工业出版社,2015.

[HJ3]　韩建友,杨通,尹来容,等. 连杆机构现代综合理论与方法：解析理论、解域方法及软件系统[M]. 北京：高等教育出版社,2013.

[HJ4]　洪嘉振. 计算多体系统动力学[M]. 北京：高等教育出版社,1999.

[HJ5]　HERVÉ J M. Analyse structurelle des mécanismes par groupe des déplacements[J]. Mechanism and Machine Theory,1978,13(4)：437-450.

[HJ6]　HERVÉ J M. Design of parallel manipulators via the displacement group［C］// Proceedings of the 9th World Congress on the Theory of Machines and Mechanisms.［s. l.：s. n.］,1995：2079-2082.

[HJ7]　HERVÉ J M. The Lie group of rigid body displacements，a fundamental tool for mechanism design[J]. Mechanism and Machine Theory,1999,34(5)：719-730.

[HJ8]　HRONES J A. An analysis of the dynamic forces in a cam-driven system［J］. Transactions of the American Society of Mechanical Engineers,1948,70(5)：473-479.

[HK]　HUNT K. Kinematic geometry of mechanisms[M]. Oxford：Clarendon Press,1978.

[HL]　HOWELL L L. 柔顺机构学[M]. 余跃庆，译. 北京：高等教育出版社,2007.

[HL1]　HOWELL L L,MAGLEBY S P,OLSEN B M,等. 柔顺机构设计理论与实例[M].陈贵敏,于靖军,马洪波,等译.北京：高等教育出版社,2015.

[HR]　HARTENBERG R,Danavit J. Kinematic synthesis of linkages［M］. New York：McGraw-Hill,1964.

[HT]　T. L. 希思.阿基米德全集[M].朱恩宽,常心怡,等译.2 版.西安：陕西科学技术出版社,2010.

[HT1]　HUANG T,LIU H T,Chetwynd D G. Generalized Jacobian analysis of lower mobility manipulators[J]. Mechanism and Machine Theory,2011,46(6)：831-844.

[HW]　华文广.机械运动学[M].北京：商务印书馆,1946.

[HX]　黄锡恺,郑文纬.机械原理：1981 年修订版[M].北京：人民教育出版社,1981.

[HZ]　黄真,刘婧芳,李艳雯.论机构自由度：寻找了 150 年的自由度通用公式[M].北京：科学出版社,2011.

[HZ1]　黄真,曾达幸.机构自由度计算：原理和方法[M].北京：高等教育出版社,2016.

[HZ2]　黄真,孔令富,方跃法.并联机器人机构学理论及控制[M].北京：机械工业出版社,1997.

[HZ3]　HUANG Z,LI Q C,DING H F. Theory of parallel mechanisms[M]. London：Springer-Verlag,2012.

[HZ4]　黄真,赵永生,赵铁石.高等空间机构学[M].北京：高等教育出版社,2014.

[HZ5]　黄真,郭希娟.虚设机构法正确性的论证[J].机械工程学报,2001,37(5)：4.

[HZ6]　黄真.随想录：思考创新与哲学[M].秦皇岛：燕山大学出版社,2020.

[HZ7]　HUANG Z,LI Q. Type synthesis of symmetrical lower-mobility parallel mechanisms using the constraint-synthesis method［J］. The International Journal of Robotics Research,2003,22(1)：59-79.

[HZ8]　HUANG Z,LI Q C. General methodology for type synthesis of symmetrical lower-mobility parallel manipulators and several novel manipulators［J］. The International Journal of Robotics Research,2002,21(2)：131-145.

[II]　IMAM I,SANDOR G N. High-speed mechanism design—a general analytical approach ［J］. ASME Journal of Engineering for Industry,1975,97(2)：609-628.

[JC]　靳春梅,邱阳,樊灵,等.含间隙机构动力学研究若干问题[J].机械强度,2001,23(1)：80-84.

［JI］ AL-JAZARI I. The book of knowledge of ingenious mechanical devices［M］. HILL D R，trans. and annot. Dordrecht：D. Reidel，1974.

［JX］ 江晓原.科学外史Ⅱ［M］.上海：上海人民出版社，2019.

［JZ］ 姜振寰.科学技术史［M］.济南：山东教育出版社，2010.

［KI］ KOCHEV I S. General method for active balancing of combined shaking moment and torque fluctuations in planar linkages［J］. Mechanism and Machine Theory，1990，25（6）：679-687.

［KK］ KUTZBACH K. Mechanische leitungsverzweigung，ihre gesetze und anwendungen［J］. Maschinenbau，1929，8（21）：710-716.

［KM］ KHAN M R，THORNTON W A，WILLMERT K D. Optimality criterion techniques applied to mechanical design［J］. AIAA Journal，1978，100：319-327.

［KS］ KOTA S. Chapter 3：type synthesis and creative design［M］//ERDMAN A. Modern kinematics：development in the past forty years. Hoboken：John Wiley & Sons，Inc. ，1993.

［KS1］ KRAMER S. Chapter 4：planar synthesis［M］//ERDMAN A. Modern kinematics：development in the past forty years. Hoboken：John Wiley & Sons，Inc. ，1993.

［KS2］ KASHEF'S R，AMINI S，AKBARZADEH A. Robotic hand：a review on linkage-driven finger mechanisms of prosthetic hands and evaluation of the performance criteria［J］. Mechanism and Machine Theory，2020，145：103677.

［KT］ KOETSIER T. Mechanism and machine science：its history and its identity［C］// International Symposium on History of Machines and Mechanisms Proceedings HMM 2000. Dordrecht：Springer Netherlands，2000：5-24.

［KW］ 孔午光.高速凸轮［M］.北京：高等教育出版社，1992.

［KX］ 孔宪文，加莱门特，戈斯林.并联机构构型综合［M］.于靖军，周艳华，毕树生，译.北京：机械工业出版社，2013.

［KX1］ KONG X，GOSSELIN C M. Type synthesis of 3T1R 4-DOF parallel manipulators based on screw theory［J］. IEEE transactions on robotics and automation，2004，20（2）：181-190.

［LA］ 刘安心，杨廷力.连续法在机构运动综合中的应用［J］.机械设计，1995，12（7）：7-9.

［LA1］ 刘安心，杨廷力.机械系统运动学设计［M］.北京：中国石化出版社，1999.

［LA2］ LIU A X，YANG T L. Finding all solutions to unconstrained nonlinear optimization for approximate synthesis of planar linkages using continuation method［J］. ASME Journal of Mechanical Design，1999，121（3）：368-374.

［LA3］ 刘安心，杨廷力.平面连杆机构摆动力与摆动力矩优化平衡研究［J］.机械科学与技术，1997，16（4）：6.

［LB］ 刘冰，杨舰，戴吾三.科学技术史二十一讲［M］.北京：清华大学出版社，2006.

［LC］ 刘昌淇，牧野洋，曹西京.凸轮机构设计［M］.北京：机械工业出版社，2005.

［LF］ LITVIN F L. Development of gear technology and theory of gearing［M］. Cleveland：National Aeronautics and Space Administration，Lewis Research Center，1997.

［LF1］ 李特文.齿轮几何学与应用理论［M］.国楷，叶凌云，范琳，等译.上海：上海科学技术出

版社,2008.

[LF2]　LANCHESTER F W. Engine balancing[J]. Proceedings of the Institution of Automobile Engineers,1914,8(2)：195-271.

[LG]　劳埃德.早期希腊科学：从泰勒斯到亚里士多德[M].孙小淳,译.上海：上海科技教育出版社,2015.

[LG1]　LOWEN G G,BERKOF R S. Survey of investigations into the balancing of linkages[J]. Journal of mechanisms,1968,3(4)：221-231.

[LG2]　LOWEN G G,TEPPER F R,BERKOF R S. Balancing of linkages—an update[J]. Mechanism and Machine Theory,1983,18(3)：213-220.

[LG3]　LOWEN G G,BERKOF R S. Determination of force-balanced four-bar linkages with optimum shaking moment characteristics[J]. Journal of Engineering for Industry,1971, 93(1)：39-46.

[LG4]　LOWEN G G,TEPPER F R,BERKOF R S. The quantitative influence of complete force balancing on the forces and moments of certain families of four-bar linkages[J]. Mechanism and Machine Theory,1974,9(3-4)：299-323.

[LG5]　LÄMMER G. Ein Beitrag zur Berechnung Danamisch Hochbeanspnucter Kurvengetrieb [D]. Karl-Marx-Stadt：TH Karl-Marx-Stadt,1970.

[LH]　李华敏,等.大齿形角渐开线齿轮封闭图及齿形系数[M].北京：国防工业出版社,1980.

[LH1]　李华敏,李瑰贤,等.齿轮机构设计与应用[M].北京：机械工业出版社,2007.

[LH2]　李华敏,韩元莹,王知行.渐开线齿轮的几何原理与计算[M].北京：机械工业出版社,1985.

[LH3]　刘宏昭,曹惟庆.关于多柔体动力学与弹性机构动力学的讨论[J].机械设计,1994,11(1)：26-31.

[LH5]　楼鸿棣,邹慧君.高等机械原理[M].北京：高等教育出版社,1990.

[LH6]　LIU H,HUANG T,CHETWYND D G. A method to formulate a dimensionally homogeneous Jacobian of parallel manipulators[J]. IEEE Transactions on Robotics, 2010,27(1)：150-156.

[LH7]　LIU H,HUANG T,CHETWYND D G,et al. Stiffness modeling of parallel mechanisms at limb and joint/link levels[J]. IEEE Transactions on Robotics,2017,33(3)：734-741.

[LH8]　李会影.世界古代科技发明创造大全[M].北京：北京工业大学出版社,2015.

[LJ]　陆敬严.中国古代机械文明史[M].上海：同济大学出版社,2012.

[LJ1]　李继婷,张玉茹,李剑锋.灵巧手抓持和操作的基础理论[M]//邹慧君,高峰.现代机构学进展：第2卷.北京：高等教育出版社,2011.

[LJ2]　LI J,WU G L,SHEN H P,et al. Topology of robotic mechanisms：framework and mathematics methods-in conjunction with a review of four original theories[J]. Mechanism and Machine Theory,2022,175：104895.

[LK]　LUCK K,MODLER K H.机械原理：分析、综合、优化[M].孔建益,译.北京：机械工业出版社,2003.

[LK1]　利平科特,艾柯,贡布里希,等.时间的故事[J].中国科技信息,2013(24)：1.

[LN]　Левитский Н И，Шахбазян К Х. Синтез пространственных четырёхзвенных механизмов с низшими нарами[M]. Москва：Труды Семинара по ТММ，1953.

[LQ]　廖启征，梁崇高，张启先. 空间 7R 机构位移分析的新研究[J]. 机械工程学报，1986，22(3)：1-9.

[LQ1]　LIAO Q，LIANG C，ZHANG Q. Synthesizing spatial 7R mechanism with 16-assembly configurations[J]. Mechanism and Machine Theory，1993，28(5)：715-720.

[LQ2]　LI Q，HUANG Z，HERVÉ J M. Type synthesis of 3R2T 5-DOF parallel mechanisms using the Lie group of displacements[J]. IEEE transactions on robotics and automation，2004，20(2)：173-180.

[LQ3]　LI Q，HUANG Z，HERVÉ J M. Displacement manifold method for type synthesis of lower-mobility parallel mechanisms [J]. Science in China Series E：Technological Sciences，2004，47：641-650.

[LQ4]　廖启征. 连杆机构运动学几何代数求解综述[J]. 北京邮电大学学报，2010，33(4)：1.

[LR]　李瑞琴，郭为忠. 现代机构学理论与应用研究进展[M]. 北京：高等教育出版社，2014.

[LW]　LI W H，WANG Z X，LI H M. Automatic identification of freedom types of planar kinematic chains[J]. Chinese Journal of Mechanical Engineering，1993，6(2)：1.

[LX]　刘仙洲. 中国机械工程发明史：第一编[M]. 北京：科学出版社，1962.

[LX1]　刘仙洲. 机械原理：上册[M]. 上海：商务印书社，1935.

[LX2]　刘仙洲. 机械原理：下册[M]. 上海：商务印书社，1935.

[LX3]　刘辛军，于靖军，孔宪文. 机器人机构学[M]. 北京：机械工业出版社，2021.

[LX4]　刘辛军，谢福贵，汪劲松. 并联机器人机构学基础[M]. 北京：高等教育出版社，2018.

[LX5]　LIU X J，WANG J. A new methodology for optimal kinematic design of parallel mechanisms[J]. Mechanism and Machine Theory，2007，42(9)：1210-1224.

[LX6]　LIU X J，WU C，WANG J. A new approach for singularity analysis and closeness measurement to singularities of parallel manipulators[J]. ASME Journal of Mechanisms and Robotics，2012，4(4)：041001.

[LX7]　李学荣. 四连杆机构综合概论：第三册[M]. 北京：机械工业出版社，1983.

[LX8]　LIU X J，WANG J S. Parallel kinematics：type，kinematics，and optimal design[M]. Dordrecht：Springer Netherlands，2014.

[LX9]　LIU X J，WANG J. A new methodology for optimal kinematic design of parallel mechanisms[J]. Mechanism and Machine Theory，2007，42(9)：1210-1224.

[LY]　陆佑方. 柔性多体系统动力学[M]. 北京：高等教育出版社，1996.

[LY1]　路甬祥. 走进殿堂的中国古代科技史：下[M]. 上海：上海交通大学出版社，2009.

[LZ]　陆震. 机器人技术的发展和动态[C]//第一届中日机械技术史国际学术会议. 北京，中国，1998：545-549.

[LZ1]　李哲. 含间隙弹性平面连杆机构动力分析[J]. 机械工程学报，1994(S1)：1.

[LZ2]　LI Z，LI L，BAI S X. A new method of predicting the occurrence of contact loss between pairing elements in planar linkages with clearances[J]. Mechanism and Machine Theory，1992，27(3)：295-301.

[LZ3] 蓝兆辉,邹慧君. 基于轨迹局部特性的机构并行优化综合[J]. 机械工程学报,1999,
35(5):16-19.

[LZ5] LI Z,SASTRY S. Dextrous robot hands:Several important issues[M]//VENKATARAMAN
S T,IBERALL T. Dextrous Robot Hands. New York:Springer,1989.

[LZ6] LAN Z,ZOU H J,LU L M. Kinematic decomposition of coupler plane and the study on
the formation and distribution of coupler curves[J]. Mechanism and Machine Theory,
2002,37(1):115-126.

[LZ7] LI Z X,CANNY J. Nonholonomic motion planning[M]. Berlin:Springer Science &
Business Media,1992.

[MA] MORGAN A. Solving polynomial systems using continuation for engineering and scientific
problems[M]. Philadelphia:Society for Industrial and Applied Mathematics,2009.

[MB] MUSA B,SHAKIR B. The Book of Ingenious Devices[M]. HILL D R,trans. and annot.
Dordrecht:D. Reidel,1979.

[MB1] MIEDEMA B,MANSOUR W M. Mechanical joints with clearance:a three-mode model
[J]. ASME Journal of Engineering for Industry,1976,98(4):1319-1323.

[MC] MENG C F,LU Y H,SHEN Z G. Optimal design and control of a novel press with an
extra motor[J]. Mechanism and Machine Theory,2004,39(8):811-818.

[MD] MITCHELL D B. Tests on dynamic response of cam-follower systems[J]. Mechanical
Engineering,1950,72(6):467-471.

[MG] MOZZI G. Discorso matematico sopra il rotamento momentaneo dei corpi[M]. Venice:
nella stamperia di Donato Campo,1763.

[MH] MABIE H H,REINHOLTZ C F. Mechanisms and dynamics of machinery[M].
Hoboken:John Wiley & Sons,1991.

[MJ] 梅莱. 并联机器人[M]. 黄远灿,译. 北京:机械工业出版社,2014.

[MJ1] MCCARTHY J M. Introduction to theoretical kinematics[M]. Cambridge:MIT
press,1990.

[MJ2] MCCARTHY J M. 21st century kinematics[M]. Berlin:Springer,2014.

[MJ3] MCCARTHY J M,SOH G S. Geometric design of linkages[M]. Berlin:Springer
Science & Business Media,2010.

[MJ4] MENG J,LIU G,LI Z. A geometric theory for analysis and synthesis of sub-6 DoF
parallel manipulators[J]. IEEE Transactions on Robotics,2007,23(4):625-649.

[MJ5] MCCARTHY J,WALDRON K. Chapter 5:spatial linkages:analysis and synthesis
[M]//ERDMAN A. Modern kinematics:developments in the last forty years.
Hoboken:John Wiley & Sons,Inc. ,1993.

[MJ6] MODREY J. Analysis of complex kinematic chains with influence coefficients[J]. ASME
Journal of Applied Mechanics,1959,26(2):184-188.

[MK] 马克思. 资本论:第一卷[M]. 郭大力,王亚南,译. 2 版. 北京:人民出版社,1963.

[MM] MASON M T,SALISBURY J K. Robot hands and the mechanics of manipulation[M].
Cambridge:MIT Press,1985.

〔MR〕 MÜLLER R. Einführung in die Theretische Kinematic〔M〕. Berlin：Springer，1932.

〔MR1〕 MURRAY R，LI Z X，SASTRY S. A Mathematical introduction to robotic manipulation 〔M〕. Florida：CRC Press，1994.

〔MT〕 MRUTHYUNJAYA T S. Kinematic structure of mechanisms revisited〔J〕. Mechanism and Machine Theory，2003，38（4）：279-320.

〔MT1〕 MRUTHYUNJAYA T S. A computerized methodology for structural synthesis of kinematic chains：part 1—formulation〔J〕. Mechanism and Machine Theory，1984，19（6）：487-495.

〔MW〕 MILHAM W I. Time & timekeepers：including the history，construction，care，and accuracy of clocks and watches〔M〕. London：Macmillan，1923.

〔MX〕 MENG X，GAO F，WU S，et al. Type synthesis of parallel robotic mechanisms：framework and brief review〔J〕. Mechanism and Machine Theory，2014，78：177-186.

〔MY〕 牧野洋. 自动机械机构学〔M〕. 胡茂松，译. 北京：科学出版社，1980.

〔NH1〕 NOLLE H. Linkage coupler curve synthesis：a historical review—I. developments up to 1875〔J〕. Mechanism and Machine Theory，1974，9（2）：147-168.

〔NH2〕 NOLLE H. Linkage coupler curve synthesis：a historical review—II. developments after 1875〔J〕. Mechanism and Machine Theory，1974，9（3-4）：325-348.

〔NJ〕 NEEDHAM J，LING W，PRICE D J. Chinese astronomical clockwork〔J〕. Nature，1956，177：600-602.

〔NJ1〕 李约瑟. 中国科学技术史：第一卷导论〔M〕. 袁翰青，等译. 北京：科学出版社，2018.

〔NJ2〕 李约瑟，柯林·罗南. 中华科学文明史〔M〕. 上海交通大学科学史系，译. 4 版. 上海：上海人民出版社，2018.

〔NR〕 NORTON R. Chapter 7：cams and cam followers〔M〕//ERDMAN A. Modern kinematics：developments in the last forty years. Hoboken：John Wiley & Sons，Inc. ，1993.

〔NR1〕 NORTON R L. Design of machinery：an introduction to the synthesis and analysis of mechanisms and machines〔M〕. New York：McGraw-Hill Custom Pub. ，2004.

〔NS〕 NASA Docking System〔EB/OL〕. （2014-10-26）〔2014-1-29〕. http://en. wikipedia. org/wiki/Low_Impact_Docking_System.

〔PD〕 PIEPER D L. The kinematics of manipulators under computer control〔M〕. New York：Stanford University Press，1969.

〔PE〕 PAPADOPOULOS E. Heron of Alexandria （c. 10-85 AD）〔M〕//CECCARELLI M. Distinguished figures in mechanism and machine science：their contributions and legacies part 1. Dordrecht：Springer Netherlands，2007：217-245.

〔PG〕 彭国勋，肖正扬. 自动机械的凸轮机构设计〔M〕. 北京：机械工业出版社，1990.

〔PG1〕 PENNOCK G，SCHAAF J. Kinematic geometry〔M〕//ERDMAN A. Modern kinematics：developments in the last forty years. New York：John Wiley and Sons，1993.

〔PI〕 PRAGEMAN I H. 机构学〔M〕. 曹鹤荪，译. 上海：中国科学图书仪器公司，1948.

〔PJ1〕 PHILLIPS J. Freedom in machinery：Volume 1，introducing screw theory 〔M〕. Cambridge：Cambridge University Press，1984.

[PJ2]　PHILLIPS J. Freedom in machinery：Volume 2，screw theory exemplified［M］. Cambridge：Cambridge University Press，1990.

[PJ3]　PONCELET J V. Introduction à la mécanique industrielle［M］. Denver：Thiel Publishing Company，1839.

[PS]　彭树智. 第二次世界大战与第三次技术革命［J］. 西北大学学报：哲学社会科学版，1995，25（3）：3-10.

[PS1]　POISSON S D. Traité de mécanique：2［M］. Paris：Bachelier，Imprimeur-librair，1833.

[QL]　全林. 科技史简论［M］. 北京：科学出版社，2002.

[RB]　ROTH B，FREUDENSTEIN F. Synthesis of path-generating mechanisms by numerical methods［J］. ASME Journal of Engineering for Industry，1963，85（3）：298-306.

[RB1]　ROTH B. Distinguished figures in mechanism and machine science：Their contributions and legacies［M］. Berlin：Springer Science & Business Media，2007.

[RB2]　ROTH B. On the screw axes and other special lines associated with spatial displacements of a rigid body［J］. ASME Journal of Engineering for Industry，Series B，1967，89（3）：535-542.

[RF]　REULEAUX F. Theoretische kinematik［M］. Braunschweig：Fridrich Vieweg，1875.

[RF1]　勒洛［EB/OL］.［2024-01-18］. https：//baike. baidu. com/item/％E5％8B％92％E6％B4％9B/9157816？fr＝aladdin.

[RJ]　RICO J M，AGUILERA L D，GALLARDO J，et al. A more general mobility criterion for parallel platforms［J］. ASME Journal of Mechanical Design，2006，128（1）：207-219.

[RJ1]　里夫金. 第三次工业革命：新经济模式如何改变世界［M］. 张体伟，孙豫宁，译. 北京：中信出版社，2012.

[RM]　READMAN M C，BELANGER P R. Stabilization of the fast modes of a flexible-joint robot［J］. The International Journal of Robotics Research，1992，11（2）：123-134.

[RR]　吕贝尔特. 工业化史［M］. 戴鸣钟，等译. 上海：上海译文出版社，1983.

[RR1]　ROBERSON R E，WITTENBURG J. A dynamical formalism for an arbitrary number of interconnected rigid bodies，with reference to the problem of satellite attitude control：19660057596［P］. 1966-06-01.

[RS]　雷欧. 工程优化原理及应用［M］. 祁载康，万耀青，梁嘉玉，译. 北京：北京理工大学出版社，1990.

[SA]　SONI A. Mechanism synthesis and analysis［M］. New York：McGraw-Hill，1974.

[SC]　查尔斯·辛格，等. 技术史：第 3 卷，文艺复兴至工业革命约 1500 年至 1750 年［M］. 高亮华，戴吾三，译. 上海：上海科技教育出版社，2004.

[SC1]　查尔斯·辛格. 科学简史［M］. 孔庆典，马百亮，译. 上海：格致出版社，2015.

[SC2]　查尔斯·辛格，等. 技术史：第 2 卷，地中海文明与中世纪约公元前 700 年至约 1500 年［M］. 潜伟，译. 上海：上海科技教育出版社，2004.

[SC3]　查尔斯·辛格、E. J. 霍姆亚德、A. R. 霍尔，等. 技术史. 第Ⅲ卷，文艺复兴至工业革命［M］. 高亮华，戴吾三，译. 北京：中国工人出版社，2020.

[SC4]　SUH C H，RADCLIFFE C W. Kinematics and mechanisms design［M］. New York：John

Wiley & Sons, 1978.

[SC5]　SUNG C K, CHEN Y C. Vibration control of the elastodynamic response of high-speed flexible linkage mechanisms[J]. ASME Journal of Vibration and Acoustics, 1991, 113(1): 14-21.

[SD]　STEWART D. A platform with six degrees of freedom[J]. Proceedings of the Institution of Mechanical Engineers, 1965, 180(1): 371-386.

[SD1]　STODDART D. Polydane cam design[J]. Machine Design, 1953, 25(1): 121-135.

[SF]　SAVARY F. Leçons et cours autographies: Notes sur les, École Polytechnique 1835-1836 [M]. Paris: Bibliothèque Nationale 1835-1836.

[SG]　SANDOR G. Ferdinand Freudenstein: father of modern kinematics—a testimonial[M]// A. Modern kinematics: developments in the last forty years. New York: John Wiley and Sons, 1993.

[SG1]　桑多尔, 厄尔德曼. 高等机构设计: 分析与综合, 第 2 卷[M]. 庄细荣, 杨上培, 译. 北京: 高等教育出版社, 1993.

[SG2]　SANDOR G N, BISSHOPP K E. On a general method of spatial kinematic synthesis by means of a stretch-rotation tensor[J]. Journal of Engineering for Industry 1969, 91(1): 115-121.

[SH]　孙桓, 葛文杰. 机械原理[M]. 9 版. 北京: 高等教育出版社, 2021.

[SH1]　沈惠平. 机器人机构拓扑特征运动学[M]. 北京: 高等教育出版社, 2021.

[SH3]　SHEN H P, CHABLAT D, ZEN B, et al. A translational three degrees of freedom parallel mechanism with partial motion decoupling and analytic direct kinematics[J]. ASME Journal of Mechanisms and Robotics, 2020, 12: 021112.

[SH4]　SHEN H, DONG H, WANG D, et al. A novel impact load model for tool-changer mechanism of spindle system in machine tool[J]. The International Journal of Advanced Manufacturing Technology, 2018, 94: 1477-1490.

[SH5]　沈惠平, 张会芳, 丁少华, 等. 机构摆动力矩完全平衡的有限位置法及其应用[J]. 机械科学与技术, 2011, 30(6): 861-864.

[SJ1]　SHIGLEY J, UICKER J. Theory of machines and mechanisms[M]. New York: McGraw-Hill Company, 1980.

[SJ2]　SADLER J. Chapter 8: dynamics[M]//ERDMAN A. Modern kinematics: developments in the last forty years. New York: John Wiley & Sons, Inc, 1993.

[SJ3]　上海交通大学动平衡科研小组. 精密动平衡机几个问题的探讨[J]. 上海交通大学学报, 1965(2): 57-68.

[SJ4]　SALISBURY J K, ROTH B. Kinematic and force analysis of articulated mechanical hands[J]. Journal of Mechanisms, Transmissions, and Automation in Design, 1983, 105(1): 35-41.

[SJ5]　SADLER J. Optimal engineering: principles and applications[M]. New York: Marcel Dekker Inc., 1982.

[SK]　SOONG K, THOMPSON B. A theoretical and experimental investigation of the dynamic response of a slider-crank mechanism with radial clearance in the gudgeon-pin joint[J]. ASME Journal of Mechanical Design,1990,112(2):183-189.

[SK1] 克劳斯·施瓦布.第四次工业革命:转型的力量[M].世界经济论坛北京代表处,李菁,译.北京:中信出版社,2016.

[SK2] 克劳斯·施瓦布,尼古拉斯·戴维斯.第四次工业革命:行动路线图:打造创新型社会[M].世界经济论坛北京代表处,译.北京:中信出版社,2018.

[SL] 斯塔夫里阿诺斯 L.全球通史:上册[M].吴象婴,梁赤民,译.北京:北京大学出版社,2017.

[SL1] 孙立冰,赵飞.世界工厂迁徙史[M].北京:人民邮电出版社,2009.

[SL2] SENEVIRATNE L D,EARLES S W E. Chaotic behaviour exhibited during contact loss in a clearance joint of a four-bar mechanism[J]. Mechanism and Machine Theory,1992, 27(3):307-321.

[SR] 斯潘根贝格,莫泽.科学的旅程[M].郭奕玲,陈蓉霞,沈慧君,译.北京:北京大学出版社,2014.

[SS] 沈守范,张纪元,万金保.机构学的数学工具[M].上海:上海交通大学出版社,1999.

[ST] SUN T,YANG S F,HUANG T,et al. A way of relating instantaneous and finite screws based on the screw triangle product[J]. Mechanism and Machine Theory,2017,108: 75-82.

[SW] SOHN W,FREUDENSTEIN F. An application of dual graphs to the automatic generation of the kinematic structures of mechanisms[J]. J. Mech. Transm. Automn. Des. , Trans. ASME,1986,108(3):392-398.

[SW1] SUNADA W,DUBOWSKY S. On the dynamic analysis and behavior of industrial robotic manipulators with elastic members [J]. ASME Journal of Mechanisms, Transmissions,and Automation in Design,1983,105(1):42-51.

[SY1] 宋应星.天工开物图说[M].曹小鸥,注释.济南:山东画报出版社,2009.

[SY2] 石云里.科学简史[M].北京:首都经济贸易大学出版社,2010.

[SY3] 申永胜.机械原理[M].北京:清华大学出版社,1999.

[SY4] 宋轶民,马文贵,张策.基于神经网络的弹性连杆机构振动主动控制[J].自动化学报, 2000,26(5):660-665.

[SY5] 宋轶民,张策,余跃庆,等.弹性连杆机构振动控制研究综述[J].机械工程学报,2001, 37(10):10-13.

[SY6] 宋轶民,余跃庆,张策,等.柔性机器人动力学分析与振动控制研究综述[J].机械设计, 2003,20(4):1-5.

[SY7] SONG Y M,ZHANG C,YU Y Q. Smart material based complex mode active control of flexible manipulators with kinematic redundancy[J]. Chinese Journal of Aeronautics, 2004,17(4):240-245.

[SY8] 石永刚,徐振华.凸轮机构设计[M].上海:上海科学技术出版社,1995.

[SY9] 孙月海,张策,潘凤章,等.直齿圆柱齿轮传动系统振动的动力学模型[J].机械工程学报,2000,36(8):47-50.

[TB]   THOMPSON B S,ZUCCARO D,et al. An experimental and analytical study of the dynamic response of a linkage fabricated from a unidirectional fiber-reinforced composite laminate[J]. ASME Journal of Mechanisms,Transmissions,and Automation in Design, 1983,105(3):526-533.

[TC]   田长生.科学技术发展史[M].北京:科学出版社,2012.

[TD]   TESAR D,MATTHEW G K. The dynamic synthesis,analysis,and design of modeled cam systems[M]. Lanham:Lexington Books,1976.

[TF]   TEPPER F R,LOWEN G G. General theorems concerning full force balancing of planar linkages by internal mass redistribution[J]. Journal of Manufacturing Science & Engineering, 1972,94(3):789-796.

[TG]   TALBOURDET G L,SHEPLER P R. Mathematical solution of 4-bar linkages-IV. Balancing of linkages[J]. Machine Design,1941,13:73-77.

[TJ]   TOMÁŠ J. The synthesis of mechanisms as a nonlinear programming problem[J]. Journal of Mechanisms,1968,3(3):119-130.

[TL]   TOKUZ L C,Jones J R. Programmable modulation of motion using hybrid machines [C]//Proceedings of ImechE C. UK,1991,414:85-91.

[TQ]   TIAN Q,FLORES P,LANKARANI H M. A comprehensive survey of the analytical, numerical and experimental methodologies for dynamics of multibody mechanical systems with clearance or imperfect joints[J]. Mechanism & Machine Theory,2018,122:1-57.

[TS]   TIMOSHENKO S. History of the strength of materials[M]. New York:McGraw-Hill Book Company,1953.

[TT]   TODOROV T S. Synthesis of four-bar mechanisms by Freudenstein-Chebyshev[J]. Mechanism and Machine Theory,2002,37(12):1505-1512.

[TX]   唐锡宽,金德闻.机械动力学[M].北京:高等教育出版社,1983.

[UJ]   UICKER J J,PENNOCK G R,SHIGLEY J E. Theory of machines and mechanisms[M]. New York:Oxford University Press,2003.

[UJ1]   UICKER J J,RAVANI B,SHETH P N. Matrix methods in the design analysis of mechanisms and multibody systems[M]. Cambridge:Cambridge University Press,2013.

[VJ]   伏尔默.凸轮机构[M].郭连声,柴邦衡,译.北京:机械工业出版社,1983.

[VM]   VUKOBRATOVIC M,JURICIC D. Contribution to the synthesis of biped gait[J]. IEEE Transactions on Biomedical Engineering,1969,16(1):1-6.

[WC]   WILSON C E,SADLER J P,MICHELS J W. Helical worm and Bevel gears-design and analysis[M]//WILSON C E,SADLER J P,MICHELS J W. Kinematics and Dynamics of Machinery. New York:Harpercollins Publishers,1983.

[WD]   王德伦,汪伟.机械运动微分几何学分析与综合[M].北京:机械工业出版社,2014.

[WD1]   WANG D. Kinematic differential geometry and saddle synthesis of linkages[M]. Hoboken:John Wiley & Sons,2015.

[WD2]   WHITNEY D E. The mathematics of coordinated control of prosthetic arms and manipulators [J]. Journal of Dynamic Systems,Measurement,and Control,1972:303-309.

［WD3］　WANG D，WANG Z，WU Y，et al. Invariant errors of discrete motion constrained by actual kinematic pairs［J］. Mechanism and Machine Theory，2018，119：74-90.

［WD4］　王德伦，吴煜，王智，等. 移动副离散误差运动的不变量评价方法［J］. 机械工程学报，2018，54（23）：1-9.

［WF］　WITTENBAUER F. Graphische dynamik［M］. Berlin：Springer-Verlag，1923.

［WG］　王国彪，刘辛军，于靖军. 中国机构学研究的认识与思考［M］//李瑞琴，郭为忠. 现代机构学理论与应用研究进展. 北京：高等教育出版社，2014.

［WG1］　WANG G B. Development of mechanisms in China［C］//The Sino-British/EU Academic Symposium on Development of Mechanisms and Robotics. Beijing，China，2010.

［WH］　吴宏章，钱瑞明. 消元法在开链机器人运动学逆解中的应用［J］. 中国制造业信息化，2006，35（2）：67-69.

［WJ］　维滕伯格 J. 多刚体系统动力学［M］. 谢传锋，译. 北京：北京航空学院出版社，1986.

［WJ1］　武际可. 力学史［M］. 重庆：重庆出版社，1999.

［WJ2］　武际可. 1920 年以前力学发展史上的 100 篇重要文献［J］. 力学与实践，2006，28（3）：85-91.

［WJ3］　WAUER J，MOON F C，MAUERSBERGER K. Ferdinand Redtenbacher（1809-1863）：pioneer in scientific machine engineering［J］. Mechanism and Machine Theory，2009，44（9）：1607-1626.

［WJ4］　WANG J S，WU C，LIU X J. Performance evaluation of parallel manipulators：motion/force transmissibility and its index［J］. Mechanism and Machine Theory，2010，45（10）：1462-1476.

［WK］　WALDRON K J，KINZEL G L. Kinematics，dynamics，and design of machinery［M］. Hoboken：John Wiley & Sons，1999.

［WQ］　王琪民. 微型机械导论［M］. 合肥：中国科学技术大学出版社，2003.

［WR］　WILLIS R. Principles of mechanism［M］. London：Longmans Green，1841.

［WR1］　WINFREY R C，ANDERSON R V，GNILKA C W. Analysis of elastic machinery with clearances［J］. ASME Journal of Engineering for Industry，1973，95（3）：695-703.

［WR2］　WINFREY R C. Elastic link mechanism dynamics［J］. ASME Journal of Engineering for Industry，1971，93（1）：268-272.

［WS1］　WANG S，ZHANG H，HOU W，et al. Control and navigation of the variable buoyancy AUV for underwater landing and takeoff［J］. International Journal of control，2007，80（7）：1018-1026.

［WS2］　WANG S X，XIE C G，WANG Y H，et al. Harvesting of PEM fuel cell heat energy for a thermal engine in an underwater glider［J］. Journal of power sources，2007，169（2）：338-346.

［WS3］　WANG S X，WANG Y H，HE B Y. Dynamic modeling of flexible multibody systems with parameter uncertainty［J］. Chaos，Solitons & Fractals，2008，36（3）：605-611.

［WS4］　WANG S X，YUE L Y，LI Q Z，et al. Conceptual design and dimensional synthesis of "MicroHand"［J］. Mechanism and Machine Theory，2008，43（9）：1186-1197.

［WS5］ WANG S X，WANG H J，YUE L W. A novel knot-tying approach for minimally invasive surgical robot systems［J］. The International Journal of Medical Robotics and Computer Assisted Surgery，2008，4（3）：268-276.

［WT］ 威廉斯. 发明的历史［M］.孙维峰，黄剑，译.北京：中央编译出版社，2010.

［WW］ 吴文俊.数学机械化［M］.北京：科学出版社，2003.

［WX］ 王娴.评加扎里《精巧机械装置的知识》［J］.自然科学史研究，2007，26（4）：563-569.

［WY］ 吴雅.论机床和机床工业的新发展［J］.机械工程，1988（4）：8-10.

［WZ］ 王祯.王祯农书［M］.孙显斌，攸兴超，点校.长沙：湖南科学技术出版社，2014.

［WZ1］ 王振东，武际可.力学诗趣［M］.武汉：湖北科学技术出版社，2013.

［WZ2］ 王知行，于红英.平面连杆机构的分析与综合［M］//邹慧君，高峰.现代机构学进展：第1卷.北京：高等教育出版社，2007.

［WZ3］ 王知行，陈照波，江鲁.利用连杆转角曲线进行平面连杆机构轨迹综合的研究［J］.机械工程学报，1995，31（1）：42-47.

［WZ4］ 王知行，吴群波，李建生，等.用连杆转角曲线法实现四杆机构轨迹综合及其多解评价的研究——平面连杆机构综合可视化方法之二［J］.机械设计，1997（11）：5-8.

［WZ5］ WANG Z，WANG D，DONG H，et al. An invariant method updating Abbe principle for accuracy test and error calibration of rotary pairs in machine tools［J］. International Journal of Machine Tools and Manufacture，2019，141：46-58.

［WZ6］ WANG Z，WANG D，WU Y，et al. Error calibration of controlled rotary pairs in five-axis machining centers based on the mechanism model and kinematic invariants［J］. International Journal of Machine Tools and Manufacture，2017，120：1-11.

［WZ7］ 王智，董惠敏，王德伦.回转精度测评的运动几何学原理与不变量方法［J］.机械工程学报，2020，56（4）：11-24.

［WZ8］ WANG Z，WANG D，YU S，et al. A reconfigurable mechanism model for error identification in the double ball bar tests of machine tools［J］. International Journal of Machine Tools and Manufacture，2021，165（11）：103737.

［XC］ 谢存禧，张铁.机器人技术及其应用［M］.北京：机械工业出版社，2005.

［XC1］ 谢存禧，李琳.空间机构设计与应用创新［M］.北京：机械工业出版社，2008.

［XF］ XIE F G，LI T，LIU X J. Type synthesis of 4-DOF parallel kinematic mechanisms based on Grassmann line geometry and atlas method［J］. Chinese Journal of Mechanical Engineering，2013，26（6）：1073-1081.

［XN］ 肖南峰.服务机器人［M］.北京：清华大学出版社，2013.

［XZ］ 仙波正莊.齿车：第三卷［M］.东京：日刊工业新闻社，1966.

［XZ1］ 许兆棠，刘远伟，等.并联机器人［M］.北京：机械工业出版社，2021.

［YA］ YERSHOV A. Foundation of kinematics or elementary theory about motion in general and about mechanisms of machines especially［J］. Moscow，1854.

［YA1］ YANG A T，FREUDENSTEIN F. Application of dual-number quaternion algebra to the analysis of spatial mechanisms［J］. Journal of Applied Mechanics，1964，31（2）：300-308.

［YF］　YANG F,CHEN Y. One-DOF transformation between tetrahedron and truncated tetrahedron［J］. Mechanism and Machine Theory,2018,121：169-183.

［YJ］　杨巨平."希腊化文化"是人类历史上第一次文化大交流大汇合［J］.山西大学学报：哲学社会科学版,1992(4)：84-87.

［YJ2］　杨基厚.机构运动学与动力学［M］.北京：机械工业出版社,1987.

［YJ3］　杨基厚,高峰.四杆机构的空间模型和性能图谱［M］.北京：机械工业出版社,1989.

［YJ5］　于靖军,裴旭,宗光华.机械装置的图谱化创新设计［M］.北京：科学出版社,2014.

［YJ6］　于靖军,毕树生,裴旭,等.柔性设计：柔性机构的分析与综合［M］.北京：高等教育出版社,2018.

［YJ7］　于靖军,郭卫东,韩建友,等.机械原理［M］.北京：机械工业出版社,2013.

［YJ8］　于靖军,刘辛军.机器人机构学基础［M］.北京：机械工业出版社,2022.

［YJ9］　于靖军,刘辛军,丁希仑,等.机器人机构学的数学基础［M］.北京：机械工业出版社,2008.

［YS］　YUE S Q,YU Y Q,BAI S X. Flexible rotor beam element for the manipulators with joint and link flexibility［J］. Mechanism and Machine Theory,1997,32(2)：209-219.

［YS1］　YANG S F,SUN T,HUANG T. Type synthesis of parallel mechanisms having 3T1R motion with variable rotational axis［J］. Mechanism and Machine Theory,2017,109：220-230.

［YT］　杨廷力.机构学理论研究进展［J］.机械工程学报,1995,31(2)：1-25.

［YT1］　杨廷力.机器人机构拓扑结构学［M］.北京：机械工业出版社,2004.

［YT2］　杨廷力.机械系统基本理论：结构学·运动学·动力学［M］.北京：机械工业出版社,1996.

［YT3］　杨廷力,张明.平面连杆机构摆动力与摆动力矩完全平衡的一般理论［J］.机械工程学报,1992,28(6)：99-102.

［YT4］　YANG T,LIU A,SHEN H,et al. Topology design of robot mechanisms［M］. Singapore：Springer Nature Singapore,2018.

［YT5］　YANG T L,LIU A,SHEN H,et al. Composition principle based on single-open-chain unit for general spatial mechanisms and its application—In conjunction with a review of development of mechanism composition principles［J］. Journal of Mechanisms and Robotics,2018,10(5)：051005.

［YT6］　YANG T,JIN Q,LIU A,et al. Structural synthesis and classification of the 3-DOF translation parallel robot mechanisms based on the unites of single-open chain［J］. Chinese Journal of Mechanical Engineering,2002,38(8)：31-36.

［YT7］　杨廷力,刘安心,罗玉峰,等.机器人机构拓扑结构设计［M］.北京：科学出版社,2012.

［YT8］　杨廷力.机器人机构拓扑学及其创建历程［M］.北京：高等教育出版社,2022.

［YT9］　杨廷力,金琼,刘安心,等.基于单开链单元的三平移并联机器人机构型综合及其分类［J］.机械工程学报,2002,38(8)：31-36.

［YT10］　YANG T L. Structural character of planar complex mechanisms and simplified methods of kinematic and kinetostatic analysis by imaginary unknown parameters［C］//ASME

Design Technical Conference.[s. l.],1986.

[YT11] YANG T L,YAO F H. Topological characteristics and automatic generation of structural analysis and synthesis of plane mechanisms—part Ⅰ: Theory,Part Ⅱ: Application[C]//ASME Design Technical Conference. Kissimmee,USA,1988: 179-190.

[YT12] 杨廷力,金琼,刘安心,等.基于单开链单元的三平移并联机器人机构型综合及其分类[J].机械工程学报,2002,38(8):31-36.

[YT13] 杨廷力,张明.平面连杆机构摆动力完全平衡的有限位置法[C]//第五届全国机械传动年会论文集.北京:中国机械工程学会机械传动分会,1992:427-430.

[YW] YANG W J,DING H F,KECSKEMÉTHY A. Structural synthesis towards intelligent design of plane mechanisms:Current status and future research trend[J]. Mechanism and Machine Theory,2022,171:104715.

[YY] 余跃庆.柔性机器人机构动力学研究进展[M]//邹慧君,高峰.现代机构学进展:第2卷.北京:高等教育出版社,2011.

[YY1] 余跃庆,等.机构与机器人动力学研究[M].北京:科学出版社,2015.

[YY2] 余跃庆,李哲.现代机械动力学[M].北京:北京工业大学出版社,1998.

[YY3] YU Y Q. Research on complete shaking force and shaking moment balancing of spatial linkages[J]. Mechanism and Machine Theory,1987,22(1):27-37.

[YY4] YU Y Q. Complete shaking force and shaking moment balancing of spatial irregular force transmission mechanisms using additional links[J]. Mechanism and Machine Theory,1988,23(4):279-285.

[YY5] YU Y Q,ZHU S K,XU Q P,et al. A novel model of large deflection beams with combined end loads in compliant mechanisms[J]. Precision Engineering,2016,43: 395-405.

[YY6] YU Y Q,ZHANG N. Dynamic modeling and performance of compliant mechanisms with inflection beams[J]. Mechanism and Machine Theory,2019,134:455-475.

[YY7] YANG Y H,WU X Y,ZHANG C. Analysis on geometry characteristics of roller gear indexing cam mechanism[J]. Chinese Journal of Mechanical Engineering,2004,17: 88-90.

[ZC] 张春辉,游战洪,吴宗泽,等.中国机械工程发明史:第二编[M].北京:清华大学出版社,2004.

[ZC1] 张策.机械工程史[M].北京:清华大学出版社,2015.

[ZC2] 张策.机械动力学史[M].北京:高等教育出版社,2009.

[ZC3] 张策.机械动力学[M].2版.北京:高等教育出版社,2008.

[ZC4] 张策,黄永强,王子良,等.弹性连杆机构的分析与设计[M].2版.北京:机械工业出版社,1997.

[ZC5] ZHANG C,GRANDIN H T. Kinematic refinement technique in optimum design of flexible mechanisms[J]. ASME Paper,1982(82):21.

[ZC6] ZHANG C,GRANDIN H. Optimum design of high-speed flexible mechanisms[J].

ASME Journal of Mechanisms,Transmissions,and Automation in Design,1983,105(2)：267-272.

[ZC7]　张策,王世宇,宋轶民.行星传动基本参数选择理论的再认识[J].天津大学学报,2005,38(4)：283-287.

[ZC8]　ZHANG C,YANG J. A history of mechanical engineering[M]. Berlin：Springer,2020.

[ZC9]　张春林.机械原理教材建设的历程及分析：理教材研讨会[R].北京：机械工业出版社,2014.

[ZC10]　张策,杨廷力,刘建琴.机器组成概念从近代到现代的演变[J].中国机械工程,2023,34(10)：1135-1139.

[ZG]　宗光华,等.机器人的创意设计与实践[M].北京：北京航空航天大学出版社,2004.

[ZH]　邹慧君,高峰.前言[M]//邹慧君,高峰.现代机构学进展：第1卷.北京：高等教育出版社,2007.

[ZH1]　邹慧君.中国机构学20年主要研究成果和发展展望[M]//邹慧君,高峰.现代机构学进展：第1卷.北京：高等教育出版社,2007.

[ZH2]　邹慧君,梁庆华.广义机构研究进展及其应用[M]//邹慧君,高峰.现代机构学进展：第2卷.北京：高等教育出版社,2011.

[ZH3]　邹慧君,蓝兆辉,王石刚,等.机构学研究现状、发展趋势和应用前景[J].机械工程学报,1999,35(5)：1-4.

[ZH4]　ZHOU H,TING K L. Adjustable slander-crank linkages for multiple path generation[J]. Mechanism and Machine Theory,2002,37(5)：499-509.

[ZH5]　邹慧君,郭为忠.机械原理[M].3版.北京：高等教育出版社,2016.

[ZH6]　邹慧君.机械系统设计原理[M].北京：科学出版社,2003.

[ZH7]　邹慧君,高峰.现代机构学进展：第1卷[M].北京：高等教育出版社,2007.

[ZH8]　邹慧君,高峰.现代机构学进展：第2卷[M].北京：高等教育出版社,2011.

[ZH9]　赵韩,丁爵曾,梁锦华.凸轮机构设计[M].北京：高等教育出版社,1993.

[ZJ]　张纪元,沈守范.计算机构学[M].北京：国防工业出版社,1996.

[ZJ1]　张纪元.机构学的数学方法[M].上海：上海交通大学出版社,2003.

[ZJ2]　张纪元.机构学中非线性问题的解法述评[J].上海海运学院学报,2000,21(4)：8-18.

[ZQ]　张启先.空间机构的分析与综合：上册[M].北京：机械工业出版社,1984.

[ZQ1]　张启先,张玉茹.我国机械学研究的新进展与展望[J].北京：机械工程学报,1996,32(4)：1-4.

[ZQ2]　战强.机器人学：机构、运动学、动力学及运动规划[M].北京：清华大学出版社,2019.

[ZS]　ZHANG S M,CHEN J H. The optimum balance of shaking force and shaking moment of linkage[J]. Mechanism and Machine Theory,1995,30(4)：589-597.

[ZS1]　ZHU S K,YU Y Q. Pseudo-rigid-body model for the flexible beam with an inflection point in compliant mechanisms[J]. Trans. ASME,Journal of Mechanisms and Robotics,2017,9(3)：031005.

[ZS2]　张曙,Heisel U. 并联运动机床[M].北京：机械工业出版社,2003.

[ZT1]　中山秀太郎.世界机械发展史[M].石玉良,译.北京：机械工业出版社,1986.

[ZW] 济诺维也夫,别松诺夫.机组动力学基础[M].干东英,译.北京:科学出版社,1976.

[ZX] 张宪民,刘宏昭,曹惟庆.柔性机构弹性振动的主动控制[J].机械工程学报,1996,32(1): 9-16.

[ZX1] ZHANG X M,SHAO C J,SHEN Y W,et al. Complex mode dynamic analysis of flexible mechanism systems with piezoelectric sensors and actuators[J]. Multibody System Dynamics,2002,8(1): 51-70.

[ZX2] 张宪民.柔顺机构的分析与设计[M]//邹慧君,高峰.现代机构学进展:第1卷.北京: 高等教育出版社,2007.

[ZX3] 赵新华.平面连杆机构摆动力与摆动力矩完全平衡的质量动替代法[J].机械工程学报, 1992,28(6): 62-67.

[ZX4] 张宪民.柔顺机构的拓扑优化设计[J].机械工程学报,2003,39(11): 47- 51.

[ZX5] ZHANG X M,YU Y Q. A new spatial rotor beam element for modeling spatial manipulators with joint and link flexibility[J]. Mechanism and Machine Theory,2000, 35(3): 403-421.

[ZX6] ZHANG X M,ZHU B L. Topology optimization of compliant mechanisms[M]. Berlin: Springer,2018.

[ZX7] 张新华,张策,田汉民.混合驱动机构的创新设计及其应用[J].机械设计与研究,2001, 17(3): 37-39,55.

[ZX8] 张新华,张策,田汉民.混合驱动机械系统建模的理论依据[J].机械科学与技术,2001, 20(6): 857- 859.

[ZX9] ZHANG X,MA J Y,LI M Y,et al. Kirigami-based metastructures with programmable multistability[J]. Proceedings of National Academy of Sciences of the United States of America,2022,119(11): e2117649119.

[ZY] 张玉茹,李继婷,李剑锋.机器人灵巧手:建模、规划与仿真[M].北京:机械工业出版 社,2007.

[ZY1] 祝毓琥.机械原理[M].北京:高等教育出版社,1986.

附录A

人 名 表

说明：本表格中的信息难以收集得很全，原因列举如下。

（1）无论中外，在部分人当中存在不愿披露个人的某些信息（如出生年）的情况。

（2）有的人名是从刊物上得来，但从刊物上能查到其所在学校，不一定能推断出国籍或民族。

（3）历史上的人物，若其知名度稍低，能搜集到的信息就会更少。

（4）许多外国人不见得有中译名，不太普及的中译名也不宜使用。

外文名，汉语拼音名 （俄语人名排在最后）	中文名，中译名	生卒年	国籍或民族	所在章
Agrawal, Sunil K.	阿格拉瓦尔		美国	8
Al-Jazari, Ismail	加扎里	1136—1206	库尔德族	2,3,10
Alt, H.			德国	6,10
Ampère, André-Marie	安培	1775—1836	法国	1,3,4,5, 6,7,8,10
Angeles, Jorge	安杰利斯		加拿大	1,8,10
Archimedes	阿基米德	287BC—212BC	希腊	2,3
Aristotle	亚里士多德	384BC—322BC	希腊	2,3
Aronhold, S			德国	6
Artobolevsky, I.	阿尔托包列夫斯基	1905—1977	苏联	1,4,5, 6,7,9
Assur, L.	阿苏尔	1878—1920	俄国	1,3,5, 6,9,10
Babbage, Charles	巴贝奇	1791—1871	英国	6
Bagci, C.			美国	11

Bai Shixian	白师贤	1925—2022	中国	9
Ball，Robert S.	鲍尔	1840—1913	爱尔兰	3,4,6,8,10
Banu Musa brothers	班努·穆萨兄弟	9 世纪	阿拉伯帝国	2
Bernoulli，Johann	约翰·伯努力	1667—1748	瑞士	3,4,6
Betancourt，A.			法 国	6
Beyer，R.			德国	6,8,10
Bi Lan	毕岚	—189	中国	2
Bi Sheng	毕昇	990—1051	中国	2
Bianchi，G，			意大利	7
Bobillier，É.	博比利尔	1798—1840	法国	4,6
Book，W.			美国	11
Bottema，Oene		1901—1992	荷兰	10
Bramah，Joseph	布瑞玛	1748—1814	英国	4
Bruno，Giordano	布鲁诺	1548—1600	意大利	3
Buckingham，E.	白金汉	1887—1978	美国	6
Burmester，Ludwig	布尔梅斯特	1840—1927	德国	3,4,5,6,8,10
Cai Lun	蔡伦	61—121	中国	11
Camus C.-E.-L.	加缪	1699—1768	法国	3,4,6
Cao Hesun	曹鹤荪	1912—1998	中国	9
Cao Jujiang	曹聚江	1955—	中国	9
Cao Weiqing	曹惟庆	1924—2011	中国	6,9,10
Carnot，Nicolas L. S.	卡诺	1796—1832	法国	4,5
Cauchy，Augustin-Louis	柯西	1789—1857	法国	6
Ceccarelli，Marco			意大利	7,8
Chang Zongyu	常宗瑜	1973—	中国	9,11
Chasles，M.	查斯里	1793—1880	法国	3,4,6,8,10
Chebyshev，P.	契贝雪夫	1821—1894	俄国	1,3,4,5, 6,9,10
Chen Genliang	陈根良	1982—	中国	9
Chen Kexuan	陈克萱		中国	9
Chen Lizhou	陈立周		中国	10
Chen Ningxin	陈宁新	1944—	中国	9,11
Chen Shuxun	陈树勋	1938—	中国	9
Chen Xuedong	陈学东		中国	9
Chen Yan	陈焱	1974—	中国	9,11
Chen Yong	陈永	1933—	中国	7,9,10,12
Chen，Fan Yu			美国	11
Chen，Y. M.	陈义明		新加坡	11
Chirikjian，Gregory S.	格雷戈里·奇里克吉安		美国	8
Chu Jinkui	褚金奎		中国	10

Clavel,R.	雷蒙德·克拉维尔		瑞士	10
Columbus,C.	哥伦布	1451—1506	意大利	3
Copernicus,N.	哥白尼	1473—1543	波兰	2,3
Coriolis,Gustave Gaspard de	科里奥利斯	1792—1843	法国	4
Corves,Burkhard			德国	8
Crossley,F. R. Erskine	克洛斯利		美国	7,8,10
Ctesibios of Alexandria	克特西比欧斯	283BC—247 BC	希腊	2,3
Cundy,H.				11
D. Dowson,D	道森		英国	4
d'Alembert,Jean	达朗贝尔	1717—1783	法国	3,6,11
Da Vinci,Leonardo	达·芬奇	1452—1519	意大利	1,3,4,5,6,8,11
Dai Jiansheng	戴建生	1954—	中国	8,9,10,11,12
Dante,A.	但丁	1265—1321	意大利	3
Davidson,J.			美国	8
Denavit,Jacques	丹纳维特	1930—2012	美国	6,10
Deng Zongquan	邓宗全	1956—	中国	9
Descartes,René	笛卡儿	1596—1650	法国	3
Devol,G.	乔治·戴沃尔		美国	10
Dimentberg,F. M.			苏联	10
Ding Huafeng	丁华锋	1977—	中国	9,10
Ding Xilun	丁希仑	1967—	中国	9,11
Dittrich,O.			德国	9
Dobrovolsky,W.	多布罗沃尔斯基		苏联	5
Dong Huimin	董惠敏	1958—	中国	9
Du Li	杜力		中国	11
Du Ruxu	杜如虚	1955—	中国	11
Du Shi	杜诗	东汉初年	中国	2
Dubowsky,Steven	杜博夫斯基		美国	8,11
Dudley,W.			美国	11
Duffe,P.			英国	9
Duffy,Joseph	达菲		美国	8,9,10
Earles,S.			英国	11
Einstein,Albert	爱因斯坦	1879—1955	美国	7
Eksergian,R.	埃克斯尔吉安		美国	6,10
Eratosthenes	埃拉托色尼	275BC—193BC	葡萄牙	2
Erdman,Arthur G.	厄尔德曼		美国	8,10,11
Euclid	欧几里得	330BC—275BC	希腊	2
Euler,Leonhard	欧拉	1707—1783	瑞士	1,3,4,5,6,10,11
Fang Yibing	方一兵	1971—	中国	7

Fanghella,P.			美国	10
Faraday,Michael	法拉第	1791—1867	英国	5
Feng Huijuan	冯慧娟	1990—	中国	9
Feng Zhiyou	冯志友	1962—	中国	9,11
Ferguson,E.	弗格森		美国	5
Fischer,O.	费舍尔		德国	6,11
Fox,R. S.	福克斯		美国	10
Franke,R.	佛兰克		德国	6,10
Freudenstein,Ferdinand	弗洛丹斯坦	1926—2006	美国	1,8,9,10,11
Frisoli,A.			荷兰	10
Fu Chenglong	付成龙	1980—	中国	9
Fu Jinyuan	傅金元		中国	10
Fu Ying	傅鹰	1902—1979	中国	1
Fulton,Robert	富尔顿	1765—1815	美国	4
Galilei,Galileo	伽利略	1564—1642	意大利	2,3,8
Gan Dongying	干东英	1927—	中国	9
Gao Feng	高峰	1956—	中国	9,11
Gates,J.	盖茨		美国	6
Ge Qiaode	葛巧德		美国	9
Ge Wenjie	葛文杰	1956—	中国	9
Giorgini,G.			意大利	6
Giovanni di Dondi	东迪	1330—1388	意大利	3
Gochman. Chaim	郭赫曼	1851—1916	俄国	5,6
Gogu,Grigore			法国	8,10
Gosselin,Clément	高瑟林		加拿大	8,10
Gough,V.				8
Grashof,Franz	格拉晓夫	1826—1893	德国	5,6
Grübler,M.	格吕布勒		德国	6,9,10
Gu Yuxiu	顾毓秀	1902—2002	中国	9
Guo Shoujing	郭守敬	1231—1316	中国	2
Guo Weizhong	郭为忠	1970—	中国	9,11
Gupta,Krishna C.			美国	8
Hachette,J.	哈切特		法国	4,6
Hall Jr. ,Allen S.			美国	8
Han Gonglian	韩公廉	北宋时期人	中国	2
Hang Lubin	杭鲁斌	1965—	中国	9
Hargreaves,James	哈格里夫斯	1720—1778	英国	4
Hartenberg,Richard S.	哈顿伯格	1907—	美国	6,8
Haug Jr. ,Edward J.			美国	8
He Jun	何俊	1981—	中国	9

Hero（或 Heron）of Alexandria	希罗	10—85	希腊	2
Hervé，Jacques M.			法国	8，10
Hire，P. de La	海尔	1640—1718	法国	3
Howell，Larry L.			美国	8，9，11
Hrones，J. A.			美国	11
Hu Weijia	胡维佳	1958—	中国	2
Hua Wenguang	华文广		中国	9
Huang Buyu	黄步玉	1917—	中国	9
Huang Maolin	黄茂林		中国	11
Huang Tian	黄田	1953—	中国	7，9，11
Huang Xikai	黄锡恺	1917—2008	中国	9
Huang Yongqiang	黄永强	1946—	中国	9
Huang Zhen	黄真	1936—	中国	9，10
Humboldt，Wilhelm von	威廉·洪堡	1767—1835	德国	5
Hunt，Kenneth H.	亨特	1920—	澳大利亚	8，10
Huygens，Christiaan	惠更斯	1629—1695	荷兰	3
Jiang Xiaoyuan	江晓原	1955—	中国	2
jiatengyilang	加藤一郎	1925—	日本	9
Jin Qiong	金琼	1967—	中国	9
Jin Zhenlin	金振林	1962—	中国	9
Jones，J.	琼斯		英国	11
Kang Rongjie	康荣杰		中国	11
Capek，K.	恰佩克	1890—1938	捷克	10
Kazerounian，K.			美国	8
Kecskemethy，Andrés		1957—	德国	7，8
Kennedy，A.	肯尼迪		英国	6
Kepler，Johannes	开普勒	1571—1630	德国	3
Khan，M. R.			美国	11
Klein，Felix	克莱因	1849—1925	德国	10
Kochev，I.			保加利亚	11
Koetsier，Teun			荷兰	1
Kolchin，Nikolai	柯尔钦	1894—1975	苏联	5
Kong Jianyi	孔建益	1961—	中国	11
Kong Xianwen	孔宪文		中国	9
Kota，Sridhar			美国	8
Kraus，R.			德国	6
Kumar，Vijay			美国	8
Kutzbach，K.	库茨巴赫		德国	6，9，10
Lagrange，Joseph-Louis	拉格朗日	1736—1813	法国	1，3，6，11

Lämmer,G.			德国	11
Lanchester,Frederick W.	兰彻斯特	1868—1946	英国	6
Lanz,P.			法国	4
Lasche,O.	腊斯克		德国	6
Leibniz,Gottfried W. von	莱布尼茨	1646—1716	德国	3
Levitsky,N.	列维斯基		苏联	10
Lewis,W.	路易斯		美国	6
Li Huamin	李华敏	1927—2012	中国	9
Li Jianmin	李建民	1984—	中国	9
Li Qinchuan	李秦川	1975—	中国	9,10
Li Shujun	李树军	1955—	中国	11
Li Wenhui	李文辉		中国	10
Li Xuerong	李学荣		中国	9,10
Li Zexiang	李泽湘	1961—	中国	9,10,11
Li Zhe	李哲		中国	9
Li Zhen	李震		中国	10
Li Zhichao	李志超	1981—	中国	2
Liang Chonggao	梁崇高	1932—2019	中国	9
Liang Xichang	梁锡昌	1934—2013	中国	9
Liao Qizheng	廖启征	1947—	中国	9
Lichtenheldt,W.			德国	6
Lie,Marius Sophus	李	1842—1899	挪威	10
Lippincott,K.	利平科特		英国	2
Litvin,Faydor	李特文	1914—2017	美国	5
Liu Anxin	刘安心	1967—	中国	9,11
Liu Haitao	刘海涛	1981—	中国	9
Liu Hongzhao	刘宏昭	1954—	中国	11
Liu Jian	刘健	1936—2017	中国	9
Liu Xianzhou	刘仙洲	1890—1975	中国	2,9
Liu Xinjun	刘辛军	1971—	中国	9
Lou Hongdi	楼鸿棣	1914—1994	中国	9
Lowen,Gerard G.			美国	8,11
Lu Xinian	陆锡年	1936—	中国	9
Lu Zhen	陆震	1942—	中国	7,9
Luck,K.	洛克		德国	8
Luo Yufeng	罗玉峰	1960—	中国	9
Lusk,Craig			美国	9
Lyu Shengnan	吕胜男	1987—	中国	9
Ma Jun	马钧	三国时期	中国	2
Mabie,Hamilton H.			美国	8

Magalhães, F. de	麦哲伦	1480—1521	葡萄牙	3
Magleby, Spencer			美国	9
Matthew, G.			美国	11
Maudslay, H.	莫兹利	1771—1831	英国	4
Maunder, L.			英国	7
Maxwell, James C.	麦克斯韦	1831—1879	英国	5
McCarthy, J. Michael			美国	8
Mei Jiangping	梅江平		中国	9
Meng Caifang	孟彩芳	1946—	中国	11
Meng J.				10
Merlet, Jean-Pierre	莫莱特		法国	8
Michelangelo, B.	米开朗琪罗	1475—1564	意大利	3
Midha, Ashok Jr.			美国	8
Miedema, B.			美国	11
Mitchell, D.			美国	11
Modrey, J.			美国	10
Monge, Gaspard	蒙日	1746—1818	法国	1,4
Morecki, A.			波兰	7
Morgan, A.			美国	10
Mozzi, Giulio	莫兹	1730—1813	意大利	3,10
Mruthyunjaya, T.			印度	10
Müller, R.	穆勒		德国	6
Musser, C.			美国	8,11
Muyeyang	牧野洋	1933—2021	日本	9
Nakamura, Y.			日本	7
Needham, Joseph T. M.	李约瑟	1900—1995	英国	2
Neklutin, C.			美国	11
Newcomen, Thomas	纽可门	1664—1729	英国	4
Newton, Isaac	牛顿	1642—1727	英国	1,2,3,4,5,6,8,11
Niemannm, G.	尼曼		德国	11
Niu Mingqi	牛鸣岐	1949—	中国	9
Norton, Robert L.			美国	8
Novikov, Mikhail	诺维科夫	1915—1957	苏联	11
Olivier, Theodore	奥利佛	1793—1853	法国	4
Ørsted, Hans Christian	奥斯特	1777—1851	丹麦	5
P. de La Hire	希尔	1640—1718	法国	3
Peng Guoxun	彭国勋	1937—	中国	9
Pieper, D. L.			美国	10
Plato	柏拉图	427BC—347BC	希腊	2
Poisson, Siméon D.	泊松	1781—1840	法国	4

Poncelet, Jean-Victor	彭赛利	1788—1867	法国	4,5,6,11
Ptolemy, Claudius	托勒密	约85—约165	希腊	2
Pythagoras	毕达哥拉斯	约580BC—500BC	希腊	2
Qian Ruiming	钱瑞明		中国	10
Qin Datong	秦大同	1956—	中国	7
Radcliffe, Charles W.			美国	8
Raffaello, S.	拉斐尔		意大利	3
Randlett, S.			美国	11
Rao, S.				10
Redtenbacher, Ferdinand J.	雷腾巴赫尔	1809—1863	德国	4
Renold, Hans	莱诺	1852—1943	瑞士	6
Resal, A.			法国	6
Retti, L.				3
Reuleaux, Franz	雷罗	1829—1905	德国	1,3,4,5,6, 7,8,10,12
Richard of Wallingford	理查德		英国	3
Rico, J.				10
Rifkin, J.	里夫金		美国	12
Roberson, R.	罗伯森			11
Roberts, S.	罗伯茨		英国	6
Roberts, Richard	罗伯茨	1789—1864	英国	4
Roemer	勒默尔		法国	3
Rollett, A.				11
Roth, Bernard	罗兹		美国	7,8,9,10,11
Sadler, J.			美国	10
Salisbury, J. K.			美国	11
Sandor, George N.	桑多尔	1912—1996	美国	8,10
Sarton, George	乔治·萨顿	1884—1956	美国	2
Savary, Felix	萨弗里	1791—1841	法国	3
Schubert, A.	舒伯特		德国	6
Schwab, K.	施瓦布		德国	12
Shakespeare, W.	莎士比亚	1564—1616	英国	3
Shen Huipeng	申会鹏	1985—	中国	9
Shen Huiping	沈惠平	1965—	中国	9,10
Shen Shoufan	沈守范		中国	10
Shen Yongsheng	申永胜	1946—	中国	9
Shi Zechang	石则昌	1936—1992	中国	9
Shigley, Joseph E.			美国	8
Singer, Charles	辛格		英国	2

Socrates	苏格拉底	469BC—399BC	希腊	2
Sohn,W.				10
Song Chaoyang	宋超阳	1987—	中国	9
Song Yimin	宋轶民	1971—	中国	11
Song Yingxing	宋应星	1587—1661	中国	2
Soni,Atmaram H.			美国	8
Soong,K.				11
Spencer,Christopher M.	斯潘塞	1833—1922	美国	1
Stephenson,George	史蒂文森	1781—1848	英国	4
Stewart,D.	斯图尔特		英国	8
Stoddart,D.			美国	11
Su Song	苏颂	1020—1101	中国	2
Suh,C.			美国	10
Sun Hanxu	孙汉旭	1960—	中国	9
Sun Huan	孙桓	1922—2018	中国	9
Sun Tao	孙涛	1983—	中国	9
Sunada,W.			美国	11
Talbourdet,G.			美国	11
Tang Xikuan	唐锡宽	1930—1998	中国	9
Tao,D. C.			美国	9
Tepper F. R.			美国	11
Tesar,Delbert			美国	8,9,10,11
Thales	泰勒斯	624BC—546BC	希腊	2
Thompson,B.			美国	11
Tian Qiang	田强		中国	11
Todorov,T.			俄国	10
Tokuz,L.			英国	11
Tomáš,J.	托马斯		美国	10
Trevithick,Richard	特列维茨克	1771—1833	英国	4
Vaucanson,J.	沃康松		法国	6
Uicker Jr. ,John J.			美国	8
Videky,E.	威德基		德国	6
Vitruvius,M.	维特鲁威		罗马帝国	2
Vukobratovic,M.	乌科布拉托维奇	1931—	南斯拉夫	10
Waldron,Kenneth J.			美国	7,8,10
Wampler,C. W.			美国	8
Wang Zheng	王峥	1983—	中国	9
Wang Delun	王德伦	1958—	中国	9,10
Wang Guobiao	王国彪		中国	9
Wang Hao	王皓	1973—	中国	9

Wang Hongguang	王洪光		中国	11
Wang Jiaxu	王家序	1954—	中国	9
Wang Jing	王晶	1958—	中国	9
Wang Jinsong	汪劲松	1964—	中国	9
Wang Shuxin	王树新	1966—	中国	9
Wang Wei	汪伟	1985—	中国	9
Wang Yanhui	王延辉	1979—	中国	9
Wang Zhen	王祯	1271—1368	中国	2
Wang Zhenduo	王振铎	1911—1992	中国	2
Wang Zhi	王智	1986—	中国	9
Wang Zhixing	王知行	1935—	中国	9
Wang Ziliang	王子良	1945—2019	中国	9
Watt,James	瓦特	1736—1819	英国	4,6,11
Weissbach,J.			德国	4
Wen Li	文力	1984—	中国	9
Weng Haishan	翁海珊	1946—	中国	9
Whitney,D. E.			美国	10
Whitworth,Joseph	惠特沃斯	1803—1887	英国	4
Wildhaber,E.			美国	11
Wilkinson,John	威尔金森	1728—1808	英国	4
Willis,Robert	威利斯	1800—1875	英国	1,3,4,5,6
Winfrey R.			美国	11
Wittenbauer,F.	维登鲍尔		德国	6
Wittenburg,Jens	维登堡		德国	1,11
Wu Kejian	吴克坚		中国	9
Wu Qunbo	吴群波		中国	10
Wu Wenjun	吴文俊	1919—2017	中国	10
Wu Ya	吴雅		中国	1.1
Xiao Dazhun	肖大准	1938—	中国	9
Xiao Zhengyang	萧正扬		中国	9
Xie Cunxi	谢存禧	1940—	中国	9
Xie Fugui	谢福贵	1982—	中国	9
Yan Hongsen	颜鸿森	1951—	中国台湾	9
Yan Shaoze	阎绍泽		中国	9
Yan Xiaojun	闫晓军	1973—	中国	9
Yang Jihou	杨基厚	1927—	中国	9
Yang Shuzi	杨叔子	1933—2022	中国	9
Yang Tingli	杨廷力	1940—	中国	9,10,11
Yang Yuhu	杨玉虎	1962—	中国	9
Yang,A. T.	杨安慈		美国	8,9

附录B

术语的汉英对照和索引

中文（缩略词）	英　文	所在章
ADAMS	Automatic Dynamic Analysis of Mechanical Systems	11
AMF	American Machine and Foundry	10
ASME	American Society of Mechanical Engineers	6，7，8，9，10，11，12
ASME 机构学与机器人学术成就奖	Mechanisms and Robotics Award	8
ASME 机构与机器人学报	Journal of Mechanisms and Robotics-ASME	8
ASME 机械设计学报	Journal of Mechanical Design-ASME	8
ASME 设计工程部	Design Engineering Division	8
ASME 设计工程部的机械设计学术成就奖	Machine Design Award	8
ASME 学术成就奖	ASME Award	8，9，10，11
DED	Design Engineering Division	8
Franke 标记法	Franke's notation	6，10
Gough-Stewart 平台（G-S 平台）	Gough-Stewart platform	8，10
h 因子	h-index	9
ICIRA	International Conference on Intelligent Robotics and Applications	9
IEEE	Institute of Electrical and Electronic Engineers	7，8，9
IEEE 机器人与自动化大奖	IEEE Robotics and Automation Award	9

机械动力学	machinery dynamics	3,5,6,7,8,9,11
逆动力学	inverse dynamics	6,11
凸轮动力学	cam dynamics	6,8
正动力学	direct dynamics	6,8,11
动态响应	dynamic response	10,11
动停比	time ratio between rotation and stop	6,11
多指手	hand with more fingers	10,11
颚板	jaw plate	1,3
发电机	generator	5
发电机组	generator unit	6
摆盘发动机	plate engine	11
发条	remontoir	3
范成法	generation method	5,6
Euler-Savary 方程	Euler-Savary equation	3,4,5,6,8,10
非线性代数方程	nonlinear algebraic equation	9,10
拉格朗日方程	Lagrange's equation	1,6
强非线性微分方程	strongly non-linear differential equation	11
微分方程	differential equation	1,6,7,10,11
动力分析	dynamic analysis	5,6,11
静力分析	static analysis	6,11
动态静力分析	kineto-static analysis	6,11
边界元法	boundary element method	7
代数方法	algebraic method	5,7,8,10,11
代数消元法,消元法	algebraic elimination	9,10
笛卡儿方法	Cartesian method	11
动量矩替代法	method of substitution of moment of momentum	11
多项式连续法	polynomial continuous method	10
几何方法	geometric method	2,5,6,7,8,10
解析方法	analytic method	1,2,5,6,8,10
凯恩方法	Kane's method	11
拉格朗日法	Lagrange's method	11
连续法	continuous method	9,10
模态分析法	modal analysis	11

第二次工业革命	Second Industrial Revolution	1,3,4,5,7,11,12
第二次科学革命	Second Scientific Revolution	5,7
第三次科技革命	Third Scientific-Technological Revolution	1,7,12
第一次工业革命	First Industrial Revolution	1,3,4,5,7
第一次科学革命	First Scientific Revolution	3,4,7
动力革命	power revolution	7
工业革命	industrial revolution	3,4,9
交通运输革命	transport revolution	4,5
科学革命	scientific revolution	3,4,5,7
新物理学革命	New physics revolution	1,7
信息革命	information revolution	1
工场手工业	workshop handicraft industry	4
海洋工程	ocean engineering	7
工作空间	working space	8,9,10,11
弓形钻	bow drill	2
功	work	4
共轭曲面	conjugate surface	4
构件	member，link	6
古机械复原	restoration of ancient machines	2
鼓风机（器）	blowing machine	2
惯性	inertia	2,6,10
惯性负荷	inertial load	6,11
灌溉	irrigation	2
轨迹规划	path planning	9,10
锅炉	boiler	4
过渡历程	transition course	6,11
焊枪	welding torch	1
航天器	spacecraft	1,7,9,11
戽水车	noria	2
滑轮	pulley	2
浑天仪	armillary sphere	2
混沌现象	chaos phenomenon	11
活字印刷术	typography	2

反螺旋理论	theory of reciprocal screw	10
耗散结构论	dissipative structure theory	7
机构结构组成理论	mechanism structure composition theory	3,5,6
机构学理论(机构理论)	theory of mechanism	3,4,5,7,8,9
结构综合理论(结构组成理论)	topology structure theory	1,3,5,6,9,12
控制论	control theory	7
螺旋理论（旋量理论）	screw theory	1,3,5,7,8,9,10
啮合理论	gearing theory	4,10
曲率理论	curvature theory	4,6,9
群论	group theory	10
突变论	catastrophe theory	7
系统论	system theory	7
相对论	the theory of relativity	7
协同论	synergy theory	7
信息论	information theory	7
运动链环路代数理论	theory of loop algebra of kinematic chain	9,10
振动理论	vibration theory	1,7,11
自由度理论	theory of degrees of freedom	9
惯性力	inertia force	3,4
离心力	centrifugal force	3
驱动力	driving force	4
约束反力	constraint reaction	3
振动力	shaking force	6,11
重力	gravity	4
阻力	resistance	4
力分析	force analysis	6
弹性动力分析	elastodynamic analysis	11
动力分析	dynamic analysis	4,6
动态静力分析	kinetostatic analysis	6
静力分析	static analysis	6
振动力矩	shaking moment	6,11
力学	mechanics	10